"十四五"职业教育国家规划教材

高等职业院校教学改革创新教材·计算机系列教材

办公软件高级应用任务驱动教程
（第2版）（Windows 10+Office 2019）

陈承欢　颜珍平　徐江鸿　编　著

U0282295

电子工业出版社·

Publishing House of Electronics Industry

北京·BEIJING

内 容 简 介

本书从办公软件的实际应用出发，以 Windows 10 + Office 2019 为平台，通过"分步训练""引导训练""创意训练"3 个训练层次，全面提升学习者应用办公软件处理日常事务的能力，促进其养成良好的职业习惯。

全书分为 12 个模块：Word 编辑设置文档、Word 制作美化表格、Word 制作批量文档、Word 加工复杂文档、Excel 输入与编辑数据、Excel 处理与计算数据、Excel 统计与分析数据、Excel 展现与输出数据、PPT 元素加工与美化、PPT 版面布局与实现、PPT 动画设置与播放和 PPT 风格设计与统一。本书采用任务驱动、问题导向、线上线下相结合的教学模式，将整个教学过程贯穿于完成工作任务的全过程，内容组织以实际工作任务为载体，共设置了 88 项训练任务，强化了规范化、职业化的操作训练，力求满足各方面的使用需求。

本书可以作为普通高等院校、高等或中等职业院校和高等专科院校各专业办公软件应用的教材，也可以作为办公软件应用的培训教材及自学参考书。

图书在版编目（CIP）数据

办公软件高级应用任务驱动教程：Windows 10+Office 2019 / 陈承欢，颜珍平，徐江鸿编著. —2 版. —北京：电子工业出版社，2022.5

ISBN 978-7-121-38166-9

Ⅰ. ①办⋯　Ⅱ. ①陈⋯　②颜⋯　③徐⋯　Ⅲ. ①办公自动化－应用软件－高等学校－教材　Ⅳ. ①TP317.1

中国版本图书馆 CIP 数据核字（2021）第 251962 号

责任编辑：左　雅
印　　刷：三河市鑫金马印装有限公司
装　　订：三河市鑫金马印装有限公司
出版发行：电子工业出版社
　　　　　北京市海淀区万寿路 173 信箱　邮编　100036
开　　本：787×1 092　1/16　印张：17　字数：435.2 千字
版　　次：2018 年 8 月第 1 版
　　　　　2022 年 5 月第 2 版
印　　次：2024 年 8 月第 8 次印刷
定　　价：55.00 元

随着各行各业办公自动化程度的提高，在学习和工作中熟练使用办公软件已成为办公人员的必备技能之一。本书从不同层次学习者对办公软件应用的需要出发，将办公软件的理论知识、操作方法和实用技巧融入实际工作任务中，以 Windows 10 + Office 2019 为平台，通过分阶段的操作训练，全面提升学习者应用办公软件处理日常事务的能力，促进其养成良好的职业习惯。

本书期待实现以下目标：覆盖经典应用、解决常见问题、囊括实用技巧、提升工作效率，帮助学习者成为文档编辑、数据处理、PPT 制作高手，力求使本书成为学习者的工作帮手和学习助手。

为加快推进党的二十大精神进教材、进课堂、进头脑，本次教材再版将进一步创新优化教材的模块化结构，选取适应最新岗位需要的教学内容，制作满足新要求，应用新方法的办公软件教学案例，以贯彻"创新是第一动力""创新驱动发展战略"精神。

本书的写作思路如下。

（1）操作方法的条理性与案例选取的典型性相结合。

由于 Office 办公软件的应用主要包括 Word、Excel 和 PowerPoint（简称 PPT）3 个方面，涉及的理论知识和操作方法非常多，本书不可能全部囊括，只能选取在实际工作中常用的知识和常见的方法，在"在线学习"和"方法指导"两个环节中将这些常用知识和常见方法通过列表、比较等方法进行条理化、系统化展示，避免出现"只见树木，不见森林"的问题。

在实际工作中，办公软件方面的应用案例非常多，但其实现方法大同小异。本书精选典型、实用的案例，选用典型方法，达到举一反三、触类旁通的目的。

（2）知识应用的简洁性与问题驱动的策略性相结合。

为了满足学习者的不同需要，本书设置了 3 个层次的训练："分步训练""引导训练""创意训练"。其中"分步训练"环节为基础训练环节，主要针对基础知识和基本方法进行分步验证训练，以满足学习者熟练掌握基础知识和具备基本技能的需要；"引导训练"环节为综合训练环节，主要针对文档处理、数据处理和 PPT 制作的具体实现方法，引导学习者思考、领会所学知识，熟悉操作方法和实用技巧，以满足学习者按规定要求快速完成规定工作任务的需要；"创意训练"环节则只给出具体的任务描述和必要的操作提示，具体的实施步骤和方法由学习者自行确定，训练学习者灵活运用所掌握的各种方法完成指定任务的能力，提升学习者分析问题、解决问题、拓展知识面的综合能力，提升创新思维能力，以满足遇到难题时能自行解决的需要。

（3）案例实现的专业性和知识更新的动态性相结合。

本书期待给学习者以专业级的指导，通过专业训练，使学习者成为文档编辑、数据处理、PPT 制作的高手。由于 Office 的功能不断完善，操作方法越来越简便，本书充分考虑软件升级、知识更新的需要，各个案例的实现均采用 Windows 10 + Office 2019 版本，同时也适用于 Office 2016 和 Office 2021 版本，采用最简洁的实现方法，以节省学习者的宝贵时间，让学习不过时。

（4）线上学习和线下学习相结合。

本书充分利用智能手机等信息化教学手段，采用翻转式学习方式，学习者在"在线学习"环节可以通过扫描二维码方式获取相关内容，并在线学习相关知识（在线学习内容约 200 页、300 千字）。学习者也可以通过扫描二维码的方式浏览"分步训练"与"引导训练"环节部分任务的实现过程、"创意训练"环节的"任务描述"和"操作提示"，以激发学习兴趣，提高教学效率。"方法指导""分步训练""引导训练"环节的任务实现方法，则需要通过课堂互动交流、操作实践方式学习与训练。本书配套的在线课程在"国家高等教育智慧教育平台"中，2022 年全国排名居前 10 位，在线自主学习人数超过 10 万人。

本书具有以下特色和创新。

（1）认真分析相关职业岗位办公软件应用需求，保证教学案例的真实性和有效性。

对办公室文员、干事、秘书、宣传策划人员、培训师、教师、数据分析统计人员、产品推销人员、活动策划组织人员等岗位对文档编辑与处理、数据计算与分析、PPT 设计与制作的需求进行具体分析，从这些岗位的工作内容中获取真实的任务和案例。

（2）遵循学习者的认知和技能成长规律，使其在完成操作任务过程中学习知识和训练技能，逐步掌握方法、熟悉规范、积累经验、养成习惯、增强能力。

全书分为 12 个模块：Word 编辑设置文档、Word 制作美化表格、Word 制作批量文档、Word 加工复杂文档、Excel 输入与编辑数据、Excel 处理与计算数据、Excel 统计与分析数据、Excel 展现与输出数据、PPT 元素加工与美化、PPT 版面布局与实现、PPT 动画设置与播放和 PPT 风格设计与统一。每个模块都设置了 5 个教学环节：在线学习、方法指导、分步训练、引导训练、创意训练。

（3）采用任务驱动、问题导向、线上线下相结合的教学模式，将整个教学过程贯穿于完成工作任务的全过程。

本书的内容组织以实际工作任务为载体，共设置了 88 项训练任务。这些训练任务都源于企业、公司、机关、学校在公务活动、经济管理、教学培训、宣传推广、会议组织、创业招聘等方面的真实任务，具有较强的代表性和职业性。

（4）强化规范化、职业化的操作训练，力求满足各方面的使用需求。

本书以应用办公软件解决学习、工作、生活中的常见问题为重点，强调"做中学，做中会"，以完成操作任务为主线，使学习者在完成规定任务的过程中熟悉文法和规范，学会办公软件的操作方法，掌握相关知识。

本书兼顾办公软件应用和文法规范，以办公软件应用为重点，同时讲解常见应用文的格式要求和文法要求，因为办公软件只能完成文档和数据的处理，不能控制文法和规范的符合度。

（5）知识传授、技能训练、能力培养和价值塑造有机结合

本书充分发掘课程中的思政教育元素，提炼课程中蕴含的文化基因和价值导向，弘扬社

会主义核心价值观,在教学过程中有意、有机、有效地对学生进行思想政治教育。本书挖掘了严谨细致、精益求精、求真务实、用户意识、规范意识、效率意识、创新意识、诚实守信、协同思维、表里如一、普遍联系、规则意识、忧患意识、正视困难、责任意识、安全意识、客观公正、大局观念、质量意识、成本意识、发展观念、审美意识、辩证思维、文化自信、竞争意识、全局意识 26 项思政元素,在教学目标、教学过程、教学策略、教学组织、教学活动、考核评价等方面有效融入这些思政元素。课程教学注重价值塑造和能力培养,引导学生向上,激励学生向善。在传授知识、训练技能的基础上,提高学生的政治觉悟、思想水平、道德品质、价值观念与职业能力。

本书由陈承欢教授、颜珍平教授、徐江鸿老师共同编著。侯伟、朱华玉、郭外萍、朱彬彬、汤梦姣、张军、张丽芳等多位老师参与了教学案例的设计和部分章节的编写工作。

由于作者水平有限,书中难免存在疏漏之处,敬请各位专家和读者批评指正,联系 QQ 为 1574819688。

编著者

CONTENTS

目录

模块 5　Excel 输入与编辑数据 ·· 65

模块1 Word编辑设置文档

Word可以帮助用户创建和共享美观的文档，给Word文档设置合适的格式，可以使文档具有更加美观的版式效果，方便阅读和理解文档的内容。文本与段落是构成文档的基本框架，对文本和段落的格式进行适当的设置可以编排出段落层次清晰、可读性强的文档。

 【课程思政】

本模块为了实现"知识传授、技能训练、能力培养与价值塑造有机结合"的教学目标，从教学目标、教学过程、教学策略、教学组织、教学活动、考核评价等方面有意、有机、有效地融入严谨细致、精益求精、求真务实、用户意识、规范意识、效率意识、创新意识、诚实守信、责任意识、质量意识 10 项思政元素，实现了课程教学全过程让学生思想上有正向震撼，行为上有良好改变，真正实现育人"真、善、美"的统一、"传道、授业、解惑"的统一。

 【在线学习】

1.1 编辑文本

在编辑文稿时，经常要使用插入、定位、选定、复制、删除、撤销和恢复等操作对文本内容进行编辑修改。通过在线学习熟悉 Word 文档的以下操作方法与相关知识。

（1）如何实现移动插入点？
（2）如何实现定位操作？
（3）如何选定文本？
（4）如何复制与移动文本？
（5）如何删除文本？
（6）如何实现撤销与恢复操作？

电子活页 1-1

1.2 设置字符格式

文档中的字符是指汉字、标点符号、数字和英文字母等，字符格式包括字体、字形、字号（大小）、颜色、下画线、着重号、字符间距、效果（删除线、阴影、下标、上标）等。通过在线学习熟悉 Word 文档的以下操作方法与相关知识。

（1）如何利用 Word【开始】选项卡【字体】组中的命令按钮设置字符格式？

（2）如何利用 Word【字体】对话框设置字符格式？

（3）如何利用 Word "格式刷" 功能快速设置字符格式？

电子活页 1-2

1.3 设置段落格式

段落格式设置包括段落的对齐方式、大纲级别、首行缩进、悬挂缩进、左缩进、右缩进、段前间距、段后间距、行间距、换行和分页格式及中文版式等内容。通过在线学习熟悉 Word 文档的以下操作方法与相关知识。

（1）如何利用 Word【格式】工具栏设置段落格式？

（2）如何利用 Word【段落】对话框设置段落格式？

（3）如何利用 Word "格式刷" 功能快速设置段落格式？

（4）如何利用水平标尺设置段落缩进？

电子活页 1-3

【方法指导】

1.4 应用样式设置文档格式

在一篇 Word 文档中，为了确保格式的一致性，会将同一种格式重复用于文档的多处。例如，文档的章节标题采用黑体、三号、居中，段前间距为 0.5 行，段后间距为 0.5 行，为了避免每次输入章节标题都重复同样的操作，可以将这些格式设置加以命名，Word 将这些命名的格式组合称为样式，以后可以直接使用这些命名的样式进行格式设置。系统提供了一些默认样式，用户也可以根据需要自行定义所需的样式。

1. 查看样式及相关对话框

在【开始】选项卡【样式】组中单击右下角的【样式】按钮 ，在弹出的【样式】窗格列表中可以查看样式名称，如图 1-1 所示。

在【样式】窗格中单击【选项…】链接，打开如图 1-2 所示的【样式窗格选项】对话框。

2. 新建样式

在如图 1-1 所示的【样式】窗格中单击【新建样式】按钮 ，打开【根据格式化创建新样式】对话框，如图 1-3 所示，在该对话框中即可创建新样式。

图 1-1　【样式】窗格

图 1-2　【样式窗格选项】对话框

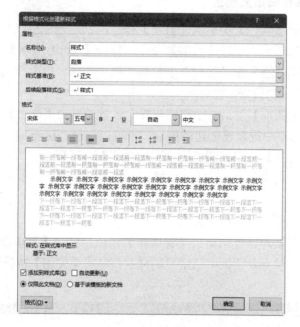

图 1-3　【根据格式设置创建新样式】对话框

3．修改样式

在【样式】窗格中单击【管理样式】按钮 ，打开【管理样式】对话框，单击【修改】按钮，打开【修改样式】对话框，在该对话框中可对样式的属性和格式等进行修改，修改方法与新建样式类似。

4．应用样式

选中文档中需要应用样式的文本内容，然后在【样式】窗格列表中选择所需要的样式即可。

1.5　创建与应用模板

Word 模板是包括多种预设的文档格式、图形及排版信息的文档，其扩展名为.dotx。Word

系统的默认模板名称是"Normal.dotm"，其存放文件夹为"Templates"。创建文档模板的常用方法包括根据原有文档创建模板、根据原有模板创建新模板和直接创建新模板。

1．创建新模板

（1）新建或打开 Word 文档。

（2）在 Word 文档中设置所需要的样式和格式。

（3）单击【文件】选项卡中的【另存为】按钮，单击【浏览】按钮，打开【另存为】对话框，在该对话框"保存类型"下拉列表框中选择"Word 模板（*.dotx）"，然后确定模板的"保存位置"，在"文件名"下拉列表框中输入模板的名称，单击【保存】按钮即创建了新模板。

2．创建文档与加载自定义模板

（1）在【快速访问工具栏】中单击【新建】按钮，创建一个空白文档。

（2）在【文件】选项卡中选择【选项】命令，打开【Word 选项】对话框，在该对话框中选择"加载项"选项，然后在"管理"下拉列表框中选择"模板"选项，单击【转到…】按钮，打开【模板和加载项】对话框。

（3）在【模板和加载项】对话框"文档模板"区域中单击【选用】按钮，打开【选用模板】对话框，在该对话框中选择已创建的模板，也可以选择"Templates"文件夹中系统提供的模板，然后单击【打开】按钮返回【模板和加载项】对话框。

（4）在【模板和加载项】对话框"共用模板及加载项"区域中单击【添加】按钮，打开【添加模板】对话框，在该对话框中选择所需的模板，然后单击【确定】按钮返回【模板和加载项】对话框，且将所选的模板添加到模板列表中。

在【模板和加载项】对话框中单击【管理器】按钮，打开【管理器】对话框，如图 1-4 所示，在该对话框中可以查看模板中已定义的样式，单击【关闭】按钮即可返回【模板和加载项】对话框。

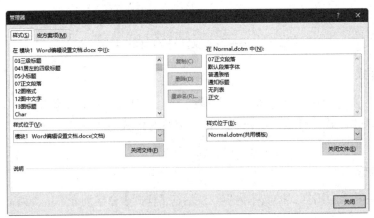

图 1-4 【管理器】对话框

（5）在【模板和加载项】对话框中选中"自动更新文档样式"复选框，则每次打开文档时可自动更新活动文档的样式以匹配模板样式，然后单击【确定】按钮返回【Word 选项】对话框。

（6）在【Word 选项】对话框中单击【确定】按钮，返回 Word 文档，则当前文档将应用所选用的模板。

1.6　页面设置

页面设置主要包括页边距、纸张、版式、文档网格等方面的版面设置。页边距是指页面中文本四周到纸张边缘之间的距离，包括左、右边距和上、下边距。页边距可以通过【页面设置】对话框或标尺进行调整。

1．设置页边距

（1）打开【页面设置】对话框。单击【布局】选项卡【页面设置】组中的【页面设置】按钮 ，打开【页面设置】对话框，切换到【页边距】选项卡，如图 1-5 所示。

提示：双击垂直标尺或水平标尺的任意位置都可以打开如图 1-5 所示的【页面设置】对话框。

（2）设置页边距。在【页面设置】对话框【页边距】选项卡中的"上""下"两个数字框中输入页边距值，在"左""右"两个数字框中利用数字按钮 调整页边距值。这里还可以设置"装订线"和"装订线位置"。

（3）设置页面方向。在"纸张方向"区域中选择"纵向"或"横向"图标，在"预览"区域中会相应显示文档的外观。

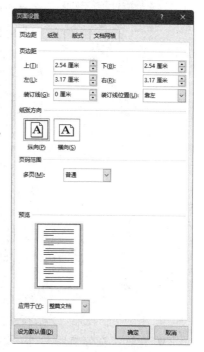

图 1-5　【页面设置】对话框中的
【页边距】选项卡

（4）设置应用范围。在"应用于"下拉列表框中选择应用范围。当需要修改文档中一部分页边距时，在"应用于"下拉列表框中选择"插入点之后"选项，则 Word 会自动在设置了新页边距的文本前、后插入分节符。

在【页边距】选项卡中设置好新的页边距后，单击【设为默认值】按钮，将新的页面设置保存到文档所用模板中。

2．设置纸张

在【页面设置】对话框中切换到【纸张】选项卡，在该选项卡中可以设置纸张大小、纸张来源等选项。在"纸张大小"下拉列表框中可以选择打印机支持的纸张类型，也可以根据实际纸张尺寸自定义纸张大小，在"宽度"和"高度"数字框中输入相应数值即可。

3．设置版式

在【页面设置】对话框中切换到【版式】选项卡，在该选项卡中可以设置节的起始位置、页眉和页脚、页面垂直对齐方式、行号、页面边框等选项。

4．设置文档网格

在【页面设置】对话框中切换到【文档网格】选项卡，在该选项卡中可以设置文字排列方向和栏数、网格类型、每行的字符及跨度、每页的行数及跨度。

1.7 设置分页与分节

1. 分页

当文档内容充满一页时，Word 将自动插入一个分页符并且生成新页。如果需要将同一页的文档内容分别放置在不同页中，可以通过插入分页符的方法来实现，操作方法如下。

（1）将光标移动到需要分页的位置。

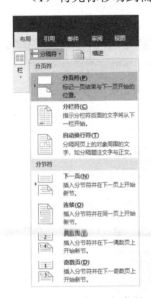

图 1-6 【分隔符】下拉菜单

（2）在【布局】选项卡【页面设置】组中单击【分隔符】按钮，在弹出的下拉菜单中选择【分页符】命令，如图 1-6 所示，即插入一个分页符实现分页操作。

此时，如果切换到"页面视图"方式，则会出现一个新页面；如果切换到"草稿"视图方式，则会出现一条贯穿页面的虚线。

提示：在【插入】选项卡【页面】组中直接单击【分页】按钮，也可以插入分页符。按【Ctrl+Enter】组合键，也可以插入分页符。

2. 分节

"节"是文档格式设置的基本单位，Word 文档系统默认整个文档为一节，在同一节内，文档各页的页面格式完全相同。在 Word 中，一个文档可以分为多个节，根据需要可以为每节设置各自的格式，且不会影响其他节的格式设置。可以使用分节符将文档进行分节，然后以节为单位设置不同的页眉或页脚。

在如图 1-6 所示的【分隔符】下拉菜单中选择一种合适的分节符类型进行分节操作。

- 下一页：在插入分节符的位置进行分页，下一节从下一页开始。
- 连续：在分节后，同一页中下一节的内容紧接上一节的节尾。
- 偶数页：在下一个偶数页开始新的一节，如果分节符在偶数页上，则 Word 会空出下一个奇数页。
- 奇数页：在下一个奇数页开始新的一节，如果分节符在奇数页上，则 Word 会空出下一个偶数页。

提示：如果要删除分页符或分节符，则只需将光标移动到分页符或分节符之前，按【Delete】键；如果需要删除文档中多个分页符或分节符，则可以使用"替换"功能实现。

1.8 设置页眉与页脚

Word 文档的页眉出现在每页的顶端，如图 1-7 所示；页脚出现在每页的底端，如图 1-8

所示。一般地，页眉的内容为章标题、文档标题、页码等内容，页脚的内容为页码等内容。页眉和页脚分别在主文档上、下页边距线之外，不能与主文档同时编辑，需要单独进行编辑。

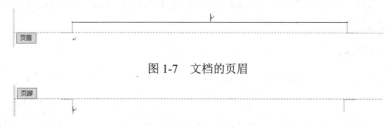

图 1-7　文档的页眉

图 1-8　文档的页脚

1．插入页眉和页脚

在【插入】选项卡的【页眉和页脚】组中单击【页眉】按钮，在弹出的下拉菜单中选择【编辑页眉】命令，进入页眉的编辑状态，显示如图 1-9 所示的【页眉和页脚工具—设计】选项卡，同时光标自动置于页眉位置，在页眉区域中输入页眉内容即可。

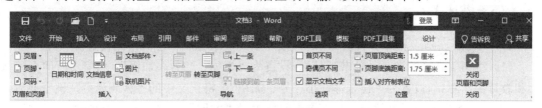

图 1-9　【页眉和页脚工具—设计】选项卡

利用【页眉和页脚工具—设计】选项卡中的工具可以在页眉或页脚插入标题、页码、日期和时间、文档部件、图片等内容。单击【转至页眉】或【转至页脚】按钮，可以很方便地在页眉和页脚之间进行切换。

提示：【页眉和页脚工具—设计】选项卡中的"显示文档文字"复选框用于显示或隐藏文档中的文字，【链接到前一条页眉】按钮用于在不同节中设置相同或不同的页眉或页脚，【上一节】按钮用于切换到前一节的页眉或页脚，【下一节】按钮用于切换到后一节的页眉或页脚。

2．设置页眉和页脚的格式

页眉和页脚的内容也可以进行编辑修改和格式设置，如设置对齐方式等，其编辑方法和格式设置方法与 Word 文档页面编辑区中操作的方法相同。

页眉和页脚设置完成后，在【页眉和页脚工具—设计】选项卡的【关闭】组中单击【关闭页眉和页脚】按钮，即可返回文档页面。

1.9　插入与设置页码

Word 文档通常都需要插入页码，插入与设置页码的方法如下。

1．插入页码

在【插入】选项卡的【页眉和页脚】组中单击【页码】按钮，在弹出的下拉菜单中选择页码的页面位置、对齐方式和强调形式。

2．设置页码格式

在【页码】下拉菜单中选择【设置页码格式】命令，打开【页码格式】对话框，在"编号格式"下拉列表框中选择一种合适的编号格式，在"页码编号"区域中选择"续前节"或"起始页码"单选按钮，然后单击【确定】按钮关闭该对话框，完成页码格式的设置。

【分步训练】

【任务1-1】 "教师节贺信"文档的格式设置

【任务描述】

打开 Word 文档"教师节贺信.docx"，按照以下要求完成相应的格式设置：

（1）将第 1 行（标题"教师节贺信"）设置为"楷体、二号、加粗"；将第 2 行"全院教师和教育工作者："设置为"仿宋体、小三号、加粗"；将正文中的"秋风送爽，桃李芬芳。""百年大计，教育为本。""教育工作，崇高而伟大。""发展无止境，奋斗未有期。"等文字设置为"黑体、小四号、加粗"；将正文中的其他文字设置为"宋体、小四号"；将贺信的落款与日期设置为"仿宋体、小四号"。

（2）设置第 1 行居中对齐，第 2 行居左对齐且无缩进，贺信的落款与日期右对齐，其他各行两端对齐、首行缩进 2 字符。

（3）设置第 1 行的行距为单倍行距，段前间距为 6 磅，段后间距为 0.5 行；设置第 2 行的行距为 1.5 倍行距。

（4）设置正文第 1 段至第 5 段的行距为固定值，设置值为 20 磅。

（5）设置贺信的落款与日期的行距为多倍行距，设置值为 1.2。

相应格式设置完成后的"教师节贺信.docx"如图 1-10 所示。

【任务实现】

1．设置标题和第 2 行文字的字符格式

（1）选择文档中的标题"教师节贺信"，然后在【开始】选项卡【字体】组的"字体"列表中选择"楷体"，在"字号"列表中选择"二号"，单击【加粗】按钮 **B**。

（2）选择第 2 行文字"全院教师和教育工作者："，然后在【开始】选项卡【字体】组的"字体"列表中选择"仿宋"，在"字号"列表中选择"小三号"，单击【加粗】按钮 **B**。

2．设置正文第 1 段文本内容的字符格式

选择正文第 1 段文本内容，然后打开【字体】对话框。在【字体】对话框的【字体】选项卡中为所选中文本设置中文字体为"宋体"、字形为"常规"、字号为"小四"，字符颜色、

下画线、着重号和效果保持默认值不变。

在【字体】对话框中切换到【高级】选项卡，对文本的缩放、间距和位置进行合理设置。

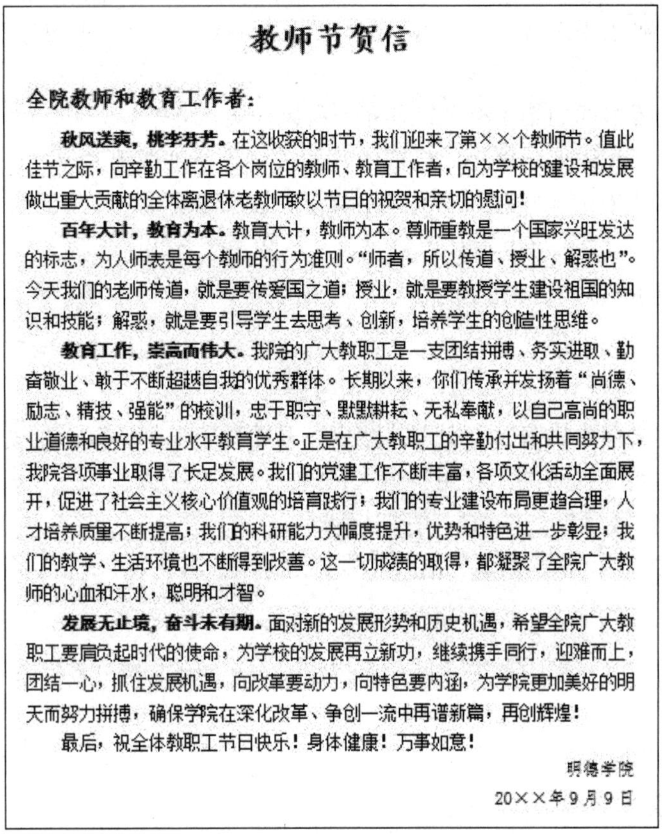

教师节贺信

全院教师和教育工作者：

秋风送爽，桃李芬芳。在这收获的时节，我们迎来了第××个教师节。值此佳节之际，向辛勤工作在各个岗位的教师、教育工作者，向为学校的建设和发展做出重大贡献的全体离退休老教师致以节日的祝贺和亲切的慰问！

百年大计，教育为本。教育大计，教师为本。尊师重教是一个国家兴旺发达的标志，为人师表是每个教师的行为准则。“师者，所以传道、授业、解惑也”。今天我们的老师传道，就是要传爱国之道；授业，就是要教授学生建设祖国的知识和技能；解惑，就是要引导学生去思考、创新，培养学生的创造性思维。

教育工作，崇高而伟大。我院的广大教职工是一支团结拼搏、务实进取、勤奋敬业、敢于不断超越自我的优秀群体。长期以来，你们传承并发扬着“尚德、励志、精技、强能”的校训，忠于职守、默默耕耘、无私奉献，以自己高尚的职业道德和良好的专业水平教育学生。正是在广大教职工的辛勤付出和共同努力下，我院各项事业取得了长足发展。我们的党建工作不断丰富，各项文化活动全面展开，促进了社会主义核心价值观的培育践行；我们的专业建设布局更趋合理，人才培养质量不断提高；我们的科研能力大幅度提升，优势和特色进一步彰显；我们的教学、生活环境也不断得到改善。这一切成绩的取得，都凝聚了全院广大教师的心血和汗水，聪明和才智。

发展无止境，奋斗未有期。面对新的发展形势和历史机遇，希望全院广大教职工要肩负起时代的使命，为学校的发展再立新功，继续携手同行，迎难而上，团结一心，抓住发展机遇，向改革要动力，向特色要内涵，为学院更加美好的明天而努力拼搏，确保学院在深化改革、争创一流中再谱新篇，再创辉煌！

最后，祝全体教职工节日快乐！身体健康！万事如意！

明德学院

20××年 9 月 9 日

图 1-10　“教师节贺信.docx”最终设置效果

3．设置标题的段落格式

将光标插入点移到标题行内，单击【格式】工具栏中的【居中】按钮，即可设置标题行为居中对齐。然后在【开始】选项卡的【段落】组中单击【行和段落间距】按钮，在弹出的下拉菜单中选择“行距选项”命令，弹出【段落】对话框，在该对话框的【缩进和间距】选项卡的“间距”区域中设置“段前”为“6 磅”，“段后”为“0.5 行”，然后单击【确定】按钮使设置生效并关闭该对话框。

4．设置正文第 1 段的段落格式

将光标插入点移到正文第 1 段内的任意位置，打开【段落】对话框。在【段落】对话框的【缩进和间距】选项卡中，“对齐方式”选择“两端对齐”，“大纲级别”选择“正文文本”，“左侧”和“右侧”缩进为“0 字符”，“特殊格式”选择“首行”，“磅值”为“2 字符”，“段前”和“段后”间距设置为“0 行”，“行距”选择“固定值”，“设置值”为“20 磅”。

5．利用格式刷快速设置其他各段的格式

选定已设置格式的第 1 段落，单击【格式刷】按钮，然后按住鼠标左键，在需要设置相同格式的其他各段落上拖动鼠标，即可将格式复制到该段落。

6．设置正文中关键句子的字符格式

（1）选择文档中第 1 个关键句子"秋风送爽，桃李芬芳。"，然后在【开始】选项卡【字体】组的"字体"列表中选择"黑体"，在"字号"列表中选择"小四号"，单击【加粗】按钮 **B**。

（2）选定已设置格式的第 1 个关键句子"秋风送爽，桃李芬芳。"，单击【格式刷】按钮，然后按住鼠标左键，在需要设置相同格式的其他关键句子"百年大计，教育为本。""教育工作，崇高而伟大。""发展无止境，奋斗未有期。"上拖动鼠标，即可将格式复制到拖动过的文本上。

7．设置贺信的落款与日期的格式

（1）选择贺信文档中的落款与日期，然后在【开始】选项卡【字体】组的"字体"列表中选择"仿宋"，在"字号"列表中选择"小四号"。

（2）选择贺信文档中的落款与日期，然后打开【段落】对话框，在该对话框的【缩进和间距】选项卡"间距"区域的"行距"列表中选择"多倍行距"，在"设置值"数字框中输入"1.2"，然后单击【确定】按钮关闭该对话框。

Word 文档"教师节贺信.docx"的最终设置效果如图 1-10 所示。

8．保存文档

在【快速访问工具栏】中单击【保存】按钮，对 Word 文档"教师节贺信.docx"进行保存操作。

【引导训练】

【任务1-2】 "通知"文档样式与模板的创建与应用

【任务描述】

打开 Word 文档"关于暑假放假及秋季开学时间的通知.docx"，按照以下要求完成相应的操作。

（1）创建以下各个样式。

① 通知标题：字体为宋体，字号为小二号，字形为加粗，居中对齐，行距为最小值 28 磅，段前间距为 6 磅，段后间距为 1 行，大纲级别为 1 级，自动更新。

② 通知小标题：字体为宋体，字号为小三号，字形为加粗，首行缩进 2 字符，大纲级别为 2 级，行距为固定值 28 磅，自动更新。

③ 通知称呼：字体为宋体，字号为小三号，行距为固定值 28 磅，大纲级别为正文文本，自动更新。

④ 通知正文：字体为宋体，字号为小三号，首行缩进 2 字符，行距为固定值 28 磅，大纲级别为正文文本，自动更新。

⑤ 通知署名：字体为宋体，字号为三号，行距为 1.5 倍行距，右对齐，大纲级别为正

文文本，自动更新。

⑥ 通知日期：字体为宋体，字号为小三号，行距为 1.5 倍行距，右对齐，大纲级别为正文文本，自动更新。

⑦ 文件头：字体为宋体，字号为 36 磅，字形为加粗，颜色为红色，行距为单倍行距，居中对齐，字符间距为加宽 10 磅。

（2）应用自定义的样式。

① 文件头应用样式"文件头"，通知标题应用样式"通知标题"。

② 通知称呼应用样式"通知称呼"，通知正文应用样式"通知正文"。

③ 通知署名应用样式"通知署名"，通知日期应用样式"通知日期"。

（3）在文件头位置插入水平线段，并设置其线型为由粗到细的双线，线宽为 4.5 磅，长度为 15.88 厘米，颜色为红色，文件头的外观效果如图 1-11 所示。

（4）在通知落款位置插入如图 1-12 所示的印章，设置印章的高度为 4.05 厘米，宽度为 4 厘米。

明　德　学　院

图 1-11　文件头的外观效果　　　　　　　　图 1-12　待插入的印章

（5）保存样式定义及文档的格式设置。

（6）利用 Word 文档"关于暑假放假及秋季开学时间的通知.docx"创建模板"通知模板.dotx"，且保存在同一文件夹下。

（7）打开 Word 文档"关于'五一'国际劳动节放假的通知.docx"，然后加载模板"通知模板.dotx"，且利用模板"通知模板.dotx"中的样式分别设置通知标题、称呼、正文、署名和日期的格式。

Word 文档"关于'五一'国际劳动节放假的通知.docx"的最终设置效果如图 1-13 所示。

说明： 通知的内容一般包括标题、称呼、正文和落款，其写作要求如下。

① 标题：写在第 1 行正中。可只写"通知"二字，如果事情重要或紧急，也可写"重要通知"或"紧急通知"，以引起注意。有的在"通知"前面写上发通知的单位名称，还有的写上通知的主要内容。

② 称呼：写被通知者的姓名、职称或单位名称，在第 2 行顶格写。有时，因通知事项简短，内容单一，书写时略去称呼，直起正文。

③ 正文：另起一行，空两格写正文。正文因内容而异，会议通知要写明会议的时间、地点、参会人员、会议主题及参会要求；布置工作的通知，要写清所通知事件的目的、意义及具体要求。

④ 落款：分两行写在正文右下方，第 1 行为署名，第 2 行为日期。

写通知一般采用条款式行文，内容简明扼要，使被通知者能一目了然，便于遵照执行。

明　德　学　院

关于 20××年"五一"国际劳动节放假的通知

全院各部门：

　　根据上级有关部门"五一"国际劳动节放假的通知精神，结合学院实际情况，我院 20××年"五一"国际劳动节放假时间为 4 月 30 日至 5 月 2 日，共计 3 天。5 月 3 日（星期四）起开始上班，上第 4 阶段第 1 周星期四的课程。

　　节假日期间，各部门要妥善安排好值班和安全、保卫等工作，遇有重大突发事件发生，要按规定及时报告并妥善处理，确保全校师生祥和平安度过节日。

　　5 月 3 日（星期四）起执行夏季作息时间：

　　上午工作时间：8：00－12：00

　　下午工作时间：14：30－18：00

　　特此通知。

20××年 4 月 20 日

图 1-13　Word 文档"关于'五一'国际劳动节放假的通知.docx"最终设置效果

【任务实现】

1．打开文档

打开 Word 文档"关于暑假放假及秋季开学时间的通知.docx"。

2．定义样式

在【开始】选项卡的【样式】组中单击右下角的【样式】按钮 ，弹出【样式】窗格，在该窗格中单击【新建样式】按钮 ，打开【根据格式设置创建新样式】对话框。

（1）在"名称"文本框中输入新样式的名称"通知标题"。

（2）在"样式类型"下拉列表框中选择"段落"。

（3）在"样式基于"下拉列表框中选择新样式的基准样式，这里选择"标题"。

（4）在"后续段落样式"下拉列表框中选择"正文"。

（5）在"格式"区域设置字符格式和段落格式，这里设置"字体"为"宋体"，"字号"为"小二号"，"字形"为"加粗"，"对齐方式"为"居中对齐"。

（6）在对话框中单击左下角【格式】按钮，在弹出的下拉菜单中选择【段落】命令，打开【段落】对话框，在该对话框中设置"行距"为最小值"28 磅"，"段前"间距为"6 磅"，"段后"间距为"1 行"，"大纲级别"为"1 级"。然后单击【确定】按钮返回【根据格式设置创建新样式】对话框。

（7）在【根据格式设置创建新样式】对话框中选择"添加到样式库"复选框，将创建的样式添加到样式库中。然后选择"自动更新"复选框，新定义的"通知标题"样式的内容其格式被修改后，所有套用该样式的内容将同步进行自动更新。

（8）在【根据格式设置创建新样式】对话框中单击【确定】按钮，完成新样式的定义并关闭该对话框，新创建的样式"通知标题"便显示在"快速样式列表"中。

应用类似方法创建"通知小标题""通知称呼""通知正文""通知署名""通知日期""文件头"样式。

3. 修改样式

在【样式】窗格中单击【管理样式】按钮，打开【管理样式】对话框。在【管理样式】对话框中单击【修改】按钮，打开【修改样式】对话框，在该对话框中对样式的属性和格式等进行修改，修改方法与新建样式类似。

4. 应用样式

选中文档中需要应用样式的通知标题"关于 20××年暑假放假及秋季开学时间的通知"，然后在【样式】窗格"样式"列表中选择所需要的样式"通知标题"。

应用类似方法依次选择"通知称呼""通知正文""通知署名""通知日期""文件头"，分别应用对应的自定义样式即可。

5. 在文件头位置插入水平线段

在【插入】选项卡的【插图】组中单击【形状】按钮，在弹出的下拉菜单中选择【直线】命令，然后在文件头位置绘制一条水平线条。选择该线条，在【绘图工具—格式】选项卡的【大小】组中设置线条长度为"15.88 厘米"。

右击该线条，在弹出的快捷菜单中选择【设置形状格式】命令，在弹出的【设置形状格式】窗格中设置线条"颜色"为红色，线条"宽度"为"4.5 磅"，"复合类型"为由粗到细的双线，如图 1-14 所示。

6. 在通知落款位置插入印章

将光标置于通知落款位置，在【插入】选项卡的【插图】组中单击【图片】按钮，在弹出的【插入图片】对话框中选择印章图片，然后单击【插入】按钮，即可插入印章图片。选择该印章图片，在【绘图工具—格式】选项卡的【大小】组中设置线条高度为"4.05厘米"，宽度为"4 厘米"。

图 1-14　在【设置形状格式】窗格中设置线条参数

7. 创建新模板

单击【文件】选项卡中的【另存为】按钮，打开【另存为】对话框。在该对话框的"保存类型"下拉列表框中选择"Word 模板（*.dotx）"，设置"保存位置"为"任务 1-2"，在"文件名"下拉列表框中输入模板的名称"通知模板.dotx"，如图 1-15 所示，然后单击【保存】按钮，即创建了新模板。

8. 打开文档与加载自定义模板

（1）打开 Word 文档"关于'五一'国际劳动节放假的通知.docx"。

（2）在【文件】选项卡中选择【选项】命令，打开【Word 选项】对话框，在该对话框中选择"加载项"选项，然后在"管理"下拉列表框中选择"模板"选项，单击【转到...】按钮，打开【模板和加载项】对话框。

（3）在【模板和加载项】对话框的"文档模板"区域中单击【选用】按钮，打开【选用模板】对话框，在该对话框中选择文件夹"任务 1-2"中的模板"通知模板.dotx"，然后单击【打开】按钮，返回【模板和加载项】对话框。

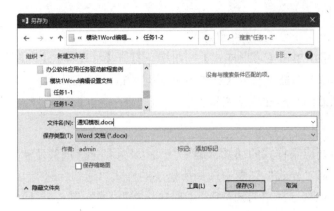

图 1-15 【另存为】对话框

（4）在【模板和加载项】对话框的"共用模板及加载项"区域中单击【添加】按钮，打开【添加模板】对话框，在该对话框中选择文件夹"任务 1-2"中的模板"通知模板.dotx"，如图 1-16 所示，单击【确定】按钮，返回【模板和加载项】对话框，且将所选的模板添加到模板列表中。

（5）在【模板和加载项】对话框中选中"自动更新文档样式"复选框，如图 1-17 所示，则每次打开文档时都会自动更新活动文档的样式以匹配模板样式。单击【确定】按钮，返回【Word 选项】对话框，如图 1-18 所示。

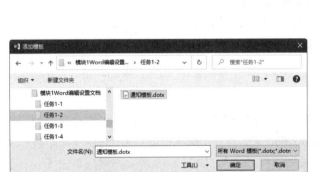

图 1-16 在【添加模板】对话框中选择模板"通知模板.dotx"　　图 1-17 【模板和加载项】对话框

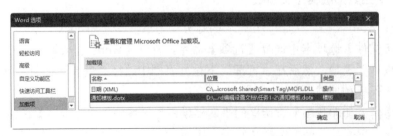

图 1-18 【Word 选项】对话框中的"加载项"选项

（6）在【Word 选项】对话框中单击【确定】按钮，返回 Word 文档，则当前文档将会加载所选用的模板。

9．在文档"关于'五一'国际劳动节放假的通知.docx"中应用加载模板中的样式

选中 Word 文档"关于'五一'国际劳动节放假的通知.docx"的通知标题，然后在【样式】窗格的"样式"列表中选择所需要的样式"通知标题"。

应用类似方法依次选择"通知称呼""通知正文""通知署名""通知日期""文件头"，分别应用对应的自定义样式即可。

Word 文档"关于'五一'国际劳动节放假的通知.docx"的最终设置效果如图 1-13 所示。

10．保存文档

在【快速访问工具栏】中单击【保存】按钮，对 Word 文档"关于'五一'国际劳动节放假的通知.docx"进行保存操作。

【任务1-3】　"教师节贺信"文档的页面设置与打印

【任务描述】

打开 Word 文档"教师节贺信.docx"，按照以下要求完成相应的操作。

（1）设置上、下边距为 3 厘米，左、右边距为 3.5 厘米，方向为纵向，纸张大小设置为 A4。

（2）设置页眉距边界距离为 2 厘米，页脚距边界距离为 2.75 厘米，设置页眉和页脚奇偶页不同、首页不同。

（3）设置网格类型为指定行和字符网格，每行 39 个字符，跨度为 10.5 磅；每页 43 行，跨度为 15.6 磅。

（4）首页不显示页眉，偶数页和奇数页的页眉都为"教师节贺信"。

（5）在页脚插入页码，页码居中对齐，起始页码为 1。

（6）在打印之前对文档进行预览。

（7）如果已连接打印机，则打印一份文稿。

【任务实现】

1．打开文档

打开 Word 文档"教师节贺信.docx"。

2．设置页边距

（1）打开【页面设置】对话框，切换到【页边距】选项卡。

（2）在【页面设置】对话框【页边距】选项卡中的"上""下"两个数字框中分别输入"3 厘米"，在"左""右"两个数字框中利用数字按钮 ⬍ 调整边距值为"3.5 厘米"。

（3）在"纸张方向"区域中选择"纵向"。

（4）在"应用于"下拉列表框中选择"整篇文档"。

3．设置纸张

在【页面设置】对话框中切换到【纸张】选项卡，设置"纸张大小"为"A4"。

4．设置版式

在【页面设置】对话框中切换到【版式】选项卡，"节的起始位置"选择"新建页"，【页眉和页脚】组选中"奇偶页不同""首页不同"复选框。在"距边界"区域"页眉"数字框中输入"2厘米"，在"页脚"数字框中输入"2.75厘米"，"垂直对齐方式"选择"顶端对齐"。

5．设置文档网格

在【页面设置】对话框中切换到【文档网格】选项卡，"文字排列方向"选择"水平"单选按钮，"栏数"设置为"1"，"网络类型"选择"指定行和字符网络"，设置"每行字符数"为"39"，"字符跨度"为"10.5磅"，"每页行数"为"43"，"行跨度"为"15.6磅"。

6．插入页眉

在【插入】选项卡的【页眉和页脚】组中单击【页眉】按钮，在弹出的下拉菜单中选择【编辑页眉】命令，进入页眉的编辑状态，在页眉区域中输入页眉内容"教师节贺信"，然后对页眉的格式进行设置即可。

7．在页脚插入页码

在【插入】选项卡的【页眉和页脚】组中单击【页码】按钮，在弹出的下拉菜单中选择【页面底端】级联菜单中的【普通数字2】子菜单。

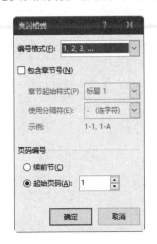

然后在【页码】下拉菜单中选择【设置页码格式】命令，打开【页码格式】对话框，在"编号格式"下拉列表框中选择阿拉伯数字"1，2，3，..."，在"页码编号"区域中选择"起始页码"单选按钮，然后指定"起始页码"为"1"，如图1-19所示。

单击【确定】按钮关闭该对话框，完成页码格式设置。

8．保存文档

在【快速访问工具栏】中单击【保存】按钮，对Word文档"教师节贺信.docx"进行保存操作。

9．打印预览

在Word文档正式打印之前，可以利用"打印预览"功能预览文档的外观效果，如果不满意，则可以重新编辑修改，直到满意再进行打印。

图1-19　【页码格式】对话框

在【文件】下拉菜单中选择【打印】命令，可以预览文档的打印效果。

10．打印文档

Word文档设置完成后，可以打印输出为纸质文稿，在"打印预览"窗口中对打印机、打印范围、打印份数、打印内容等进行设置，然后单击【打印】按钮开始打印。

【创意训练】

【任务1-4】 编辑设置"感恩活动方案"文档

提示：请扫描二维码，浏览【电子活页 1-4】的任务描述和操作提示内容。

电子活页 1-4

模块2 Word制作美化表格

表格是编辑文档时常见的文字信息组织形式，其优点是结构严谨、效果直观。以表格的方式组织和显示信息，可以给人一种清晰、简洁、明了的视觉效果。

在 Word 中使用表格可以将文档中的某些内容加以分类，使内容表达更加准确、清晰和有条理。表格由多行和多列组成，水平的称为行，垂直的称为列，行与列的交叉形成表格单元格，在表格单元格中可以输入文字和插入图片。

【课程思政】

本模块为了实现"知识传授、技能训练、能力培养与价值塑造有机结合"的教学目标，从教学目标、教学过程、教学策略、教学组织、教学活动、考核评价等方面有意、有机、有效地融入严谨细致、精益求精、求真务实、用户意识、规范意识、效率意识、创新意识、协同思维、表里如一、审美意识 10 项思政元素，实现了课程教学全过程让学生思想上有正向震撼，行为上有良好改变，真正实现育人"真、善、美"的统一、"传道、授业、解惑"的统一。

【在线学习】

2.1 表格创建

通过在线学习熟悉 Word 文档的以下操作方法与相关知识。

（1）如何使用【插入】选项卡中的【表格】按钮快速插入表格？

（2）如何使用【插入表格】对话框插入表格？

电子活页 2-1

2.2 表格编辑调整

2.2.1 绘制与擦除表格线

通过在线学习熟悉 Word 文档的以下操作方法与相关知识。

电子活页 2-2

（1）如何绘制表格线？

（2）如何擦除表格线？

2.2.2　移动与缩放表格与行、列

通过在线学习熟悉 Word 文档的以下操作方法与相关知识。

（1）如何移动表格？

（2）如何缩放表格？

（3）如何移动行或列？

电子活页 2-3

2.2.3　单元格、行、列和整个表格的选定操作

通过在线学习熟悉 Word 文档的以下操作方法与相关知识。

（1）如何使用鼠标选定单元格、行、列和整个表格？

（2）如何使用【表格工具—布局】选项卡【选择】下拉菜单中的命令
选定单元格、行、列和整个表格？

（3）如何在表格中移动光标？

电子活页 2-4

2.2.4　行、列、单元格的插入操作

通过在线学习熟悉 Word 文档的以下操作方法与相关知识。

（1）如何在表格中插入行？

（2）如何在表格中插入列？

（3）如何在表格中插入单元格？

（4）如何插入表格？

电子活页 2-5

2.2.5　单元格、行、列和表格的删除操作

通过在线学习熟悉 Word 文档的以下操作方法与相关知识。

（1）如何在表格中删除一行？

（2）如何在表格中删除一列？

（3）如何在表格中删除单元格？

（4）如何删除表格？

（5）如何删除表格中的内容？

电子活页 2-6

2.2.6　调整表格的行高和列宽

通过在线学习熟悉 Word 文档的以下操作方法与相关知识。

（1）如何拖动鼠标粗略调整行高？

（2）如何拖动鼠标粗略调整列宽？

（3）如何平均分布表格各行？

（4）如何平均分布表格各列？

（5）如何自动调整表格列宽？

（6）如何使用【表格工具—布局】选项卡【单元格大小】组中的高度和宽度数字框精确

电子活页 2-7

设置行高和列宽？

（7）如何使用【表格属性】对话框精确调整表格的宽度、行高和列宽？

2.2.7 合并与拆分单元格

对于较复杂的不规则表格，可以先创建规则表格，然后通过合并多个单元格或拆分单元格得到所需的不规则表格。

电子活页 2-8

通过在线学习熟悉 Word 文档的以下操作方法与相关知识。

（1）如何合并多个单元格？

（2）如何将一个单元格拆分为多个单元格？

（3）如何拆分表格？

2.3 表格格式设置

通过在线学习熟悉 Word 文档的以下操作方法与相关知识。

（1）如何设置表格的对齐方式和文字环绕方式？

（2）如何设置表格的边框和底纹？

（3）如何设置单元格的边距？

电子活页 2-9

【 方法指导 】

2.4 表格内容输入与编辑

在表格的每个单元格中都可以输入文本或插入图片，也可以插入嵌套表格。单击需要输入内容的单元格，然后输入文本或插入图片即可，其方法与文档相同。

若需要修改某个单元格的内容，则只需单击该单元格，将光标插入点置于该单元格内，在该单元格中选取文本，然后进行修改或删除，也可以复制或粘贴，其方法与文档相同。

2.5 表格内容格式设置

1. 设置表格文字的格式

表格中的文本可以像文档段落中的文本一样进行各种格式设置，其操作方法与文档基本相同，即先选中内容，然后进行相应的设置。

设置表格中文字的格式与设置主文档中文字格式的方法相同，可以使用【字体】对话框或【字体】工具按钮进行相关格式设置。

在表格中输入文字时，有时需要改变文字的排列方向，如由横向排列改变为纵向排列。将文字变成纵向排列最简单的方法是将单元格的宽度调整至仅有一个汉字宽度，因宽度限制，强制文字自动换行，这时文字就变为纵向排列了。

还可以根据实际需要对表格中的文字方向进行设置，其方法如下。

将光标定位到需要改变文字方向的单元格，在【表格工具—布局】选项卡的【对齐方式】组中单击【文字方向】按钮。也可以右击单元格，在弹出的快捷菜单中选择【文字方向】命令，打开如图 2-1 所示的【文字方向—表格单元格】对话框，在该对话框中选择合适的文字排列方向，然后单击【确定】按钮，即可改变文字排列方向，其中的汉字标点符号也会改成竖写的标点符号。

2．设置表格文字的对齐方式

表格文字的对齐方式有水平对齐和垂直对齐两种，设置方法如下。

选择需要设置对齐方式的单元格区域、行、列或整个表格，在【表格工具—布局】选项卡的【对齐方式】组中单击对齐按钮即可，如图 2-2 所示。

图 2-1　【文字方向—表格单元格】对话框　　　　图 2-2　【表格工具—布局】选项卡【对齐方式】组中的工具按钮

2.6　表格的数值计算与数据排序

Word 提供了简单的表格计算功能，即使用公式来计算表格单元格中的数值。

1．表格行、列的编号

在 Word 表格中的每个单元格都对应着唯一的编号，编号的方法是以字母 A、B、C、D、E……表示列，以 1、2、3、4、5……表示行。

单元格地址由单元格所在的列号和行号组成，如 B3、C4 等。有了单元格地址，就可以方便地引用单元格中的数字用于计算。例如，B3 表示第 2 列第 3 行对应的单元格，C4 表示第 3 列第 4 行对应的单元格。

2．表格的单元格引用

在引用表格的单元格时，对于不连续的多个单元格，各个单元地址之间使用半角逗号（,）

分隔，如 B3, C4；对于连续的单元格区域，使用区域左上角单元格为起始单元格地址，区域右下角单元格为终止单元格地址，两者之间使用半角冒号（:）分隔，如 B2:D2。对于行内的单元格区域，使用"行内第 1 个单元格地址:行内最后 1 个单元格地址"的形式引用；对于列内的单元格区域，使用"列内第 1 个单元格地址:列内最后 1 个单元格地址"的形式引用。

3. 表格的应用公式计算

表格中常用的计算公式有算术公式和函数公式两种，公式的第 1 个字符必须是半角等号（=），各种运算符和标点符号必须是半角字符。

（1）应用算术公式计算。算术公式的表示方法为"=<单元格地址 1><运算符><单元格地址 2>…"。例如，在任务 2-2 中，计算台式电脑金额的公式为"=B2*C2"，计算商品总数量的公式为"=C2+C3+C4"。

（2）应用函数公式计算。函数公式的表示方法为"=函数名称(单元格区域)"。常用的函数有 SUM（求和）、AVERAGE（求平均值）、COUNT（求个数）、MAX（求最大值）和 MIN（求最小值）。表示单元格区域的参数有 ABOVE（插入点上方各数值单元格）、LEFT（插入点左侧各数值单元格）、RIGHT（插入点右侧各数值单元格）。例如，计算商品总数量的公式也可以改为"=SUM（ABOVE）"，即表示计算插入点上方各单元格数值之和。

4. 表格的数据排序

图 2-3 【排序】对话框

排序是指将一组无序的数字按从小到大或从大到小的顺序排列。字母的升序按照从 A 到 Z 排列，反之是降序排列；数字的升序按照从小到大排列，反之是降序排列，日期的升序按照从最早的日期到最晚的日期排列，反之是降序排列。

将光标移动到表格中任意一个单元格中，在【表格工具—布局】选项卡的【数据】组中单击【排序】按钮，打开【排序】对话框，在该对话框"主要关键字"下拉列表框中选择排序关键字，例如，在"金额"的"类型"下拉列表框中选择"数字"类型，排序方式选择"降序"，如图 2-3 所示，最后单击【确定】按钮实现降序排序。

【分步训练】

 【任务2-1】 创建班级课表

【任务描述】

打开 Word 文档"班级课表.docx"，在该文档中插入一个 9 列 6 行的班级课表，该表格的具体要求如下。

（1）设置表格第 1 行高度的最小值为 1.61 厘米，第 2 行至第 4 行高度的固定值分别为

1.5 厘米，第 5 行高度的固定值为 1 厘米，第 6 行高度的固定值为 1.2 厘米。

（2）设置表格第 1、2 两列总宽度为 2.52 厘米，第 3 列至第 8 列的宽度均为 1.78 厘米，第 9 列的宽度为 1.65 厘米。

（3）将第 1 行的第 1、2 列两个单元格合并，将第 1 列的第 2、3 行两个单元格合并，将第 1 列的第 4、5 行两个单元格合并。

（4）在表格左上角的单元格中绘制斜线表头。

（5）设置表格在主文档页面水平方向居中对齐。

（6）设置表格外框线为自定义类型，线型为外粗内细，宽度为 3 磅，其他内边框线为 0.5 磅单细实线。

（7）在表格第 1 行的第 2 列至第 8 列单元格添加底纹，图案样式为 15%灰度，底纹颜色为橙色（淡色 40%）。

（8）在表格第 1 列和第 2 列（不包括绘制斜线表头的单元格）添加底纹，图案样式为浅色棚架，底纹颜色为蓝色（淡色 60%）。

（9）在表格中输入文本内容，设置文本内容的字体为宋体，字号为小五，单元格水平和垂直对齐方式都为居中。

创建的班级课表最终效果如图 2-4 所示。

星期 节次		星期一	星期二	星期三	星期四	星期五	星期六	星期日
上午	1-2							
	3-4							
下午	5-6							
	7-8							
晚上	9-10							

图 2-4　班级课表

【任务实现】

1. 打开 Word 文档

打开 Word 文档“班级课表.docx”。

2. 在 Word 文档中插入表格

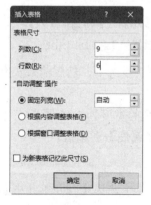

（1）将光标插入点定位到需要插入表格的位置。

（2）打开【插入表格】对话框。

（3）在【插入表格】对话框的“表格尺寸”区域的“列数”数字框中输入“9”，在“行数”数字框中输入“6”，对话框中的其他选项保持不变，如图 2-5 所示，然后单击【确定】按钮，在文档中光标插入点位置将会插入一个 6 行 9 列的表格。

图 2-5　【插入表格】对话框

3. 调整表格的行高和列宽

将光标插入点定位到表格的第 1 行第 1 列单元格中，在【表格工具—布局】选项卡【单元格大小】组中的“高度”数字框中输入“1.61 厘米”，在“宽度”数字框中输入“1.26 厘米”，如图 2-6 所示。

将光标插入点定位到表格第 1 行的单元格中，在【表格工具—布局】选项卡【表】组中选择【属性】命令，如图 2-7 所示，或者右击单元格，在弹出的快捷菜单中选择【表格属性】

命令，打开【表格属性】对话框，切换到【行】选项卡，"尺寸"区域中显示当前行（这里为第 1 行）的行高，先选中"指定高度"复选框，然后输入或调整高度数字为"1.61 厘米"，行高值类型选择"最小值"，也可以精确设置行高。

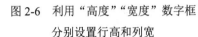

图 2-6 利用"高度""宽度"数字框
　　　　分别设置行高和列宽

图 2-7 在【表格工具—布局】选项卡【表】
　　　　组中选择【属性】命令

在【行】选项卡中单击【下一行】按钮，设置第 2 行的行高，先选中"指定高度"复选框，然后输入高度数字为"1.5 厘米"，"行高值是"选择"固定值"，如图 2-8 所示。

以类似方法设置第 3、4 行高度的固定值为 1.5 厘米，第 5 行高度的固定值为 1 厘米，第 6 行高度的固定值为 1.2 厘米。

接下来设置第 1、2 列的列宽，选择表格的第 1、2 两列，打开【表格属性】对话框，切换到【列】选项卡，选中"指定宽度"复选框，输入或调整宽度数字为"1.26 厘米"（第 1、2 两列的总宽度即为 2.52 厘米），"度量单位"选择"厘米"，精确设置列宽，如图 2-9 所示。

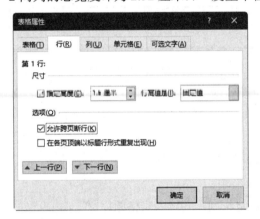

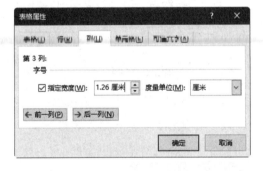

图 2-8 在【表格属性】对话框【行】
　　　　选项卡中设置第 2 行的行高

图 2-9 在【表格属性】对话框【列】
　　　　选项卡中设置第 1、2 列的列宽

单击【后一列】按钮，设置第 3 列的列宽，先选中"指定宽度"复选框，然后输入宽度数字为"1.78 厘米"，"度量单位"选择"厘米"。

以类似方法设置第 4 列至第 8 列的宽度均为 1.78 厘米，第 9 列的宽度为 1.65 厘米。

表格设置完成后，单击【确定】按钮使设置生效并关闭【表格属性】对话框。

4．合并与拆分单元格

选定第 1 行的第 1、2 列两个单元格，右击，在弹出的快捷菜单中选择【合并单元格】命令，即可将两个单元格合并为一个单元格。

选定第 1 列的第 2、3 行两个单元格，然后在【表格工具—布局】选项卡的【合并】组中单击【合并单元格】按钮，即可将两个单元格合并为一个单元格。

在【表格工具—设计】选项卡中单击【橡皮擦】按钮，光标指针变为橡皮擦的形状，按下鼠标左键并拖动鼠标将第 1 列的第 4 行与第 5 行之间的横线擦除，两个单元格即合并，然后再次单击【设计】选项卡中的【橡皮擦】按钮，取消擦除状态。

5．绘制斜线表头

在【表格工具—设计】选项卡的【绘图】组中单击【绘制表格】按钮，在表格左上角的单元格中自左上角向右下角拖动鼠标绘制斜线表头，如图 2-10 所示，然后再次单击【绘制表格】按钮，返回文档编辑状态。

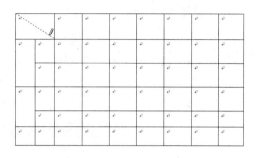

图 2-10　在表格单元格中绘制斜线

6．设置表格的对齐方式和文字环绕方式

打开【表格属性】对话框，在【表格】选项卡的【对齐方式】组中选择"居中"选项，然后单击【确定】按钮。

7．设置表格外框线

（1）将光标置于表格中，在【表格工具—设计】选项卡的【边框】组中单击【边框】按钮，在弹出的下拉菜单中选择【边框与底纹】命令，打开【边框和底纹】对话框，切换到【边框】选项卡。

（2）在【边框和底纹】对话框的【边框】选项卡中的"设置"区域中选择"自定义"图标，在"样式"区域中选择"外粗内细"边框类型，在"宽度"区域中选择"3.0 磅"。

（3）在"预览"区域中两次单击【上框线】按钮，第 1 次单击取消上框线，第 2 次单击按自定义样式重新设置上框线。

依次两次单击【下框线】按钮、【左框线】按钮、【右框线】按钮，分别设置对应的框线。

（4）设置的边框可以应用于表格、单元格、文字和段落。在"应用于"下拉列表框中选择"表格"选项。

对表格外框线进行设置后，【边框和底纹】对话框中的【边框】选项卡如图 2-11 所示。

图 2-11　在【边框和底纹】对话框【边框】选项卡中对表格外框线进行设置

这里仅对表格外框线进行了设置，内边框保持 0.5 磅单细实线不变。

（5）边框线设置完成后，单击【确定】按钮，使设置生效并关闭该对话框。

8. 设置表格底纹

（1）在表格中选定需要设置底纹的区域，这里选择表格第 1 行的第 2 列至第 8 列单元格。

（2）打开【边框和底纹】对话框，切换到【底纹】选项卡，在"图案"区域的"样式"下拉列表框中选择"15%"，在"颜色"下拉列表框中选择"橙色（淡色 40%）"，如图 2-12 所示，其效果可以在"预览"区域中进行预览。

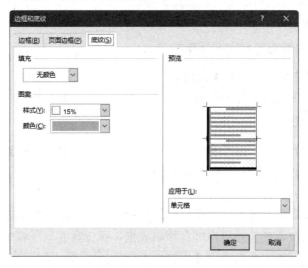

图 2-12　为表格第 1 行的第 2 列至第 8 列单元格设置底纹

（3）底纹设置完成后，单击【确定】按钮，使设置生效并关闭该对话框。

以类似方法为表格的第 1 列和第 2 列（不包括绘制斜线表头的单元格）添加底纹。

9. 在表格内输入与编辑文本内容

（1）在绘制了斜线表头单元格的右上角双击，当出现光标插入点后输入文字"星期"；在该单元格的左下角双击，在光标闪烁处输入文字"节次"。

（2）在其他单元格中输入如图 2-4 所示的文本内容。

10. 表格内容的格式设置

（1）设置表格内容的字体和字号。选中表格内容，在【开始】选项卡的【字体】组中的"字体"下拉列表框中选择"宋体"，在"字号"下拉列表框中选择"小五"。

（2）设置单元格对齐方式。选中表格中所有的单元格，在【表格工具—布局】选项卡的【对齐方式】组中单击【水平居中】按钮，即可将单元格的水平和垂直对齐方式都设置为居中。

11. 保存文档

在【快速访问工具栏】中单击【保存】按钮，对 Word 文档"班级课表.docx"进行保存操作。

【引导训练】

【任务2-2】　计算商品销售表的金额和总计

【任务描述】

打开 Word 文档"商品销售表.docx",如表 2-1 所示,对该表格中的数据进行如下计算。

(1) 计算各类商品的金额,且将计算结果填入对应的单元格中。

(2) 计算所有商品的数量总计和金额总计,且将计算结果填入对应的单元格中。

表 2-1　商品销售表

	A	B	C	D
1	商品名称	价格(元)	数量	金额(元)
2	台式电脑	4860	2	
3	笔记本电脑	8620	5	
4	移动硬盘	780	8	
5	总计			

【任务实现】

1. 打开文档

打开 Word 文档"商品销售表.docx"。

2. 应用算术公式计算各类商品的金额

将光标定位到"商品销售表"的 D2 单元格中,在【表格工具—布局】选项卡的【数据】组中单击【公式】按钮,在打开的【公式】对话框中清除原有公式,然后在"公式"文本框中输入新的计算公式,即"=B2*C2",如图 2-13 所示,并选择"编号格式",这里选择"0",即取整数,最后单击【确定】按钮,计算结果显示在 D2 中,为 9720。

使用类似方法计算"笔记本电脑"和"移动硬盘"的金额。

图 2-13　【公式】对话框

3. 应用算术公式计算所有商品的数量总计

将光标定位到"商品销售表"的 C5 单元格中,打开【公式】对话框,在"公式"文本框中输入计算公式"=C2+C3+C4",单击【确定】按钮,计算结果显示在 C5 中,为 15。

4. 应用函数公式计算所有商品的金额总计

将光标定位到"商品销售表"的 D5 单元格中,打开【公式】对话框,在"公式"文本框中输入计算公式"= SUM(ABOVE)",单击【确定】按钮,计算结果显示在 D5 中,为 59060。

商品销售表的计算结果如表 2-2 所示。

表 2-2　商品销售表的计算结果

商品名称	价格（元）	数量	金额（元）
台式电脑	4860	2	9720
笔记本电脑	8620	5	43100
移动硬盘	780	8	6240
总计		15	59060

5．保存文档

在【快速访问工具栏】中单击【保存】按钮，对 Word 文档"商品销售表.docx"进行保存操作。

 ## 【创意训练】

【任务2-3】　制作个人基本信息表

提示：请扫描二维码，浏览【电子活页 2-10】的任务描述和操作提示内容。

电子活页 2-10

【任务2-4】　制作培训推荐表

提示：请扫描二维码，浏览【电子活页 2-11】的任务描述和操作提示内容。

电子活页 2-11

模块3 ◇ Word制作批量文档

　　邮件合并具有很强的实用性，在实际工作中经常需要快速制作邀请函、名片卡、通知、请柬、信件封面、函件、准考证、成绩单等文档，这些文档的主要文本内容和格式基本相同，只是部分数据有变化，为了减少重复劳动，Word提供了邮件合并功能，有效地解决了这一问题。

　　在批量制作格式相同，只修改少量相关内容，其他内容不变的文档时，可以灵活运用Word邮件合并功能，不仅操作简单，而且还可以设置各种格式，打印效果好，可以满足不同客户的需求。

【课程思政】

　　本模块为了实现"知识传授、技能训练、能力培养与价值塑造有机结合"的教学目标，从教学目标、教学过程、教学策略、教学组织、教学活动、考核评价等方面有意、有机、有效地融入严谨细致、精益求精、求真务实、用户意识、规范意识、效率意识、创新意识、普遍联系、规则意识、协同思维10项思政元素，实现了课程教学全过程让学生思想上有正向震撼，行为上有良好改变，真正实现育人"真、善、美"的统一、"传道、授业、解惑"的统一。

【在线学习】

3.1 关于"邮件合并"

　　通过在线学习熟悉 Word 文档的以下操作方法与相关知识。

（1）什么是"邮件合并"？
（2）"邮件合并"常见的使用场合有哪些？
（3）什么是含有标题行的数据记录表？

电子活页 3-1

【方法指导】

　　在日常工作中，有很多需要根据数据表制作大量信函、信封或工资条的情况。面对如此繁杂的数据，难道只能一个一个地复制、粘贴吗？能保证复制过程中不出错吗？其实，借助

Word 提供的一项功能强大的数据管理功能——"邮件合并"，就完全可以轻松、准确、快速地完成这些任务。

3.2 邮件合并的基本过程

理解邮件合并的基本过程，就抓住了邮件合并的"纲"，就可以有条不紊地运用该功能解决实际任务了。

1．建立主文档

"主文档"就是固定不变的主体内容。例如，信函的落款对于每个收信人都是不变的内容。使用邮件合并之前先建立主文档，是一个很好的习惯，一方面可以考查预计的工作是否适合使用邮件合并，另一方面为数据源的建立或选择提供了标准和思路。

2．准备好数据源

数据源就是含有标题行的数据记录表，其中包含相关的字段和记录内容。数据源表格可以是 Word、Excel、Access 或 Outlook 中的联系人记录表。

在实际工作中，数据源通常是现成存在的。例如，要制作大量的客户信封，多数情况下，客户信息早已做成了 Excel 表格，其中含有制作信封需要的"姓名""地址""邮政编码"等字段。在这种情况下，直接拿过来使用就可以了，不必重新制作。也就是说，在准备自己建立数据源文件之前要先考查一下，是否有现成的可用。如果没有现成的数据源文件，则要根据主文档对数据源的要求建立，使用 Word、Excel、Access 都可以。在实际工作时，常常使用 Excel 制作。

3．把数据源合并到主文档中

前面两件事情都做好之后，就可以将数据源中的相应字段合并到主文档的固定内容之中了，表格的记录行数决定了主文档生成的份数。

利用如图 3-1 所示的【邮件】选项卡中的各项命令可完成邮件合并的相关操作。

图 3-1 【邮件】选项卡

 【分步训练】

【任务3-1】 利用邮件合并功能制作并打印研讨会请柬

【任务描述】

以 Word 文档"请柬.docx"作为主文档，以同一文件夹中的 Excel 文档"邀请单位名单.xlsx"

作为数据源，使用 Word 的邮件合并功能制作研讨会请柬，其中"联系人姓名""称呼"利用邮件合并功能动态获取。要求插入 2 个域的主文档外观如图 3-2 所示，然后打印请柬。

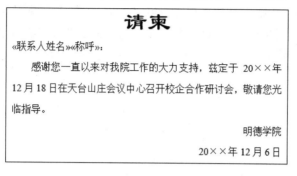

图 3-2　插入 2 个域的主文档外观

【任务实现】

1．创建主文档

创建并保存"请柬.docx"作为邮件合并的主文档。

2．建立数据源

在 Excel 中建立作为数据源的 Excel 表格"邀请单位名单.xlsx"，输入序号、单位名称、联系人姓名、称呼等数据，保存备用。

3．实现邮件合并

（1）打开 Word 文档"请柬.docx"。

（2）在【邮件】选项卡的【开始邮件合并】组单击【开始邮件合并】按钮，在弹出的下拉菜单中选择【邮件合并分步向导】命令，如图 3-3 所示。弹出【邮件合并】窗格，如图 3-4 所示。

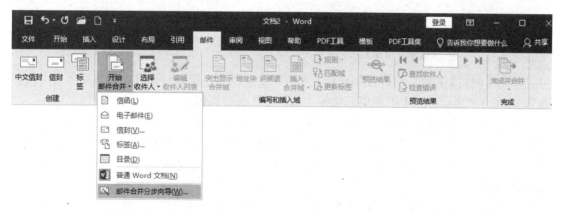

图 3-3　选择【邮件合并分步向导】命令

（3）在【邮件合并】窗格的"选择文档类型"区域中选择"信函"单选按钮，然后单击"下一步：开始文档"超链接，进入"选择开始文档"步骤。由于事先准备好了所需的 Word 文档，这里直接选择默认项"使用当前文档"，如图 3-5 所示。

单击"下一步：选取收件人"超链接，进入"选择收件人"步骤，如图 3-6 所示。

（4）由于事先准备好了所需的 Excel 文件即数据源电子表格，所以在"选择收件人"区域选择"使用现有列表"即可（也可以在此新建列表）。单击"使用现有列表"下方的【浏览】超链接，打开【选取数据源】对话框，在该对话框中选择已有的 Excel 文件"邀请单位名单.xlsx"，如图 3-7 所示。

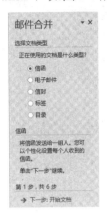

图 3-4　在【邮件合并】窗格
中选择文档类型

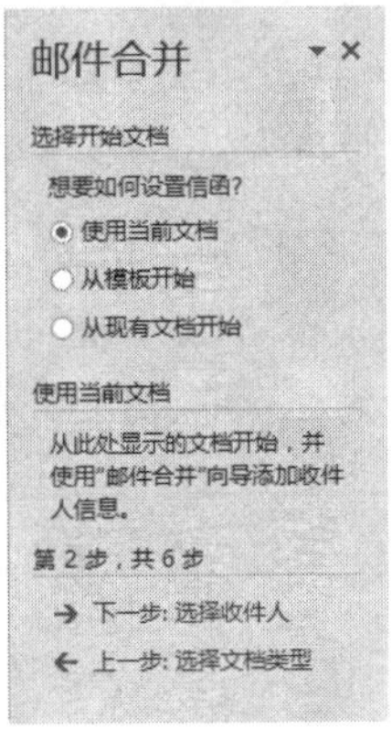

图 3-5　在【邮件合并】窗格
中选择开始文档

图 3-6　在【邮件合并】窗格
中选择收件人

单击【打开】按钮，打开【选择表格】对话框，如图 3-8 所示，选择"Sheet1$"表格。

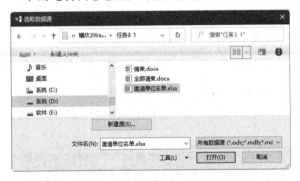

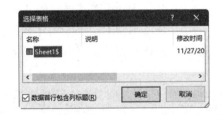

图 3-7　【选取数据源】对话框

图 3-8　【选择表格】对话框

单击【确定】按钮，打开【邮件合并收件人】对话框，在该对话框中选择所需的"收件人"，如图 3-9 所示，对于不需要的数据，将"√"去掉即可。

单击【确定】按钮，返回【邮件合并】窗格，在该窗格的"使用现有列表"区域显示"您当前的收件人选自：'邀请单位名单.xlsx'中的[Sheet1$]"，如图 3-10 所示。

（5）在【邮件合并】窗格中单击"下一步：撰写信函"超链接，进入如图 3-11 所示的"撰写信函"步骤。

（6）将光标插入点定位到主文档中插入域的位置，在"撰写信函"区域中单击"其他项目"超链接，弹出【插入合并域】对话框。在"域"列表框中选择 1 个域"联系人姓名"，如图 3-12 所示，然后单击【插入】按钮，在主文档光标位置插入域"《联系人姓名》"，关闭【插入合并域】对话框。

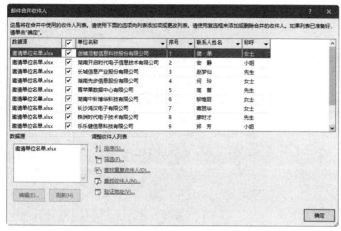

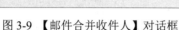

图 3-9 【邮件合并收件人】对话框　　　图 3-10　在【邮件合并】窗格中显示
"您当前的收件人选自"列表

将光标插入点定位到主文档中插入域"《联系人姓名》"之后，在【邮件】选项卡的【编写与插入域】组中单击【插入合并域】按钮，在弹出的下拉菜单中选择"称呼"选项，如图 3-13 所示，在主文档光标位置插入域"《称呼》"。

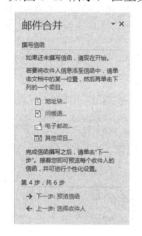

图 3-11　在【邮件合并】　　　图 3-12　【插入合并域】对话框　　图 3-13　在【插入合并域】下拉
窗格中撰写信函　　　　　菜单中选择"称呼"选项　　　　菜单中选择"称呼"选项

（7）单击【下一步：预览信函】超链接，进入"预览信函"步骤，如图 3-14 所示。

在该窗格中单击按钮 ≫ 可以在主文档中查看下一个收件人信息，单击按钮 ≪ 可以在主文档中查看上一个收件人信息，

在该窗格中也可以单击"查找收件人"超链接，打开【查找条目】对话框，并在该对话框中选择域预览信函，还可以编辑收件人列表等。

（8）单击【下一步：完成合并】超链接，进入"完成合并"步骤，如图 3-15 所示，至此完成了邮件合并操作，关闭【邮件合并】窗格即可。

4．预览文档

邮件合并操作完成，可在【邮件】选项卡的【预览结果】组中单击【预览结果】按钮，进入预览状态，如图 3-16 所示。

图 3-14　在【邮件合并】窗格中预览信函　　　图 3-15　在【邮件合并】窗格中完成合并

单击"下一记录" ▶ 按钮，预览第 2 条记录的联系人姓名和称呼，如图 3-17 所示。

请柬

安　静女士：

　　感谢您一直以来对我院工作的大力支持，兹定于 20××年 12 月 18 日在天台山庄会议中心召开校企合作研讨会，敬请您光临指导。

明德学院

20××年 12 月 6 日

图 3-16　【邮件】选项卡的【预览结果】组中的工具按钮　　　图 3-17　第 2 条记录的预览结果

还可以单击 ◀ 按钮查看前一条记录的联系人姓名和称呼，单击 ◀◀ 按钮查看第 1 条记录的联系人姓名和称呼，单击 ▶▶ 按钮查看最后一条记录的联系人姓名和称呼。

5．合并到新文档

在【邮件】选项卡的【完成】组中单击【完成并合并】按钮，在弹出的下拉菜单中选择【编辑单个文档】命令，如图 3-18 所示。在打开的【合并到新文档】对话框中选择"全部"单选按钮，如图 3-19 所示，然后单击【确定】按钮。

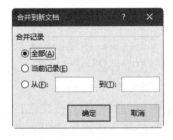

图 3-18　选择【编辑单个文档】命令　　　图 3-19　【合并到新文档】对话框

此时会自动生成一个新文档，该文档包括数据源"邀请单位名单.xlsx"中所有被邀请对象的请柬信息。单击【保存】按钮即可对所有请柬进行保存，保存后文档如图 3-20 所示。

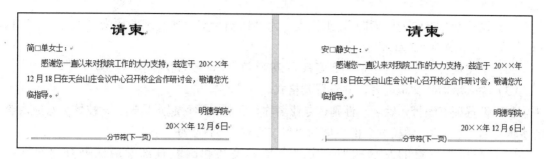

图 3-20　数据源"邀请单位名单.xlsx"中所有被邀请对象的请柬信息

6. 打印文档

在【邮件】选项卡的【完成】组中单击【完成并合并】按钮，在弹出的下拉菜单选择【打印文档】命令，打开【合并到打印机】对话框。

说明：在图 3-15 所示的【邮件合并】窗格的"完成合并"步骤中，单击"打印"超链接，也可以打开【合并到打印机】对话框。

在【合并到打印机】对话框中选择需要打印的记录，选择"全部"单选按钮，如图 3-21 所示，然后单击【确定】按钮，打开【打印】对话框，如图 3-22 所示。在该对话框进行必要的设置后，单击【确定】按钮开始打印请柬。

图 3-21　【合并到打印机】对话框

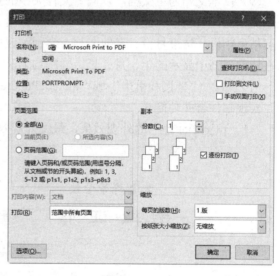

图 3-22　【打印】对话框

【引导训练】

【任务3-2】　利用邮件合并功能制作毕业证书

【任务描述】

打开 Word 文档"毕业证书.docx"，按照以下要求完成相应的操作。

（1）设置纸张方向为"横向"，纸张大小为"16开（18.4厘米×26厘米）""上、下"和"左、右"边距均为"2厘米"。

（2）将文档页面平分为2栏，宽度都为28字符，两栏之间的间距为3.4字符。

（3）输入所需的文本内容，并设置其格式。

（4）设置证书编号、姓名、性别、专业名称、学制、学习起止日期、学校姓名对应内容的字形均为"加粗"，学校姓名的字体为"华文行楷"，字号为"小二"。

（5）在页脚位置的左端插入文字"中华人民共和国教育部学历证书查询网址：http://www.chsi.com.cn"，右端插入文字"明德学院监制"，中间按【Tab】键进行分隔。

（6）在页面左栏中部插入只有1个单元格的表格（即1行1列表格），设置该表格的高度为"5.5厘米"，宽度为"3.7厘米"，文字环绕为"无"，水平和垂直对齐方式均为"居中"。在表格的单元格内插入证件照片，设置证件照片的尺寸为"3.5×5.3（cm）"，即宽度为3.5厘米，高度为5.3厘米。

（7）在"校名"位置插入校名的艺术字"明德学院"，设置艺术字的字体为"华文行楷"，字号为"初号"，字形为"加粗"。

（8）在校名"明德学院"位置插入印章图片，设置该印章的环绕方式为"浮动文字上方"，大小缩放的高度和宽度均为"30%"。

（9）以本文档为主文档，以同一文件夹中的Excel文档"毕业生名单.xlsx"为数据源，在本文档的证书编号、姓名、性别、出生年、出生月、出生日、学习开始年份、开始月份、学习结束年份、结束月份、专业名称、学制对应位置插入12个域，实现邮件合并功能。要求在毕业证书中显示的年、月、日、学制均为汉字数字。

（10）插入"链接和引用"域"IncludePicture"，该域用于插入证件照片。然后插入合并域，实现邮件合并功能。

（11）预览毕业证书的外观效果，最终外观效果示例如图3-23所示。

普通高等学校

毕业证书

学生 谭智超，性别 男，二〇××年六月一三日生。于二〇××年九月至 二〇×× 年 六月在本校 信息管理 专业 三 年制专科学习，修完教学计划规定的全部课程，成绩合格，准于毕业。

校　　名：明德学院

校（院）长：

二〇××年六月一八日

证书编号：123021201806000055

中华人民共和国教育部学历证书查询网址：http://www.chsi.com.cn

明德学院监制

图3-23　毕业证书外观效果

【任务实现】

1．页面设置

（1）设置纸张方向和页边距。在【布局】选项卡的【页面设置】组中单击【页面设置】按钮 ▫▫ ，打开【页面设置】对话框，切换到【页边距】选项卡，在"纸张方向"区域选择"横向"图标，在"页边距"区域分别设置"上""下""左""右"边距为"2 厘米"，如图 3-24 所示。

（2）设置纸张大小。在【页面设置】对话框中切换到【纸张】选项卡，设置"纸张大小"为"16 开"，即"宽度"为"26 厘米"，"高度"为"18.4 厘米"，如图 3-25 所示。

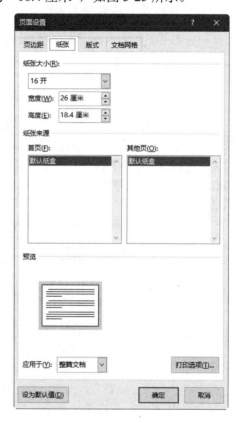

图 3-24　在【页面设置】对话框的【页边距】
　　　选项卡中设置纸张方向和页边距

图 3-25　在【页面设置】对话框的
　　　【纸张】选项卡中设置纸张大小

2．分栏设置

将光标置于待分栏的页面上，在【布局】选项卡的【页面设置】组中单击【栏】按钮，在弹出的下拉菜单中选择【更多栏】命令，如图 3-26 所示。打开【分栏】对话框，在"栏数"数字框中输入"2"，选中"栏宽相等"复选框，在"宽度"数字框中输入"28 字符"，在"间距"数字框中输入"3.4 字符"，如图 3-27 所示。

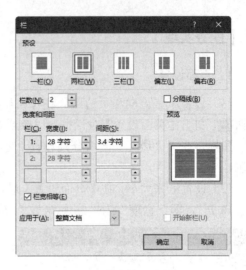

图 3-26 【栏】下拉菜单   图 3-27 【分栏】对话框

3．输入所需的文本内容，并设置其格式

输入图 3-28 所示的文本内容，设置文字"普通高等学校"的格式为"楷体、小一、加粗"，对齐方式为"居中"；设置文字"毕业证书"的格式为"隶书、初号"，对齐方式为"居中"；设置其他文字为"楷体，三号"，设置落款日期"二〇××年六月一八日"为"右对齐"。格式设置效果如图 3-28 所示。

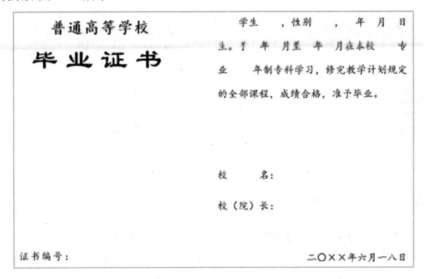

图 3-28 毕业证书的初始文本内容

4．字体设置

选中毕业证书中的证书编号、姓名、性别、学习起止年月、专业名称、学制对应位置的空格，在【开始】选项卡的【字体】组中单击【加粗】按钮，将所选内容的字形都设置为"加粗"。

5．页脚设置

在毕业证书页脚位置双击，进入"页眉和页脚"的编辑状态，在页脚位置的左端输入文

字 "中华人民共和国教育部学历证书查询网址：http://www.chsi.com.cn"，中间按【Tab】键进行分隔，在右端输入文字 "明德学院监制"。毕业证书页脚的外观效果如图 3-29 所示。

图 3-29　毕业证书页脚的外观效果

在【页眉和页脚工具】选项卡中单击【关闭页眉和页脚】按钮，如图 3-30 所示，退出 "页眉和页脚" 的编辑状态。

图 3-30　在【页眉和页脚工具】选项卡中单击【关闭页眉和页脚】按钮

6．插入与设置 1 行 1 列的表格

在毕业证书页面左栏中部插入 1 张 1 行 1 列的表格。选中该表格后，右击，在弹出的下拉菜单中选择【表格属性】命令，弹出如图 3-31 所示的【表格属性】对话框，在该对话框中选择 "对齐方式" 为 "居中"，"文字环绕" 为 "无"。

切换到【行】选项卡，设置表格 "指定高度" 为 "5.5 厘米"，如图 3-32 所示。

图 3-31　在【表格属性】对话框中设置
　　　　对齐方式和文字环绕方式

图 3-32　在【表格属性】对话框的【单元格】
　　　　选项卡中设置表格高度

切换到【单元格】选项卡，设置表格 "指定宽度" 为 "3.7 厘米"，"垂直对齐方式" 选择 "居中"，如图 3-33 所示。

单击选中该表格，在表格【设计】工具栏的【边框】区域单击【边框】按钮，在弹出的下拉菜单中选择【无框线】命令。

7．插入与设置艺术字

将光标置于毕业证书文档页面右栏文字"校名："右侧的空白处，在【插入】选项卡的【文本】组中单击【艺术字】按钮，在弹出的艺术字样式列表中选择一种合适的样式，如图 3-34 所示。

图 3-33　在【表格属性】对话框的【单元格】选项卡中　　　　图 3-34　在艺术字样式列表中选择
　　　　　设置表格宽度和垂直对齐方式　　　　　　　　　　　　一种合适的样式

在文档中插入艺术字编辑框，输入文字"明德学院"，然后选择输入的文字，设置艺术字的字体为"华文行楷"，字号为"初号"，字形为"加粗"。

8．插入与设置印章

将光标置于校名艺术字位置，在【插入】选项卡的【插图】组中单击【图片】按钮，在弹出的【插入图片】对话框中选择图片文件"明德学院印章.png"，然后单击【插入】按钮，插入印章图片。

选择印章图片，打开【布局】对话框，在该对话框中设置印章的环绕方式为"浮动文字上方"，大小缩放的高度和宽度都为"30%"。

校名和印章的外观效果如图 3-35 所示。

9．准备证件照片与毕业生数据源

在主文档"毕业证书.docx"所在文件夹中存放毕业照片文件和 Excel 数据源文件"毕业生名单.xlsx"，并且数据源中的照片名称必须与该文件夹中实际照片文件名完全一致，否则不能正确引用和显示照片。

由于要求在毕业证书中显示的年、月、日、学制均为汉字数字，在 Excel 工作表中使用函数 NumberString()来实现。从身份证号码中获取出生年、月、日，并使用函数 NumberString()转换为汉字数字，公式分别为"=NUMBERSTRING(MID(E2,7,4),3)""=NUMBERSTRING(MID(E2,11,2),3)""=NUMBERSTRING(MID(E2,13,2),3)"。

开始年份和结束年份分别使用公式"=NUMBERSTRING(2017,9)"和"=NUMBERSTRING(2020,6)"将阿拉伯数字转换为汉字数字。开始月份、结束月份、学制则可以直接输入汉字数字。

10．建立主文档与数据源的链接

打开主文档"毕业证书.docx"，在【邮件】选项卡的【开始邮件合并】组中单击【开始邮件合并】按钮，在弹出的下拉菜单中选择"目录"类型。

在【邮件】选项卡的【开始邮件合并】组中单击【选择收件人】按钮，在弹出的【选择收件人】下拉菜单中选择【使用现有列表】命令，如图 3-36 所示。

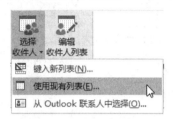

图 3-35　校名和印章的外观效果　　　图 3-36　在【选择收件人】下拉菜单中选择【使用现有列表】命令

在打开的【选取数据源】对话框中选择数据源文件，这里选取"毕业生名单.xlsx"，如图 3-37 所示。然后单击【打开】按钮，接着在打开的【选择表格】对话框中选择工作表"Sheet1"，如图 3-38 所示。

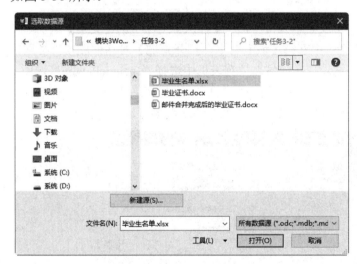

图 3-37　【选取数据源】对话框　　　　　图 3-38　【选择表格】对话框

11．编辑收件人列表

如果数据源中的数据较多或者有空记录，在合并记录之前必须对收件人列表进行编辑。在【邮件】选项卡的【开始邮件合并】组中单击【编辑收件人列表】按钮，在打开的【邮件合并收件人】对话框中选择待合并的记录，取消选择空记录和不需要合并的记录，如图 3-39 所示，然后单击【确定】按钮。

12．插入文字合并域

在【邮件】选项卡的【编写和插入域】组中单击【插入合并域】按钮，在弹出的列表中选择相应的合并域，在毕业证书对应的位置分别插入对应的合并域：证书编号、姓名、性别、出生年、出生月、出生日、学习开始年份、开始月份、学习结束年份、结束月份、专业名称、学制。

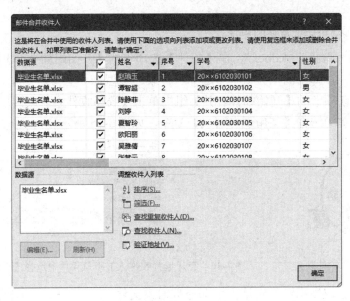

图 3-39 【邮件合并收件人】对话框

13．插入照片域

在毕业证书主文档中将光标置于表格单元格中，在【插入】选项卡的【文本】组中单击【文档部件】按钮，在弹出的下拉菜单中选择【域】命令，打开【域】对话框，在"类别"下拉列表框中选择"链接和引用"选项；在"域名"列表框中选择"IncludePicture"选项；在"文件名或 URL"文本框中输入照片所在路径，如"D:\任务 3-2"；默认选中"更新时保留原格式"复选框，如图 3-40 所示，然后单击【确定】按钮，关闭【域】对话框。

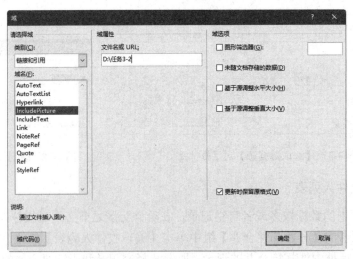

图 3-40 【域】对话框

此时在文档中并没有显示出照片，只是显示一个图像占位符，按快捷键【Alt + F9】显示域代码（域代码切换）。在照片路径"D:\\任务 3-2"后添加两个"\"，即"\\"，并将光标放在"\\"后，再切换到【邮件】工具栏，在【编写和插入域】组中单击【插入合并域】按钮，在弹出的域下拉列表中选择"照片"选项即可。可以看到如图 3-41 所示图片域代码。

INCLUDEPICTURE··"D:\\任务 3-2\\
MERGEFIELD·照片·}"···*·MERGEFORMAT·}

图 3-41　图片域代码

在主文档中单击域代码，再按一次快捷键【Alt+F9】切换到显示图像占位符的界面，此时就可以看到数据源中第 1 个人的照片了。如果照片尺寸发生了改变，将照片的宽度调整为 3.5 厘米，高度调整为 5.3 厘米。

14. 合并记录到新文档

记录可合并到新文档，或合并到打印机（即送打印机打印），或合并到电子邮件，这里将记录合并到新文档保存备用。

在【邮件】选项卡的【完成】组中单击【完成并合并】按钮，在弹出的下拉菜单中选择【编辑单个文档】命令，在弹出的【合并到新文档】对话框中选择"全部"单选按钮，然后单击【确定】按钮，这时 Word 会自动生成一个新的文档，并将结果导入新文档中，该文档中的照片都是数据源中第 1 个人的照片，而其他信息都一一填入各自的毕业证书中了。

将新文档保存到与主文档同一个文件夹中，命名为"邮件合并完成后的毕业证书.docx"，在该文档中单击一张照片，然后按快捷键【Alt+F9】切换为代码模式，接着按快捷键【Ctrl+A】选中合并记录文档的全部内容，同样也选中了文档中的全部照片域，然后再按一次快捷键【Alt+F9】切换为照片查看模式，接着按【F9】键更新域，就可以看到不同的照片了。先暂时关闭该新文档，然后重新打开该文档，即可显示所有记录的照片及毕业证书的其他信息。

按快捷键【Alt+F9】显示合并记录文档中的全部照片域代码，从显示的照片域代码可知，"照片"要使用绝对路径的文件名。将该文件复制到其他文件夹时，会自动更新为当前的完全路径。

注意：插入照片的区域不要选择插入文本框内，【F9】键不能对全选的文本框里的内容进行刷新，所以这里在 1 行 1 列表格中插入照片。

15. 预览毕业证书的外观效果

在【文件】选项卡中单击【打印】按钮即可预览毕业证书的外观效果，如图 3-23 所示。

说明：Word 实现自动更新域的方法。通常情况下 Word 文档中的域是不会自动更新的，如果想保持数据的正确性，就必须进行更新才行。下面就来看一下在 Word 中实现自动更新域的常用方法。

方法 1：右击域代码，从弹出的快捷菜单中选择【更新域】命令即可。

方法 2：在选中域代码块的情况下，按【F9】键即可实现更新域操作。

方法 3：如果想更新文档中所有域代码，只需要全选文档，然后按【F9】键即可。

方法 4：还可以在打印文档时实现域的更新操作。单击【文件】选项卡，在弹出的下拉菜单中选择【选项】命令，在弹出的【Word 选项】对话框中切换至【显示】选项卡，勾选"打印前更新域"复选框，并单击【确定】按钮即可。

【创意训练】

【任务3-3】 利用邮件合并功能制作产品推介会请柬

电子活页 3-2

提示：请扫描二维码，浏览【电子活页 3-2】的任务描述和操作提示内容。

【任务3-4】 利用邮件合并功能制作准考证

电子活页 3-3

提示：请扫描二维码，浏览【电子活页 3-3】的任务描述和操作提示内容。

模块4　Word加工复杂文档

　　复杂文档通常包括篇幅较长的长文档和包含多种文档元素的多元素文档。在Word文档中插入必要的图片、艺术字、自制图形、文本框、公式、图表和表格，可实现图文混排，达到图文并茂的效果。有时还需要插入视频、动画、声音等多媒体元素，构成多媒体文档。篇幅较长的文档一般包括封面、封底、目录、摘要、正文等部分，不同的组成部分通常设置不同的页眉和页脚，还需要插入页码。目录包括标题目录和图表目录，为了便于自动生成目录，需要定义标题的格式和大纲级别，为全文的图表（图片、表格等）插入自动编号的题注，并在文档的引用位置插入交叉引用。

【课程思政】

　　本模块为了实现"知识传授、技能训练、能力培养与价值塑造有机结合"的教学目标，从教学目标、教学过程、教学策略、教学组织、教学活动、考核评价等方面有意、有机、有效地融入严谨细致、精益求精、求真务实、用户意识、规范意识、效率意识、创新意识、忧患意识、正视困难、责任意识 10 项思政元素，实现了课程教学全过程让学生思想上有正向震撼，行为上有良好改变，真正实现育人"真、善、美"的统一、"传道、授业、解惑"的统一。

【在线学习】

4.1　设置项目符号与编号

　　在 Word 文档中，为了突出某些重点内容或并列表示某些内容，会使用一些诸如"●""■""◆""✓""➢""✧""☑"的特殊符号加以表示，以使得对应的内容更加醒目，便于浏览。使用项目符号与编号可以实现这一功能。

　　在 Word 文档中设置项目符号与编号，可以先插入项目符号或编号，后输入对应的文本内容；也可先输入文本内容，后添加相应的项目符号或编号。

电子活页 4-1

　　通过在线学习熟悉 Word 文档的以下操作方法与相关知识。

　　（1）如何在 Word 文档中设置项目符号？

　　（2）如何在 Word 文档中设置编号？

4.2 插入与编辑图片

通过在线学习熟悉 Word 文档的以下操作方法与相关知识。

（1）如何在 Word 文档中插入图片？

（2）如何在 Word 文档中编辑图片？

（3）如何在 Word 文档中设置图片格式？

电子活页 4-2

【方法指导】

4.3 插入与编辑艺术字

在 Word 文档中，艺术字是具有特殊形式的图形文字，可以实现许多特殊的文字效果，如阴影、三维效果、旋转等。

1．插入艺术字

（1）将光标插入点移至需要插入艺术字的位置。

（2）在【插入】选项卡的【文本】组中单击【艺术字】按钮，打开"艺术字"样式列表，如图 4-1 所示。

（3）选择一种合适的样式，在文档中插入艺术字，如图 4-2 所示。

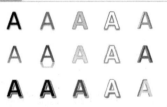

图 4-1 "艺术字"样式列表   图 4-2   在文档中插入的艺术字

（4）艺术字位于一个无边框的文本框中，在该文本框中输入所需的文字即可。

2．设置艺术字的样式与文字效果

选择文档中的艺术字，显示如图 4-3 所示的【绘图工具—格式】选项卡。

（1）选中文档中的艺术字。

（2）在【绘图工具—格式】选项卡"艺术字样式"区域中单击相应的艺术字样式按钮，即可快速地改变艺术字样式。

图 4-3　【绘图工具—格式】选项卡

（3）在【艺术字样式】组中单击【文本填充】按钮，可在弹出的下拉菜单中选择合适的文本填充颜色和渐变效果。

（4）在【艺术字样式】组中单击【文本轮廓】按钮，可在弹出的下拉菜单中选择合适的文本轮廓颜色、线型和粗细。

（5）在【艺术字样式】组中单击【文本效果】按钮，可在弹出的下拉菜单中选择合适的文本效果。这里的文本效果包括阴影、映像、发光、棱台、三维旋转和转换等多种效果。

3．设置艺术字的外框

（1）选中文档中的艺术字。

（2）在【绘图工具—格式】选项卡【形状样式】组中单击相应的形状样式按钮，即可快速地改变艺术字外框形状样式。

（3）在【形状样式】组中单击【形状填充】按钮，可在弹出的下拉菜单中选择合适的外框填充颜色和填充效果。

（4）在【形状样式】组中单击【形状轮廓】按钮，可在弹出的下拉菜单中选择合适的外框轮廓颜色、线型和粗细。

（5）在【形状样式】组中单击【形状效果】按钮，可在弹出的下拉菜单中选择合适的外框效果。这里的外框效果包括阴影、映像、发光、柔化边缘、棱台和三维旋转等多种效果。

4.4　插入与编辑文本框

在 Word 文档中插入文本框，并在文本框中输入文字和插入图形，可以方便地实现图文混排效果。

1．插入文本框

（1）将光标插入点定位到文档需要插入文本框的位置。

（2）在【插入】选项卡的【文本】组中单击【文本框】按钮，打开"内置"文本框类型列表。在【文本框】下拉菜单中选择【绘制文本框】命令。

提示：也可以在"内置"文本框类型列表中选中一种合适的文本框类型。

（3）将光标指针移到文档中，当光标指针变成十字形状 十 时，按住鼠标左键，拖动十字形指针画出矩形框，当矩形框大小合适后松开鼠标左键。

（4）选择文本框，文本框转换为编辑状态，光标定位在文本框内，此时可以输入文本或插入图片，还可以选择文本框内的文本或图片进行格式设置。

2．调整文本框的大小、位置和环绕方式

插入到文档中的文本框实质上是一个特殊的图片，文本框的大小、位置和环绕方式等设置与图片的操作方法基本相同。

文本框有3种状态，分别是普通状态、选中状态和编辑状态。文本框通常处于普通状态；当光标指针移到文本框四周的边线位置，光标指针变为形状时，单击边框线，文本框进入选中状态；当光标指针移到文本框内部，光标指针变为 I 形状时，单击文本框，文本框进入编辑状态，此时可以在其内部输入文字或插入图片。

当文本框处于选中状态时，在【绘图工具—格式】选项卡的【大小】组中单击【高级版式：大小】按钮，会打开如图4-4所示的【布局】对话框，可在该对话框中设置文本框的大小、文字环绕和位置等属性。

图4-4 【布局】对话框的【大小】选项卡

4.5 插入与编辑公式

利用 Word 提供的公式编辑器可以在文档中插入数学公式，如：

$$x_{1,2} = \frac{-b \pm \sqrt{b^2 - 4ac}}{2a}$$

插入该数学公式的操作方法如下。

（1）将光标插入点移至需要插入数学公式的位置。

（2）在【插入】选项卡的【符号】组中单击【公式】按钮，在弹出的下拉菜单中选择【插入新公式】命令，打开"公式"编辑框，如图4-5所示，同时显示【公式工具—设计】选项卡，如图4-6所示。

图4-5 文档中的"公式"
编辑框

图 4-6　【公式工具—设计】选项卡

（3）在公式编辑框中输入公式。

① 在【公式工具—设计】选项卡的【结构】组中单击【上下标】按钮，在弹出的下拉菜单中单击【下标】按钮，在"公式"编辑框中出现"下标"编辑框，在两个编辑框中分别输入"x"和下标"1,2"。

② 按光标移动键【→】，使光标由下标恢复为正常光标，再输入"="。

③ 在【公式工具—设计】选项卡的【结构】组中单击【分数】按钮，在弹出的下拉菜单中单击【竖式分数】按钮，在"公式"编辑框中出现"分式"编辑框。

④ 在"分式"编辑框的"分子"编辑框中输入"–b"。

⑤ 在【公式工具—设计】选项卡的【符号】组中单击【符号】按钮，在编辑框中输入"±"运算符。

⑥ 在【公式工具—设计】选项卡的【结构】组中单击【根式】按钮，在弹出的下拉菜单中单击【平方根】按钮，出现"平方根"编辑框。

⑦ 在【公式工具—设计】选项卡的【结构】组中单击【上下标】按钮，在弹出的下拉菜单中单击【上标】按钮，在两个编辑框中分别输入"b"和上标"2"。

⑧ 按光标移动键【→】，使光标由上标恢复为正常光标，再输入"–4ac"。

⑨ 单击"分母"编辑框，然后输入"2a"。

⑩ 在"公式"编辑框外单击，完成公式输入。公式最终效果如图 4-7 所示。

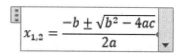

图 4-7　在"公式"编辑框中输入公式

4.6　绘制与编辑图形

在 Word 文档中除了可以插入已有的图片，还可以使用系统提供的绘图工具绘制所需要的图形。

如图 4-8 所示为闸门形状和尺寸的示意图，该示意图包括多种图形，如直线、箭头、矩形、三角形等，这里以绘制该图形为例，说明图形的绘制与编辑方法。

1．图形的绘制

在【插入】选项卡的【插图】组中单击【形状】按钮，在弹出的下拉菜单中单击所需的图形按钮，移动光标指针到文档中图形绘制的起始位置，光标指针变为十字形状**十**，按住鼠标左键拖动鼠标，即可绘制相应的图形。

依次绘制直线、矩形、尺寸标注线、箭头、等腰三角形，绘制的图形之一的外观如图 4-9 所示。

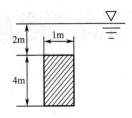

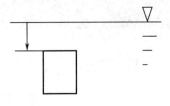

图 4-8　闸门形状和尺寸示意图　　　　　　图 4-9　绘制的图形之一

提示： 在【形状】下拉菜单中单击【矩形】按钮，按住【Shift】键，再按住鼠标左键拖动可绘制正方形；单击【椭圆】按钮，按住【Shift】键，再按住鼠标左键拖动可绘制正圆形；单击【椭圆】按钮，按住【Ctrl】键，再按住鼠标左键拖动可绘制以插入点为圆心的椭圆形。

2．图形的编辑

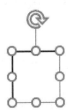

（1）拖动图形控制点调整图形的大小。单击选择绘制的图形会出现控制点，矩形的控制点如图 4-10 所示。图形周围的空心小圆控制点用于调整图形大小，上部的箭头控制点用于旋转图形。有些自选图形被选中时会出现黄色的图形控制点，拖动该控制点可以改变图形的形状。

拖动矩形上下或左右的控制点可调整其高度或宽度，拖动直线两端的控制点可调整其长度。

图 4-10　矩形的控制点

（2）使用【绘图工具—格式】选项卡精确设置图形的大小。单击选择图 4-10 中的矩形，在【绘图工具—格式】选项卡的【大小】组中的"高度"数字框中输入"1.44 厘米"，在"宽度"数字框中输入"0.9 厘米"。

右击矩形图形，在弹出的快捷菜单中选择【设置形状格式】命令，在弹出的【设置形状格式】窗格中切换到【填充】选项卡，选择"图案填充"单选按钮，然后在"图案"区域中选择"浅色上对角线"图案，如图 4-11 所示。

在【线条】选项卡中选择"实线"单选按钮，在"宽度"数字框中输入"1.5 磅"，在"复合类型"下拉列表框中选择单线，在"短画线类型"下拉列表框中选择实线，如图 4-12 所示。

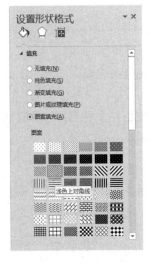

图 4-11　设置矩形的填充图案　　　　　图 4-12　设置矩形的边框线条

在【绘图工具—格式】选项卡的【大小】组中，设置图 4-9 中的小三角形的高度为 "0.28 厘米"，宽度为 "0.32 厘米"，该三角形下方的 4 条线段的长度分别为 "3.2 厘米" "0.5 厘米" "0.3 厘米" "0.15 厘米"，矩形的尺寸标注线段的长度为 "0.7 厘米"，矩形与长线段之间的距离标注线段的长度为 "1 厘米"。

3．图形位置的调整

（1）利用键盘方向键调整图形对齐。选择图形，按【←】键或【→】键调整图形的左右位置，按【↑】键或【↓】键调整图形的上下位置。在按住【Ctrl】键的同时按方向键可以实现微调。

（2）拖动鼠标移动图形。先选择图形，然后按住鼠标左键拖动，改变图形的位置。

4．图形的对齐

利用如图 4-13 所示的【绘图工具—格式】选项卡的【排列】组中的【对齐】命令列表可以精确对齐图形。

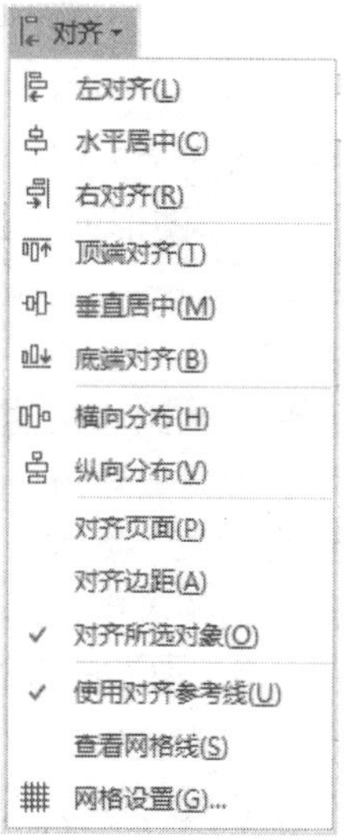

（1）选中多个图形。

方法 1：在【开始】选项卡的【编辑】组中单击【选择】按钮，在弹出的下拉菜单中选择【选择对象】命令，移动光标指针到待选择的图形区域，光标指针变为↖形状，按住鼠标左键由左上至右下或由右上至左下拖动，此时会出现一个线框，当所选图形全部位于线框内时，松开鼠标左键，即选中了多个图形。

方法 2：按住【Shift】键，依次单击选中每一个图形。

（2）多个图形等距分布。

① 选择小三角形下方的 4 条线段，在【绘图工具—格式】选项卡的【排列】组中单击【对齐】按钮，在弹出的下拉菜单中选择【纵向分布】命令，使 4 条线段等距分布。

② 选择小三角形及下方 3 条短线段，在【对齐】下拉菜单中选择【水平居中】命令，使小三角形和下方的 3 条短线段居中对齐。

③ 选择矩形及尺寸标注线，然后设置顶端对齐，结果如图 4-14 所示。

参考图 4-8，补齐其他的尺寸线和尺寸标注线，并调整其位置。将单向箭头修改为双向箭头，并设置箭头的始端样式和末端样式、始端大小和末端大小，结果如图 4-15 所示。

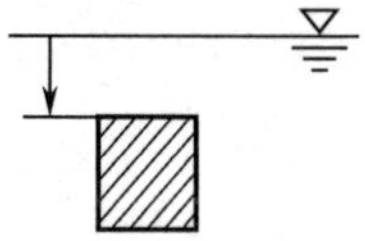

图 4-13 图形排列的【对齐】命令列表

图 4-14 绘制的图形之二

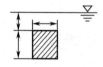

图 4-15 绘制的图形之三

5．给图形添加文字与设置文字格式

先在图 4-15 中尺寸线的旁边插入 1 个文本框，然后在该文本框中输入文字 "4m"，设置文本框内文字的字号为 "小五"，水平居中对齐。设置该文本框的高度和宽度为 "0.5 厘米"，文本边框为 "无线条"，文本框的内部边距为 "0 厘米"。

6．图形的叠放

为了避免尺寸文本框遮住尺寸线，可以将尺寸文本框置于底层，即位于尺寸线之下。选择尺寸文本框，在【绘图工具—格式】选项卡的【排列】组中单击【下移一层】按钮，在弹出的下拉菜单中选择【置于底层】命令，如图 4-16 所示，将尺寸文本框置于底层，效果如图 4-17 所示。

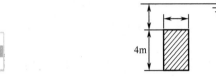

图 4-16　设置叠放次序菜单　　　　图 4-17　绘制的图形之四

复制已设置好的尺寸文本框，分别在其他两个尺寸线位置粘贴，且将文本框内的数字分别修改为"2m"和"1m"，最终效果如图 4-8 所示。

7．图形的组合

选择需要组合的多个对象，在【绘图工具—格式】选项卡的【排列】组中单击【组合】按钮，在弹出的下拉菜单中选择【组合】命令。

虽然组合后的对象不能对其中的单个图形进行操作，但是可以编辑和设置各个图形的文字。如果要对组合对象中的单个图形进行操作，则必须先执行"取消组合"操作，即先选择组合对象，然后在【组合】下拉菜单中选择【取消组合】命令，或者右击组合对象，在弹出的快捷菜单中选择【组合】—【取消组合】命令。

8．图形的修饰

（1）设置图形填充颜色。先选定图形，在【绘图工具—格式】选项卡的【形状样式】组中单击【形状填充】按钮，在弹出的下拉菜单中选择需要的填充颜色即可。

（2）设置图形线条颜色。先选定图形，在【绘图工具—格式】选项卡的【形状样式】组中单击【形状轮廓】按钮，在弹出的下拉菜单中选择需要的线条样式即可。

（3）设置阴影样式。先选定图形，在【绘图工具—格式】选项卡的【形状样式】组中单击【形状效果】按钮，在弹出的下拉菜单中指向【阴影】菜单，选择需要的阴影样式即可。

（4）设置三维旋转样式。先选定图形，在【绘图工具—格式】选项卡的【形状样式】组中单击【形状效果】按钮，在弹出的下拉菜单中指向【三维旋转】菜单，选择需要的三维旋转样式即可。

4.7　制作水印效果

水印是文档的背景中隐约出现的文字或图案，当文档的每一页都需要水印时，可通过"页眉和页脚""文本框"组合制作。

（1）在【插入】选项卡的【页眉和页脚】组中单击【页眉】按钮，在弹出的下拉菜单中选择【编辑页眉】命令，进入页眉的编辑状态。

（2）在【页眉和页脚工具—设计】选项卡的【选项】组中取消选中"显示文档文字"复选框，隐藏文档中的文字和图形。

（3）在文档中合适位置（不一定是页眉或页脚区域）插入一个文本框，并且设置该文本框的边框为"无线条"。

（4）在文本框中输入作为水印的文字或插入图片，并设置文字或图片的格式，将该文本框的环绕方式设置为"衬于文字下方"。

（5）在【页眉和页脚工具—设计】选项卡的【关闭】组中单击【关闭页眉和页脚】按钮，完成水印制作，在文档的每一页都会看到水印效果。

 【分步训练】

 【任务4-1】　编辑"华为Mate X2简介"实现图文混排效果

【任务描述】

打开 Word 文档"华为 Mate X2 简介.docx"，在该文档中完成以下操作。

（1）将标题"华为 Mate X2 简介"设置为艺术字效果，如图 4-18 所示。

华为 Mate X2 简介

图 4-18　标题的艺术字效果

（2）在华为 Mate X2 简介文本内容与小标题"主要参数"之间插入图片"01.jpg"，设置该图片的宽度为"9.68 厘米"，高度为"9.78 厘米"。

（3）在正文"主要参数"右侧插入图片"02.jpg"，设置该图片的宽度为"3.5 厘米"，环绕方式为"四周型"。

（4）在正文"主要参数"左侧插入图片"03.jpg"，设置该图片的高度为"5.5 厘米"，环绕方式为"紧密型"。

（5）将正文中主要参数列表设置为项目列表，并将项目符号设置为符号☑。

（6）在正文小标题"3．CPU 与 GPU"下面插入两个文本框，文本框的高度和宽度设置由内容而定，两个文本框顶端对齐，并在文本框内输入如图 4-19 所示的内容。

（7）将文本框的外框设置为 1.5 磅的圆点蓝色虚线。

（8）将"CPU"列表和"GPU"列表都设置为项目列表，并将项目符号设置为符号❖。

（1）CPU
❖　8 核 CPU，三档能效架构
❖　支持高至 3.13GHz 主频
❖　给你非凡的速度体验

（2）GPU
❖　24 核 Mali-G78 GPU
❖　图像处理性能显著提升
❖　轻松处理各类大型游戏画面

图 4-19　文本框的内容及外观设置

【任务实现】

1．打开文档

打开 Word 文档"华为 Mate X2 简介.docx"。

2．插入艺术字

（1）选择 Word 文档中的标题"华为 Mate X2 简介"。

（2）在【插入】选项卡的【文本】组中单击【艺术字】按钮，打开"艺术字"样式列表。

（3）在样式列表中选择样式"填充—橄榄色，着色 3，锋利棱台"，在文档中插入一个"艺术字"框，并将所选文字设置为艺术字效果。

3．插入图片

（1）插入图片"01.jpg"。将光标插入点置于正文的第 1 个段落与小标题"主要参数"之间，然后插入图片"01.jpg"。

（2）插入图片"02.jpg"。将光标插入点置于正文"主要参数"右侧的合适位置，然后插入图片"02.jpg"。

（3）插入图片"03.jpg"。将光标插入点置于正文"主要参数"左侧的合适位置，然后插入图片"03.jpg"。

4．设置图片格式

（1）在文档中选择图片"01.jpg"，在【绘图工具—格式】选项卡的【大小】组的"高度"数值框中输入"9.78 厘米"，在"宽度"数值框中输入"9.68 厘米"。

（2）在文档中选择图片"02.jpg"，在【绘图工具—格式】选项卡的【大小】组的"宽度"数值框中输入"5.11 厘米"。

（3）在文档中选择图片"02.jpg"，在【绘图工具—格式】选项卡的【排列】组中单击【环绕文字】按钮，在其下拉菜单中选择【四周型】命令，如图 4-20 所示。

以类似方法设置图片"03.jpg"的高度为"5.5 厘米"，环绕方式为"紧密型"。

5．设置项目列表和项目符号

（1）定义新项目符号。在【开始】选项卡的【段落】组中单击【项目符号】按钮旁边的三角形按钮▼，打开"项目符号库"下拉菜单。在【项目符号库】下拉菜单中选择【定义新项目符号】命令，打开【定义新项目符号】对话框，单击【符号】按钮，在弹出的【符号】对话框中选择所需的图片☑作为项目符号，如图 4-21 所示。

单击【确定】按钮，关闭该对话框并返回【定义新项目符号】对话框，在【定义新项目符号】对话框中单击【确定】按钮，关闭该对话框并将新的项目符号☑添加到"项目符号库"中。

（2）设置项目列表。选中正文中的"主要参数"列表，在【开始】选项卡的【段落】组中单击【项目符号】按钮旁边的三角形按钮▼，打开"项目符号"下拉菜单，在"项目符号库"中选择所需的项目符号☑，如图 4-22 所示。

将"主要参数"列表设置为项目列表的效果如图 4-23 所示。

图 4-20　在【环绕文字】下拉菜单
中选择【四周型】命令

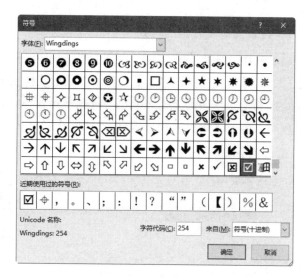

图 4-21　【符号】对话框

图 4-22　在"项目符号库"中选择项目符号

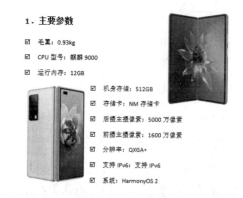

图 4-23　将"主要参数"列表设置为项目列表的效果

6．插入文本框

（1）将光标置于文字"轻松处理各类大型游戏画面"的下一行。

（2）使用"绘制"的方法在文档左侧位置插入一个文本框。将光标指针移到文本框内部单击，将光标置于文本框内，输入所需的文本内容。

（3）单击选中插入的文本框，根据文本内容调整文本框的宽度和高度，这里设置该文本的高度为"3.8 厘米"，宽度为"6.8 厘米"。

（4）将光标指针移到文本框四周的边线位置，单击选中左侧的文本框，右击，在弹出的快捷菜单中选择【复制】命令。接着在【开始】选项卡中单击【粘贴】命令，完成文本框的复制操作。

（5）将复制的文本框拖动到文档右侧位置，与左侧文本保持合适的间距。在右侧文本框中输入所需的文本内容，选中右侧的文本框，然后根据文本内容调整文本框的宽度和高度，这里设置该文本的高度为"3.1 厘米"，宽度为"6.8 厘米"。

（6）按住【Shift】键，依次选择左右两个文本框，然后在【绘图工具—格式】选项卡的【排列】组中单击【对齐】按钮，在其弹出的下拉菜单中选择【顶端对齐】命令，如图 4-24 所示。

7．设置文本框外框的样式

（1）选中文本框。

（2）在【绘图工具—格式】选项卡的【形状样式】组中单击【形状轮廓】按钮弹出下拉菜单，在其下拉菜单的"主题颜色"区域单击蓝色，在"粗细"级联菜单中选择"1.5 磅"，在"虚线"级联菜单中选择"圆点"，如图 4-25 所示。

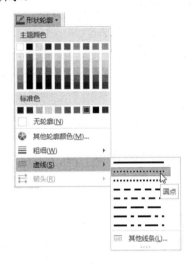

图 4-24　文本框的【对齐】下拉菜单　　　　图 4-25　在【形状轮廓】下拉菜单选择"圆点"

以同样的方法将右侧文本框的外框也设置为 1.5 磅的圆点蓝色虚线。

8．设置文本框内容为项目列表

（1）在文本框内部选中需要设置为项目列表的"CPU"列表。

（2）在【开始】选项卡的【段落】组中单击【项目符号】按钮旁边的三角形按钮 ，打开"项目符号"下拉菜单。

（3）从"项目符号库"中单击选择项目符号❖，在文档中的对应位置会自动插入所选中的项目符号。

以同样的方法将右侧文本框中的"GPU"列表设置为项目列表。

9．保存文档

在【快速访问工具栏】中单击【保存】按钮，对 Word 文档"华为 Mate X2 简介.docx"进行保存操作。

 【引导训练】

 【任务4-2】 编辑加工毕业论文

【任务描述】

毕业论文是长文档，通常由封面、摘要、目录、正文、附录、参考文献、封底等部分组成。打开 Word 文档"毕业论文——基于 Web 服务网上书城系统的分析与设计.docx"，按照以下要求完成相应的操作。

（1）设置毕业论文文档的页面格式，设置纸张大小为 A4，左边距为 2.8 厘米，右边距为 2.5 厘米，上边距为 2.54 厘米，下边距为 2.54 厘米，页眉为 1.5 厘米，页脚为 1.75 厘米。

（2）长文档的段落多、标题多，各级标题要求设置不同的格式，同一级别的标题或正文段落要求使用统一的格式。一般长文档中表格和图片也较多，同样要求统一的格式。整个文档的排版存在大量的操作方法和过程相同的重复操作。如果按短文档排版的方法逐段去设置，或用"格式刷"复制格式，势必费时费力，效率不高。Word 提供的"样式"就是解决这些问题、提高排版工作效率的利器。

样式集字体格式、段落格式、编号和项目符号格式于一体，使用样式编排长文档格式，可实现文档格式与样式同步自动更新，快速且高效。因此，样式是长文档高效排版必须使用的技术。创建如表 4-1 所示的各个样式。

表 4-1　文档"毕业论文——基于 Web 服务网上书城系统的分析与设计.docx"中的样式

标题名或级别	大纲级别	字体				段落			
		字体	字号	颜色	粗细	对齐方式	缩进	行距	段前后间距
一级标题	1 级	黑体	三号	黑色	常规	居中	（无）	单倍	30 磅
二级标题	2 级	宋体	小二	黑色	加粗	居中	首行 2 字符	单倍	15 磅
三级标题	3 级	黑体	四号	黑色	常规	左	首行 2 字符	单倍	6 磅
四级标题	4 级	宋体	小四	黑色	加粗	左	首行 2 字符	单倍	6 磅
小标题	5 级	宋体	小四	黑色	加粗	两端	首行 2 字符	单倍	默认值
正文中的步骤	6 级	宋体	小四	黑色	常规	左	首行 2 字符	单倍	默认值
正文	正文文本	宋体	小四	黑色	常规	两端	（无）	23 磅	默认值
表格标题		宋体	五号	黑色	常规	居中	（无）	23 磅	默认值
表格居中文字		宋体	小五	黑色	常规	居中	（无）	单倍	默认值
表格左对齐文字		宋体	小五	黑色	常规	左	（无）	单倍	默认值
图格式		宋体	小五	黑色	常规	居中	（无）	单倍	6 磅
图中文字		宋体	小五	黑色	常规	居中	（无）	单倍	默认值
图标题		宋体	小五	黑色	常规	居中	（无）	单倍	6 磅
封面标题 1		宋体	三号	黑色	加粗	居中	（无）	2 倍	默认值
封面标题 2		隶书	二号	黑色	加粗	居中	（无）	2 倍	默认值
封面标题 3		宋体	四号	黑色	常规	居中	（无）	1.5 倍	默认值
封面标题 4		宋体	四号	黑色	下画线	两端	（无）	1.5 倍	默认值

（3）在文档中"封面""摘要""目录""致谢"及正文各章的结束位置插入"下一页"分节符。

（4）对毕业论文文档中的各级标题、正文套用合适的样式。

（5）对毕业论文文档中的表格标题、表中文字套用对应的样式。

（6）对毕业论文文档中的图、图标题及图中文字套用对应的样式。

（7）对毕业论文文档中的封面文字套用合适的样式。

（8）按照不同的内容和不同的分节，设置奇偶页不同的页眉和页脚，在文档"偶数页"中的页眉位置插入毕业论文题目"基于 Web 服务网上书城系统的分析与设计"，在文档"奇数页"中的页眉位置插入各章的标题，首页不插入页眉。

（9）在毕业论文文档的"摘要""目录"页中插入罗马数字（Ⅰ、Ⅱ、Ⅲ、Ⅳ、Ⅴ、Ⅵ等）的页码，在文档的正文插入阿拉伯数字（1、2、3、4、5、6 等）的页码，且要求连续编写页码，首页不插入页码。

（10）在毕业论文的目录页面提取并生成标题目录，但目录内容不包括目录页之前的各节中的标题，也不包括"目录"标题。

（11）为毕业论文全文的图片、表格插入自动编号的题注，并在文档的引用位置插入交叉引用，在图表目录页提取并生成图表目录。

【任务实现】

1．设置毕业论文文档的页面格式

打开【页面设置】对话框，在该对话框中设置"纸张大小"为"A4"，左、右边距为"2.8厘米"，上、下边距为"2.54 厘米"，页眉为"1.5 厘米"，页脚为"1.75 厘米"。

2．创建毕业论文文档的样式

打开【根据格式化创建新样式】对话框，如图 4-26 所示，利用该对话框创建如表 4-1所示的各个样式，在毕业论文中创建的样式如图 4-27 所示。

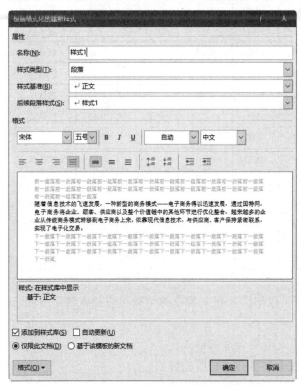

图 4-26 【根据格式化创建新样式】对话框

图 4-27 毕业论文中创建的样式列表

3．使用分节符分隔文档内容

将光标置于分节符的插入位置，在【布局】选项卡的【页面设置】组中单击【分隔符】按钮，在弹出的下拉菜单中选择【下一页】命令，如图 4-28 所示，完成分节符的插入。

按照此方法在文档中"封面""摘要""目录""致谢"及正文的各章结束位置插入"下一页"分节符。

4．套用合适的样式

导航窗格是长文档编排的有效工具，导航窗格可以按照文档的标题（大纲）级别显示文档的层次结构，用户可以根据标题（大纲）快速定位到文档。如果文档没有设置标题（大纲）样式，或者文档无标题样式时，导航窗格显示的内容为空白，发挥不了其作用。因此，必须对文档中的标题、正文套用合适的样式。

（1）对毕业论文文档中的各级标题、正文套用合适的样式。显示【样式】窗格，将光标置于文档中各级标题或正文位置，在【样式】列表中单击选择对应的样式名称即可。

（2）对毕业论文文档中的表格标题、表中文字套用对应的样式。将光标置于文档的表格标题或表的文字位置，在【样式】列表中单击选择对应的样式名称即可。

（3）对毕业论文文档中的图、图标题及图中文字套用对应的样式。将光标置于文档中图、图标题及图中文字位置，在【样式】列表中单击选择对应的样式名称即可。

（4）对毕业论文文档中的封面文字套用合适的样式。毕业论文封面使用表格进行布局，将光标置于文档表格中文字位置，在【样式】列表中单击选择对应的样式名称即可。设置完成后的外观效果如图 4-29 所示。

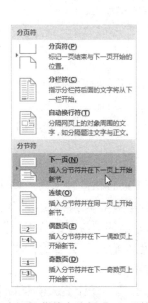

图 4-28　在下拉菜单中选择【下一页】命令　　　　图 4-29　毕业论文文档的封面

注意： 在对长文档进行格式设置时，注意观察样式的变化，每次对文档内容进行不同的格式设置或修改时，Word 都会在【样式】窗格中自动生成一个新的样式或转换为另一个样式。因此，要及时合并或更新效果相同而参数不同的样式，及时删除不需要的样式，尽量减少样式冗余，否则，五花八门的样式会使人眼花缭乱、难以分辨。

5．插入页眉与页脚及设置其格式

（1）打开【页眉和页脚工具—设计】选项卡。在【插入】选项卡的【页眉和页脚】组中单击【页眉】按钮，在弹出的下拉菜单选择【编辑页眉】命令，或者在文档中任何页眉位置双击，即可打开【页眉和页脚工具—设计】选项卡，如图4-30所示。

图4-30 【页眉和页脚工具—设计】选项卡

（2）设置"页眉和页脚"版式。在【页眉和页脚工具—设计】选项卡的【选项】组中选择"奇偶页不同"复选框。

前面已在每章结束位置插入"下一页"分节符，接着在第1章"偶数页"中的页眉位置插入毕业论文题目"基于Web服务网上书城系统的分析与设计"，在第1章"奇数页"中的页眉位置插入第1章标题。

（3）取消（断开）各节的页眉或页脚链接。长文档分节后，系统默认将后一节的页眉和页脚链接到前一节，即"与上一节相同"，默认链接状况如图4-31所示。

图4-31 各节页眉和页脚的默认链接状况

将光标插入点定位到第2章"奇数页"的页眉位置，在【页眉和页脚工具—设计】选项卡的【导航】组中单击【链接到前一条页眉】按钮 链接到前一条页眉，使其弹起，取消该按钮的选中状态，即当前节的页眉内容与前一节不同，此时原来显示的"与上一节相同"字样消失，如图4-32所示。然后在第2章"奇数页"的页眉位置重新输入第2章的标题，以后各章的操作方法类似，使每节"奇数页"中页眉内容与前一节不同。

在文档中实现首页不插入页眉的方法：在【页眉和页脚工具—设计】选项卡的【选项】组中选中"首页不同"复选框即可。

6．插入页码与设置其格式

（1）在【页眉和页脚工具—设计】选项卡的【选项】组中选中"首页不同"复选框。

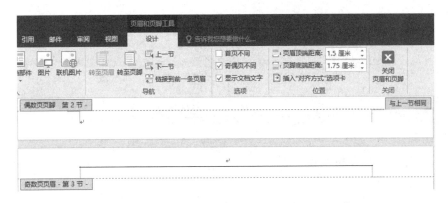

图 4-32 取消（断开）页眉链接的状况

（2）将光标置于文档中正文各章，在【插入】选项卡的【页眉和页脚】组中单击【页码】按钮，在弹出的下拉菜单中选择【设置页码格式】命令，在打开的【页码格式】对话框的"编号格式"下拉列表框中默认选择了"1，2，3，…"，在第 1 章插入页码时选中"起始页码"单选按钮，且在其右侧的数字框中输入"1"，如图 4-33 所示；在第 2 章及以后各章插入页码时，选中"续前节"单选按钮。

（3）在【插入】选项卡的【页眉和页脚】组中单击【页码】按钮，在弹出的下拉菜单中指向【页面底端】选项，在弹出的级联菜单中选择【普通数字 2】命令，即可在页脚位置插入阿拉伯数字的页码。

接着将光标置于文档的"摘要""目录"页中，打开【页码格式】对话框，设置"编号格式"为"Ⅰ，Ⅱ，Ⅲ，…"，选择"起始页码为"Ⅰ"，然后在页脚位置插入罗马数字。

图 4-33 在【页码格式】对话框中编排页码

7．提取并生成标题目录

正确完成文档各级标题的标题样式、格式设置后，便可开始生成完整的标题目录。

（1）将光标插入点定位到插入目录的位置，在【引用】选项卡的【目录】组中单击【目录】按钮，如图 4-34 所示，在弹出的下拉列表中选择【自定义目录】命令。打开【目录】对话框，自动切换到【目录】选项卡，在该对话框中进行目录格式设置，如图 4-35 所示，单击【确定】按钮，即可以自动生成目录。

图 4-34 在【目录】下拉列表中选择【插入目录】命令

（2）如果需要更新目录的文字内容或页码，则将光标移动到目录区域，右击，在弹出的快捷菜单中选择【更新域】命令，如图 4-36 所示，在弹出的【更新目录】对话框中，根据需要选择"只更新页码"或"更新整个目录"单选按钮，然后单击【确定】按钮，如图 4-37 所示。

图 4-35 【目录】对话框

图 4-36 快捷菜单中的【更新域】命令

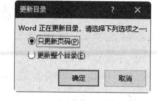

图 4-37 【更新目录】对话框

毕业论文部分目录内容如图 4-38 所示。

图 4-38 毕业论文部分目录内容

8. 插入图表题注与交叉引用题注

题注可以添加到图片、表格、公式等对象的自动编号标签上，用于标注和引用对象。插入题注的操作是通过【引用】选项卡的【题注】组中的命令按钮来实现的。必须先为对象插入题注，然后才能在其他地方引用。

（1）新建标签。插入图表题注分为自动插入题注和手工插入题注，这里主要使用手动插入的方法插入题注。

选中毕业论文中第 1 章的第 1 张图片，在【引用】选项卡的【题注】组中单击【插入题注】按钮，打开【题注】对话框。在该对话框中单击【新建标签】按钮，在弹出的【新建标签】对话框中输入新标签名"图"，如图 4-39 所示，然后单击【确定】按钮，返回【题注】对话框。

在【题注】对话框中单击【编号】按钮，在弹出的【题注编号】对话框中选择编号的"格式"，如图 4-40 所示，然后单击【确定】按钮，返回【题注】对话框即可。

（2）插入图表题注。在【题注】对话框的"题注"文本框中输入图名称，如"图 1　B2B 与 B2C 两种电子商务模式示意"，如图 4-41 所示，单击【确定】按钮，关闭【题注】对话框即可插入图名对应的题注。

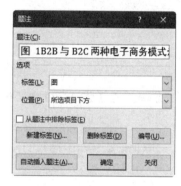

图 4-39 【新建标签】对话框　　　图 4-40 【题注编号】对话框　　　图 4-41 【题注】对话框

运用该方法插入毕业论文中所有的图片题注。

（3）交叉引用图表题注。通过交叉引用题注的方法可以在其他位置引用与链接图表。

将光标置于需要引用图表题注的位置，在【引用】选项卡的【题注】组中单击【交叉引用】按钮，打开【交叉引用】对话框，在该对话框中选择"引用类型"为"图"或"表"，"引用内容"为"整项题注"，并选中"插入为超链接" 复选框，在"引用哪一个题注"列表框中先选择第 1 项题注，然后单击【插入】按钮，即建立一个题注的交叉引用，如图 4-42 所示。单击文档中下一个引用题注的位置，在【交叉引用】对话框"引用哪一个题注"列表框中选择对应的引用题注，单击【插入】按钮。重复此操作，插入所有的引用题注后，单击【关闭】按钮。

插入题注及引用的实质是插入域代码，实现自动编号和自动更新，是长文档对诸多图片、表格、公式等对象实现自动编号标注及引用的技术。

由于插入引用时选中了"插入为超链接" 复选框，在浏览文档时按住【Ctrl】键，单击插入的交叉引用，即可导航到原图片位置。

9. 提取并生成图表目录

将光标插入点定位到插入目录的位置，在【引用】选项卡的【题注】组中单击【插入表目录】按钮，打开【图表目录】对话框，自动切换到【图表目录】选项卡，在该对话框中进行图表目录格式设置，如图 4-43 所示，单击【确定】按钮，即可以自动生成图表目录。

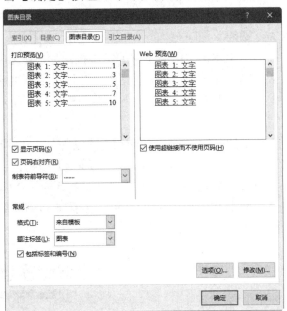

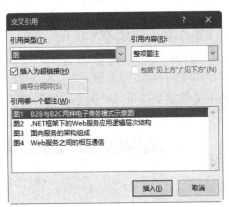

图 4-42　在【交叉引用】对话框中选择　　　　图 4-43　【图表目录】对话框
　　　　　需要引用的题注

毕业论文文档中插入的图目录部分内容如图 4-44 所示。

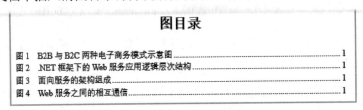

图 4-44　毕业论文文档中插入的图目录部分内容

 【创意训练】

 【任务4-3】　编辑制作《应用数学》考试试卷

电子活页 4-3

提示：请扫描二维码，浏览【电子活页 4-3】的任务描述和操作提示内容。

【任务4-4】　编辑制作悠闲居创业计划

电子活页 4-4

提示：请扫描二维码，浏览【电子活页 4-4】任务描述和操作提示内容。

模块5　Excel输入与编辑数据

Excel可以方便地对数据进行组织与分析，把表格数据用各种统计图形象地表示出来。Excel是以工作表的方式进行数据运算和分析的，因此数据是工作表的重要组成部分，是显示、操作及计算的对象。只有在工作表中输入一定的数据，才能根据要求完成相应的数据运算和数据分析工作。人们平常所见到的工资表、订货单、经费预决算表等都可以利用Excel软件来完成。

【课程思政】

本模块为了实现"知识传授、技能训练、能力培养与价值塑造有机结合"的教学目标，从教学目标、教学过程、教学策略、教学组织、教学活动、考核评价等方面有意、有机、有效地融入严谨细致、精益求精、求真务实、用户意识、规范意识、效率意识、创新意识、责任意识、安全意识、发展观念 10 项思政元素，实现了课程教学全过程让学生思想上有正向震撼，行为上有良好改变，真正实现育人"真、善、美"的统一、"传道、授业、解惑"的统一。

【在线学习】

5.1　Excel的基本工作对象

通过在线学习理解与熟悉以下术语与概念。
（1）工作簿与工作表。
（2）行与列。
（3）单元格与活动单元格。
（4）当前工作表与活动工作表。

电子活页 5-1

5.2　Excel工作表的基本操作

在 Excel 中，默认一个工作簿包括一个工作表，可以插入、删除工作表，还可以对工作表进行复制、移动和重命名等操作。

通过在线学习熟悉 Excel 以下操作方法与相关知识。

5.2.1 工作表选定与切换

（1）如何选定单个工作表？

（2）如何选定多个工作表？

（3）如何选定全部工作表？

（4）如何使用鼠标单击的方法实现工作表的切换？

（5）如何使用【激活】对话框实现工作表的切换？

电子活页 5-2

5.2.2 工作表重命名与插入

（1）如何使用双击鼠标左键的方法实现工作表重命名？

（2）如何使用鼠标右键单击的方法实现工作表重命名？

（3）Excel 中插入新的工作表有哪些方法？各种方法如何实现？

电子活页 5-3

5.2.3 工作表复制、移动与删除

（1）如何使用菜单命令实现工作表的复制和移动？

（2）如何使用鼠标拖动方法实现工作表的复制和移动？

（3）Excel 中删除工作表的常见方法有哪些？各种方法如何实现？

电子活页 5-4

5.2.4 工作表窗口操作

（1）如何用 Excel 拆分工作表窗口？

（2）如何用 Excel 冻结窗格？

（3）如何用 Excel 取消冻结和拆分？

电子活页 5-5

5.2.5 数据查找与替换

用 Excel 查看并编辑指定的文字或数字，查找出包含相同内容（如公式）的所有单元格，查找出与活动单元格中内容不匹配的单元格。

（1）如何用 Excel 实现数据查找操作？

（2）如何用 Excel 实现数据替换操作？

电子活页 5-6

5.3 Excel行与列的基本操作

通过在线学习熟悉 Excel 以下操作方法与相关知识。

（1）如何用 Excel 选定行？

（2）如何用 Excel 选定列？

（3）如何用 Excel 插入行或列？

（4）如何用 Excel 删除行或列？

电子活页 5-7

5.4　Excel单元格的基本操作

通过在线学习熟悉 Excel 以下操作方法与相关知识。

（1）如何用 Excel 选定单元格？

（2）如何用 Excel 选定单元格区域？

（3）如何用 Excel 移动单元格？

（4）如何用 Excel 复制单元格？

（5）如何用 Excel 插入单元格？

（6）如何用 Excel 删除单元格？

（7）如何用 Excel 移动单元格数据？

（8）如何用 Excel 复制单元格数据？

电子活页 5-8

5.5　设置单元格格式

单元格的格式包括数字格式、对齐方式、字体、边框、底纹等方面。单元格的格式可以使用【开始】选项卡的命令按钮进行常见的格式设置，也可以使用【设置单元格格式】对话框进行单元格的格式设置。通过在线学习熟悉 Excel 以下操作方法与相关知识。

（1）如何用 Excel 设置数字格式？

（2）如何用 Excel 设置对齐方式？

（3）如何用 Excel 设置字体格式？

（4）如何用 Excel 设置单元框边框？

（5）如何用 Excel 设置单元格的填充颜色和图案？

电子活页 5-9

5.6　调整工作表的行高和列宽

当单元格中数据内容超出预设的单元格高度时，可以调整行高以便显示完整内容。当单元格中的数据内容超出预设的单元格宽度时，可以调整列宽以便显示完整内容。

通过在线学习熟悉 Excel 以下操作方法与相关知识。

（1）如何用 Excel 使用菜单命令调整行高？

（2）如何用 Excel 使用鼠标拖动调整行高？

（3）如何用 Excel 使用菜单命令调整列宽？

（4）如何用 Excel 使用鼠标拖动调整列宽？

电子活页 5-10

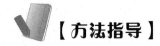

【方法指导】

5.7　Excel**数据输入**

5.7.1　Excel的数据类型

在【开始】选项卡的【数字】组中单击【常规】列表框的【数字格式】按钮，弹出数字格式下拉菜单，如图 5-1 所示。Excel 常用的数据类型有数字、货币、日期、时间、百分比、分数、科学记数等。

5.7.2　输入文本数据

Excel 的文本是指当作字符串处理的数据，包括汉字、字母、数字字符、空格及各种符号。对于邮政编码、身份证号码、电话号码、存折编号、学号、职工编号之类的纯数字形式的数据，也视为文本数据。

在默认状态下，单元格输入的文本数据为左对齐显示在一行内。当数据宽度超过单元格的宽度时，如果其右侧单元格内没有数据，则单元格的内容会扩展到右侧的单元格内显示，但内容仍在一个单元格里；如果其右侧单元格内有数据，则输入结束后，单元格内的文本数据被截断显示，但内容并没有丢失，选定单元格后，完整的内容即显示在编辑框中。

图 5-1　数字格式
下拉菜单

1．文本换行的实现方法

（1）自动换行法。选中单元格并右击，在弹出的快捷菜单中选择【设置单元格格式】命令，在弹出的【设置单元格格式】对话框中，切换到【对齐】选项卡，并选择"自动换行"复选框。或者选中单元格，在【开始】选项卡的【对齐方式】组中单击【自动换行】按钮。

（2）强制换行法。把光标移到需要换行的位置，按【Alt+Enter】组合键实现单元格内换行，单元格的高度自动增加，以容纳多行文本。

2．输入纯数字文本

对于一般的文本内容直接选定单元格输入即可，对于文本形式的数字数据，为保证其原貌，应先输入半角单引号"'"，然后输入对应的数字，这表示所输入的数字作为文本处理，不可以参与求和之类的数学计算。否则，首位数字是零时（如电话的区号），零会被自动舍去，或者当数字超过 12 位时（如身份证号码），会自动按科学计数法显示数字。

5.7.3　输入数值数据

1．输入数字字符

在单元格中可以直接输入整数、小数和分数。

2．输入数字符号

在单元格中除了可以输入 0～9 的数字字符，还可以输入以下数字符号。

（1）正负号："+""−"。

（2）货币符号："¥""$""€"。

（3）左右括号："（""）"。

（4）分数线"/"、千位符","、小数点"."、百分号"%"。

（5）指数标识"E"和"e"。

3．输入特殊形式的数值数据

（1）输入负数。要输入负数可以直接输入负号"−"和数字，也可以带括号输入数字，如输入"(100)"，在单元格中显示的是"−100"。

（2）输入分数。在输入分数时，应在分数前加"0"和 1 个空格，如输入"1/2"时，应在单元格输入"0 1/2"，在单元格中显示的是"1/2"；否则 Excel 会认为输入的是一个日期。

注意：如果在输入的分数前不加限制或只加"0"，则输出的结果为日期，即"1/2"变成"1 月 2 日"的形式；如果在分数前只加 1 个空格，则输出的分数为文本形式的数字；如果输入的数字不能构成日期（如 1/32），则可直接输入。

（3）输入多位的长数据。在输入多位的长数据时，一般带千位分隔符","输入，但在编辑栏中显示的数据没有千位分隔符","。

如果输入数据的位数较多，一般情况下单元格的数据会自动显示成科学计数法形式。

无论在单元格输入数值时显示的位数是多少，Excel 只保留 15 位的精度，如果数值长度超出了 15 位，Excel 会将多余的数字显示为"0"。

5.7.4　输入日期和时间

在输入日期时，按照年、月、日的顺序输入，并且使用斜杠（/）或连字符（−）分隔表示年、月、日的数字。输入时间应按照时、分、秒的顺序输入，并且使用半角冒号（:）分隔表示时、分、秒的数字。在同一单元格同时输入日期和时间时，必须使用空格分隔。

输入当前系统日期可以按快捷键【Ctrl+;】，日期内容不会动态变化，如果需要日期动态变化则需输入"=TODAY()"；输入当前系统时间时可以按快捷键【Ctrl+Shift+;】，日期内容不会动态变化。

单元格日期或时间的显示形式取决于所在单元格的数字格式，如果输入了 Excel 可以识别的日期或时间数据，单元格格式会从"常规"数字格式自动转换为内置的日期或时间格式，对齐方式默认为右对齐；如果输入了 Excel 不能识别的日期或时间，输入的内容将被视为文本数据，在单元格中左对齐。

5.7.5 自动填充数据

在 Excel 工作表中，如果输入的数据是一组有规律的数值，可以使用系统提供的"自动

填充"功能进行填充。使用鼠标拖动单元格右下角的填充柄█，可在连续多个单元格中填充数据。

1. 复制填充

（1）使用命令方式复制填充。选定序列首单元格，输入起始数据，选定序列单元格区域（包含已输入数据的首单元格），然后根据单元格区域的特征（在首单元格下方、上方、右侧和左侧）在【开始】选项卡的【编辑】组中单击【填充】按钮，在弹出的下拉菜单中

图 5-2 【填充】下拉菜单

选择合适的命令，如图 5-2 所示，系统自动将序列首单元格中的数据复制填充到选中的各个单元格中。

（2）按住鼠标左键直接拖动填充柄填充。在数据序列的首单元格中输入数据并确认，选定数据序列的首单元格，移动光标指针到填充柄处，鼠标呈黑十字形状✚，按住鼠标左键拖动填充柄到序列的末单元格，松开鼠标左键。对于数值型数据、尾部不含数字串的文本字符串、非系统定义的序列都是复制填充，即序列首单元格的数据被复制填充到鼠标经过的各个单元格中。

在序列单元格区域前两个单元格中输入相同的数据，然后同时选中前两个单元格，用鼠标拖动填充柄进行填充也会复制填充。

（3）按住【Ctrl】键的同时按住鼠标左键拖动填充柄填充。在 Excel 中，对于尾部包含数字串的文本字符串、日期型数据或时间型数据、系统定义的序列（如星期一至星期日），按住【Ctrl】键的同时按住鼠标左键拖动填充柄填充时，则首单元格的数据会被复制填充。

（4）选择自动填充选项。按住鼠标左键拖动填充柄填充数据结束，会出现【自动填充选项】图标，单击该图标，在弹出的下拉菜单中选择"复制单元格"单选按钮，如图 5-3 所示，即可实现数据复制。

（5）按住鼠标右键拖动填充柄填充。在数据序列的首单元格中输入数据并确认，按住鼠标右键拖动填充柄填充数据结束时，会弹出如图 5-4 所示的快捷菜单，选择【复制单元格】命令，即可实现数据复制。

图 5-3　在"自动填充选项"的下拉菜单中
选择"复制单元格"单选按钮

图 5-4　按住鼠标右键拖动填充柄
填充数据结束时的快捷菜单

2．鼠标拖动填充

（1）数值型数据的填充。

① 当填充的序列数据步长为"+1"或"−1"时，在数据序列的首单元格中输入数值并确认，选中数据序列的首单元格，按住【Ctrl】键的同时按住鼠标左键拖动填充柄到末单元格，生成系统默认的步长为 1 的等差序列。向右、向下填充时，数据递增，向左、向上填充时，数据递减。

② 当填充的步长不等于"+1"或"−1"时，先在前两单元格中输入合适的数据，第 1 个单元格的数据为初值，两个单元格的数值差为步长值，同时选中前两个单元格，用鼠标拖动填充柄进行填充即可。

（2）文本型数据的填充。

① 在 Excel 中，对于尾部包含数字串的文本字符串，按住鼠标左键拖动填充柄填充时，单元格中的数字呈等差数列变化。

② 在 Excel 中，对于数字型文本字符串，按住【Ctrl】键的同时按住鼠标左键拖动填充柄填充时，单元格中的数字呈等差数列变化。

（3）日期型数据的填充。对于系统可识别的日期型数据，按住鼠标左键直接拖动填充柄填充，按"日"生成等差数列。

（4）时间型数据的填充。对于系统可识别的时间型数据，按住鼠标左键直接拖动填充柄填充，按"小时"生成等差数列。

（5）系统定义序列的填充。对星期一至星期日、一月至十二月、第一季至第四季、甲至癸、子至亥等系统定义的序列，按住鼠标左键直接拖动填充柄填充时，按系统序列定义的内容填充。

按住鼠标左键拖动填充柄填充数据序列结束时，会出现【自动填充选项】图标，单击该图标，在选项列表中选择"填充序列"单选按钮即可填充数据。

按住鼠标右键拖动填充柄填充数据序列结束时，在弹出的快捷菜单中根据需要选择【填充序列】【等差序列】【等比序列】命令即可。

3．自动填充序列

（1）在数据序列的首单元格中输入数据并确认，按住鼠标右键拖动填充柄填充数据结束时，在弹出的快捷菜单选择【序列】命令，打开【序列】对话框，如图 5-5 所示。

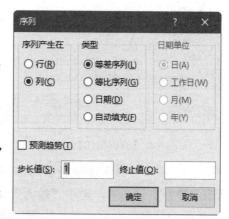

图 5-5　【序列】对话框

（2）在【序列】对话框中进行必要的参数设置。

① "序列产生在"：选择是按"行"还是按"列"填充。

② "类型"：选择填充数据，包括"等差序列""等比序列""日期""自动填充"4 个选项，如果选择"日期"单选按钮，还要选择"日期单位"，如果选择"自动填充"单选按钮，其填充效果相当于拖动填充柄进行填充。

③ "预测趋势"：只对等差数列和等比数列起作用，可以预测数列的填充趋势。

④ "步长值"：输入数列的步长。

⑤ "终止值"：输入数列的最后一项数值。

在【序列】对话框中设置好参数后，单击【确定】按钮即可按要求自动填充序列。

5.8 数据验证

在 Excel 工作表中输入数据时，可以限制数据的类型和范围，还可以设置数据输入的提示信息和出现错误的警告信息。

（1）选定要进行数据验证的行或列。

（2）设置数据验证条件。单击【数据】选项卡【数据工具】组的【数据验证】按钮，在弹出的下拉菜单中选择【数据验证】命令，打开【数据验证】对话框。在该对话框的【设置】选项卡的"允许"列表框中选择一个数据类型，如"整数"；在"数据"列表框中选择 1 个运算符选项，如"介于"；输入数据范围值，如在"最小值"数字框中输入"0"，在"最大值"数字框中输入"100"，如图 5-6 所示。

（3）设置在选定单元格时显示的输入信息。在【数据验证】对话框中切换到【输入信息】选项卡，选中"选定单元格时显示输入信息"复选框，然后在"标题"编辑框中输入提示信息的标题，如"输入成绩"，在"输入信息"编辑框中输入要提示的信息，如"必须为 0～100 之间的整数"，如图 5-7 所示。

图 5-6 【数据验证】对话框 1

图 5-7 【数据验证】对话框 2

（4）设置在输入无效数据时显示的出错警告信息。在【数据验证】对话框中切换到【出错警告】选项卡，选中"输入无效数据时显示出错警告"复选框，在"样式"列表框中选择"警告"选项；在"标题"编辑框中输入警告信息的标题，如"不能输入无效的成绩"；在"错误信息"编辑框中输入错误提示信息，如"请输入 0～100 之间的整数"，如图 5-8 所示。

图 5-8 【数据有效性】对话框之【出错警告】选项卡

在【数据验证】对话框中单击【确定】按钮完成数据有效性的设置。

在 Excel 工作表中，选中设置数据验证的单元格时，便会出现如图 5-9 所示的提示信息，预防输入错误数据。

如果在设置数据验证的单元格中输入不符合限定条件的数据时，便会出现如图 5-10 所示警告信息对话框。

图 5-9 提示信息

图 5-10 警告信息对话框

5.9 编辑工作表的内容

1. 编辑单元格的内容

（1）将光标插入点定位到单元格或编辑栏中。

方法 1：将光标指针✛移至待编辑内容的单元格上，双击鼠标左键或者按【F2】键即可进入编辑状态，在单元格内光标指针变为Ⅰ形状。

方法 2：将光标指针移到编辑栏中单击。

（2）对单元格或编辑栏中的内容进行修改。

（3）确认修改的内容。按【Enter】键确认所做的修改，按【Esc】键则取消所做的修改。

2．清除单元格或单元格区域

图 5-11　【清除】下拉菜单

清除单元格，只是删除单元格中的内容、格式或批注，清除内容后的单元格仍然保留在工作表中。而删除单元格，将会从工作表中移去单元格，并调整周围单元格填补删除的空缺。

方法 1：先选定需要清除的单元格或单元格区域，再按【Delete】键或【Backspace】键，只清除单元格的内容，而保留该单元格的格式和批注。

方法 2：先选定需要清除的单元格或单元格区域，在【开始】选项卡的【编辑】组中单击【清除】按钮，弹出如图 5-11 所示的下拉菜单，在该下拉菜单中选择所需的清除命令，即可清除单元格或单元格区域中的全部（包括内容、格式、批注或超链接）。

【分步训练】

【任务5-1】　"企业通信录.xlsx"的基本操作

【任务描述】

（1）打开 Excel 文件"企业通信录.xlsx"，另存为"企业通信录 2.xlsx"。

（2）在工作表"Sheet1"之前插入新工作表"Sheet2"和"Sheet3"，将工作表"Sheet2"移到"Sheet3"的右侧。

（3）将工作表"Sheet1"重命名为"企业通信录"。

（4）将工作表"Sheet2"删除。

（5）在序号为 4 的行下面插入一行。

（6）在标题为"联系人"的左侧插入一列。

（7）删除新插入的行和列。

（8）打开 Excel 工作簿"企业通信录 2.xlsx"，在企业名称为"鹰拓国际广告有限公司"的单元格上方插入一个单元格，然后删除新插入的单元格。

（9）将企业名称为"鹰拓国际广告有限公司"的单元格复制到 B12 单元格。

【任务实现】

1．打开 Excel 文件"企业通信录.xlsx"

（1）启动 Excel。

（2）选择【文件】选项卡中的【打开】命令，弹出【打开】对话框，在该对话框选中 Excel 文件"企业通信录.xlsx"，单击【打开】按钮即可打开 Excel 文件。

2．将 Excel 文件"企业通信录.xlsx"另存为"企业通信录 2.xlsx"

（1）打开 Excel 文件"企业通信录.xlsx"。

（2）在【文件】选项卡中选择【另存为】命令，弹出【另存为】对话框，在该对话框的"文件名"列表框中输入"企业通信录 2.xlsx"，然后单击【保存】按钮即可。

3．插入与移动工作表

（1）选定工作表"Sheet1"，然后在【开始】选项卡的【单元格】组中单击【插入】按钮，在弹出的快捷菜单中选择【插入工作表】命令，即可在工作表"Sheet1"之前插入一个新工作表"Sheet2"。以同样的方法再次插入一个新工作表"Sheet3"。

（2）选定工作表标签"Sheet2"，然后按住鼠标左键将其拖动到工作表"Sheet3"的右侧。

4．工作表的重命名

使用鼠标左键双击工作表标签"Sheet1"，当"Sheet1"变为选中状态时，直接输入新的工作表标签名称"企业通信录"，确定名称无误后按回车键即可。

5．删除工作表

在工作表"Sheet2"标签位置用鼠标右键单击，在弹出的快捷菜单中选择【删除】命令即可删除该工作表。

6．插入与删除行

（1）在序号为 5 的行中选定一个单元格。

（2）在【开始】选项卡的【单元格】组的【插入】下拉菜单中选择【插入工作表行】命令，在选中的单元格上插入新的一行。

（3）单击选中新插入的行，然后在【删除】下拉菜单中选择【删除工作行】命令，选定的行将被删除，其下方的行自动上移一行。

7．插入与删除列

（1）在标题为"联系人"列中选定一个单元格。

（2）在【插入】下拉菜单中选择【插入工作表列】命令，在选中单元格的左边插入新的一列。

（3）先选中新插入的列，然后在【删除】下拉菜单中选择【删除工作列】命令，选定的列将被删除，其右侧的列自动左移一列。

8．插入与删除单元格

（1）选择企业名称为"鹰拓国际广告有限公司"的单元格。

（2）用鼠标右键单击，在弹出的快捷菜单中选择【插入】命令，打开【插入】对话框。

（3）在【插入】对话框中选择"活动单元格下移"选项。

（4）单击【确定】按钮，则在选中单元格上方插入新的单元格。

（5）先选中新插入的单元格，再用鼠标右键单击，在弹出的快捷菜单中选择【删除】命令，弹出【删除】对话框，在该对话框中选择"下方单元格上移"单选按钮，单击【确定】按钮，即可完成单元格的删除操作。

9．复制单元格数据

（1）选定企业名称为"鹰拓国际广告有限公司"的单元格。

（2）移动光标指针到选定单元格的边框处，当光标指针呈空心箭头时，按住【Ctrl】键的同时按住鼠标左键拖动鼠标到单元格"C12"，松开鼠标即可。

 【引导训练】

【任务5-2】 "客户通信录"的数据输入与编辑

【任务描述】

创建 Excel 工作簿"客户通信录.xlsx"，在该工作表"Sheet1"中输入图 5-12 所示的"客户通信录"数据。要求"序号"列数据"1～8"使用鼠标拖动填充方法输入，"称呼"列第 2 行到第 9 行的数据先使用命令方式复制填充，内容为"先生"，然后修改部分称呼不是"先生"的数据，E7、E8 两个单元格中的"女士"文字使用鼠标拖动方式复制填充。

	A	B	C	D	E	F	G
1	序号	客户名称	通信地址	联系人	称呼	联系电话	邮政编码
2	1	蓝思科技（湖南）有限公司	湖南浏阳长沙生物医药产业基地	蒋鹏飞	先生	83285001	410311
3	2	高期贝尔数码科技股份有限公司	湖南郴州苏仙区高期贝尔工业园	谭琳	女士	82666666	413000
4	3	长城信息产业股份有限公司	湖南长沙经济技术开发区东三路5号	赵梦仙	先生	84932856	410100
5	4	湖南宏梦卡通传播有限公司	长沙经济技术开发区贺龙体校路27号	彭运泽	先生	58295215	411100
6	5	青苹果数据中心有限公司	湖南省长沙市青竹湖大道399号	高首	先生	88239060	410152
7	6	益阳搜空高科软件有限公司	益阳高新区迎宾西路	文云	女士	82269226	413000
8	7	湖南浩丰文化传播有限公司	长沙市芙蓉区嘉雨路187号	陈芳	女士	82282200	410001
9	8	株洲时代电子技术有限公司	株洲市天元区黄河南路199号	廖时才	先生	22837219	412007

图 5-12 "客户通信录"数据

【任务实现】

1．创建 Excel 工作簿"客户通信录.xlsx"

（1）启动 Excel，自动创建一个名为"工作簿 1"的空白工作簿。

（2）在【快速访问工具栏】中单击【保存】按钮，弹出【另存为】对话框，在该对话框的"文件名"编辑框中输入文件名称"客户通信录"，保存类型默认为".xlsx"，然后单击【保存】按钮进行保存。

2．输入数据

在工作表"Sheet1"中输入如图 5-12 所示的"客户通信录"数据，这里暂不输入"序号"和"称呼"两列的数据。

3．自动填充数据

（1）自动填充"序号"列数据。在"序号"列的首单元格 A2 中输入数据"1"并确认，选中数据序列的首单元格，按住【Ctrl】键的同时按住鼠标左键拖动填充柄到末单元格，自动生成步长为 1 的等差序列。

（2）自动填充"称呼"列数据。选定"称呼"列的首单元格 E2，输入起始数据"先生"，选定序列单元格区域 E2:E9；然后在【开始】选项卡的【编辑】组中单击【填充】按钮 ↓ 填充▾，在弹出的下拉菜单选择【向下】命令，系统自动将首单元格中的数据"先生"复制填充到选中的各个单元格中。

4．编辑单元格中的内容

将单元格 E3 中的"先生"修改为"女士"，将单元格 E7 中的"先生"修改为"女士"，然后使用鼠标拖动方式将 E7 单元格的"女士"复制填充至 E8 单元格。

5．保存 Excel 工作簿

在【快速访问工具栏】中单击【保存】按钮，对工作表输入的数据进行保存。

【任务5-3】 "客户通信录.xlsx"的格式设置

【任务描述】

打开素材文件夹"任务 5-3"中的 Excel 工作簿"客户通信录.xlsx"，按照以下要求进行操作。

（1）在第 1 行之前插入 1 个新行，输入内容"客户通信录"。

（2）使用【设置单元格格式】对话框设置第 1 行"客户通信录"的字体为"宋体"、字号为"20"、字形为"加粗"，水平对齐方式设置为"跨列居中"，垂直对齐方式设置为"居中"。

（3）使用【开始】选项卡中的命令按钮，设置其他行文字的字体为"仿宋"，字号为 10，垂直对齐方式设置为"居中"。

（4）使用【开始】选项卡中的命令按钮，将"序号"所在标题行数据的水平对齐方式设置为"居中"。

（5）使用【开始】选项卡中的命令按钮，将"序号""称呼""联系电话""邮政编码"4 列数据的水平对齐方式设置为"居中"。

（6）使用【开始】选项卡中的"数字格式"下拉菜单，将"联系电话""邮政编码"两列数据设置为"文本"类型。

（7）使用【行高】对话框将第 1 行（标题行）的行高设置为 35，其他数据行（第 2 行至第 10 行）的行高设置为 20。

（8）使用菜单命令将各数据列的宽度自动调整为至少能容纳单元格中的内容。

（9）使用【设置单元格格式】对话框的【边框】选项卡，将包含数据的单元格区域设置为边框线。

（10）设置纸张方向为"横向"，然后预览页面的整体效果。

【任务实现】

1．打开 Excel 文件"客户通信录.xlsx"

2．插入新行

（1）选中"序号"所在的标题行。

（2）在【开始】选项卡【单元格】组的【插入】下拉菜单中选择【插入工作表行】命令，在"序号"所在的标题行上边插入新的一行。

（3）在新插入行的单元格 A1 中输入"客户通信录"。

3. 使用【设置单元格格式】对话框设置单元格格式

选择 A1 至 H1 的单元格区域，然后单击鼠标右键，在弹出的快捷菜单中选择【设置单元格格式】命令，打开【设置单元格格式】对话框，切换到【字体】选项卡，在【字体】选项卡中依次设置字体为"宋体"，字形为"加粗"，字号为"20"。

切换到【对齐】选项卡，设置水平对齐方式为"跨列居中"，垂直对齐方式为"居中"。

4. 使用【开始】选项卡中的命令按钮设置单元格格式

（1）选中 A2 至 H10 的单元格区域，然后在【开始】选项卡的【字体】组中设置字体为"仿宋"，字号为"10"，在【对齐方式】组中单击【垂直居中】按钮，设置该单元格区域的垂直对齐方式为居中。

（2）选中 A2 至 H2 的单元格区域，即"序号"所在标题行数据，然后在【对齐方式】组中单击【居中】按钮，设置该单元格区域的水平对齐方式为居中。

（3）选中 A3 至 A10、E3 至 G10 两个不连续的单元格区域，即"序号""称呼""联系电话""邮政编码"四列数据，然后在【对齐方式】组中单击【居中】按钮，设置两个单元格区域的水平对齐方式为居中。

（4）选中 F3 至 G10 的单元格区域，即"联系电话""邮政编码"两列数据，在【开始】选项卡的【数字】组中单击【数字格式】按钮，在弹出的下拉菜单中选择【文本】命令。

5. 使用【行高】对话框设置行高

（1）选中第 1 行（标题行），单击鼠标右键，在弹出的快捷菜单中选择【行高】命令，打开【行高】对话框，在"行高"文本框中输入"35"，然后单击【确定】按钮即可。

以同样的方法设置其他数据行（第 2 行至第 10 行）的行高为 20。

（2）选中 A 列至 H 列，然后在【开始】选项卡的【单元格】组中单击【格式】按钮，在弹出的下拉菜单中选择【自动调整列宽】命令即可。

6. 使用【设置单元格格式】对话框设置边框线

选中 A2 至 H10 的单元格区域，单击鼠标右键，在弹出的快捷菜单中选择【设置单元格格式】命令，打开【设置单元格格式】对话框，切换到【边框】选项卡，然后在该选项卡的"预置"区域中单击【外边框】和【内部】按钮，为包含数据的单元格区域设置边框线，如图 5-13 所示。

7. 页面设置与页面的整体效果预览

（1）在【页面布局】选项卡的"页面设置"区域单击【纸张方向】按钮，在下拉菜单中选择【横向】命令，如图 5-14 所示。

（2）在【文件】选项卡的下拉菜单中单击【打印】按钮，即可预览页面的整体效果。

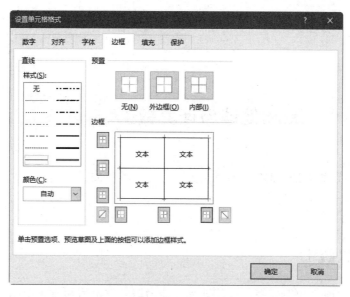

图 5-13　【设置单元格格式】对话框的【边框】选项卡

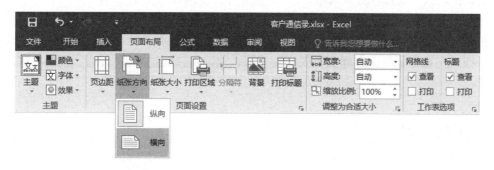

图 5-14　在"纸张方向"下拉菜单中选择【横向】命令

 【创意训练】

 【任务5-4】　"感恩活动经费决算表.xlsx"的数据输入与格式设置

提示：请扫描二维码，浏览【电子活页 5-11】的任务描述和操作提示内容。

电子活页 5-11

模块6 Excel处理与计算数据

数据处理与计算是Excel的重要功能，可以根据不同要求，通过公式和函数完成各类数据处理和计算。

【课程思政】

本模块为了实现"知识传授、技能训练、能力培养与价值塑造有机结合"的教学目标，从教学目标、教学过程、教学策略、教学组织、教学活动、考核评价等方面有意、有机、有效地融入严谨细致、精益求精、求真务实、用户意识、规范意识、效率意识、创新意识、客观公正、质量意识、辩证思维 10 项思政元素，实现了课程教学全过程让学生思想上有正向震撼，行为上有良好改变，真正实现育人"真、善、美"的统一、"传道、授业、解惑"的统一。

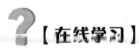

6.1 单元格引用

Excel 可以方便、快速地进行数据计算，在数据计算时一般需要引用单元格中的数据，单元格的引用是指在计算公式中使用单元格地址作为运算项，单元格地址代表单元格的数据。

通过在线学习熟悉 Excel 的基本概念与相关知识。

（1）单元格地址。

（2）单元格区域地址。

（3）行地址和列地址。

（4）单元格的引用类型。

电子活页 6-1

6.2 使用Excel公式计算

电子活页 6-2

通过在线学习熟悉 Excel 以下操作方法与相关知识。

（1）Excel 公式由哪些部分组成？运算符有哪些类型？

（2）如果公式同时用到了多个运算符，其运算优先顺序怎样？在公式中同一级别的运算顺序怎样？

（3）如何用 Excel 输入计算公式和获取计算结果？

如图 6-1 所示，将光标插入点定位在单元格 F3 中，输入"=D3*E3"后要在该单元格内显示计算结果应如何操作？

计算工作表中两种规格 CPU 的销售额之和的公式是什么？计算工作表中两种规格 CPU 的平均价格的公式是什么？

（4）如何用 Excel 实现公式的移动与复制操作？

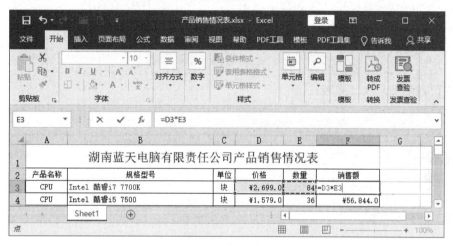

图 6-1 公式输入与计算示例

【方法指导】

6.3 自动计算

在【公式】选项卡的"函数库"区域单击【自动求和】按钮 $\sum$ 自动求和，可以对指定或默认区域的数据进行求和运算。其运算结果值显示在选定列的下方第 1 个单元格中或者选定行的右侧第 1 个单元格中。

单击【自动求和】按钮右侧 ▾ 按钮，在弹出的下拉菜单中包括多个自动计算命令，如图 6-2 所示。

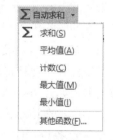

图 6-2 【自动求和】下拉菜单

6.4 使用函数计算

函数是 Excel 已定义好的具有特定功能的内置公式，例如 SUM（求和）、AVERAGE（求平均值）、COUNT（计数）、MAX（求最大值）、MIN（求最小值）等。

1. 函数的组成与使用

函数一般由函数名和用括号括起来的一组参数构成，其一般格式如下：

<函数名>(参数 1，参数 2，参数 3…)

函数名确定要执行的运算类型，参数则指定参与运算的数据。当有 2 个或 2 个以上的参数时，参数之间使用半角逗号（,）分隔，有时需要使用半角冒号（:）分隔。常见的参数有数值、字符串、逻辑值和单元格引用。函数可以嵌套使用，即一个函数可以作为另一个函数的参数。有些函数没有参数，如返回系统当前日期的函数 TODAY()。

函数的返回值（运算结果）可以是数值、字符串、逻辑值、错误值等。

当工作表中某个单元格中设置的计算公式无法求解时，系统将在该单元格中以错误值的形式显示出错信息。错误值可以使用户迅速判断产生错误的原因，如表 6-1 所示，列出了常见的错误值提示信息及其原因。

表 6-1　Excel 常见的错误值提示信息及其原因

错误值提示信息	错误原因
######	计算结果太长，单元格放不下，增加单元格的列宽即可解决
#VALUE!	参数或运算对象的类型不正确
#DIV/0!	除数为 0
#NAME?	不存在的名称或拼写错误
#N/A	在函数或公式中没有可用的数值
#REF!	在公式中引用了无效的单元格
#NUM!	在函数或公式中某个参数有问题，或计算结果的数字太大或太小
#NULL!	使用了不正确的区域运算或不正确的单元格引用

2．输入和选用函数

（1）在编辑框中手工输入函数。

选定计算单元格，输入半角等号"="，然后输入函数名及函数的参数，校对无误后确认即可。

如图 6-3 所示，在单元格 F13 中计算内存的总销售额，则可以输入公式"=SUM(F3:F7)"。计算内存的平均销售额则可以输入公式"=AVERAGE(F3:F7)"。

（2）在"常用函数"列表中选择函数。

选定计算单元格，输入半角等号"="，然后在【编辑栏】中的"名称框"位置展开常用函数列表，如图 6-4 所示。在函数列表中单击选择一个函数，例如"SUM"，打开【函数参数】对话框，在该对话框中确定参数值，然后单击【确定】按钮即可完成计算。

在单元格 F8 中计算内存的总销售额，先选定 F8，输入等号"="，然后在常用函数列表中单击选择函数"SUM"，打开【函数参数】对话框。在该对话框的"Number1"右侧的编辑框中直接输入计算范围"F3:F7"，或者单击"Number1"右侧的【折叠】按钮，折叠【函数参数】对话框，且进入工作表中，按住鼠标左键拖动鼠标选择计算范围 F3:F7，计算范围四周会出现方框，同时【函数参数】对话框会变成如图 6-5 所示的形状，显示工作表中选定的单元格区域。

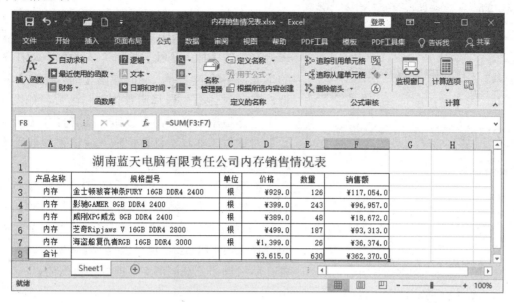

图 6-3　计算内存的总销售额

图 6-4　常用函数列表　　图 6-5　【函数参数】对话框中显示选定单元格区域

再次单击折叠后的输入框右侧的【返回】按钮，返回如图 6-6 所示的【函数参数】对话框，该对话框有函数功能和参数提示，还会显示计算结果。可以根据需要输入其他函数参数，然后单击【确定】按钮，完成公式输入和计算。

图 6-6　选定了单元格区域的【函数参数】对话框

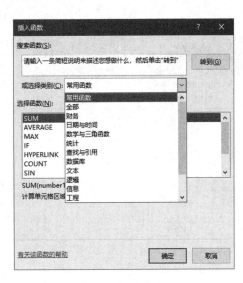

图 6-7 【插入函数】对话框

（3）在【插入函数】对话框中选择函数。

先选定单元格，然后选择【公式】选项卡的【函数库】组中的【插入函数】命令，或者直接单击【编辑栏】中的【插入函数】按钮 f_x，系统自动在选定的单元格中输入"="，同时弹出【插入函数】对话框，在该对话框中选择函数类别和函数，如图 6-7 所示，然后单击【确定】按钮。接着打开【函数参数】对话框，在该对话框中输入或设置参数后单击【确定】按钮完成函数输入和计算。

如图 6-3 所示，在单元格 F8 中计算内存的总销售额，先选定单元格 F8，然后单击【编辑栏】中的【插入函数】按钮 f_x，在打开的【插入函数】对话框中选择函数"SUM"，也可以打开【函数参数】对话框。后续操作方法同前文，此处不再赘述。

3．常用函数的功能与格式

常用函数的功能与格式如表 6-2 所示。

表 6-2 常用函数的功能与格式

函数名称	函数格式	函数功能
求和函数	SUM(参数 1,参数 2,…)	计算其参数或者单元格区域中所有数值之和,参数最多允许有 30 个，参数可以是数值或单元格引用
求平均值函数	AVERAGE(参数 1,参数 2,…)	计算其参数的算术平均值,参数最多允许有 30 个,参数可以是数值或者包含的名称、数组或单元格引用
求最大值函数	MAX(参数 1,参数 2,…)	求一组数值中的最大值,参数可以是数值或单元格引用,忽略逻辑值和文本字符,参数最多允许有 30 个
求最小值函数	MIN(参数 1,参数 2,…)	求一组数值中的最小值,参数可以是数值或单元格引用,忽略逻辑值和文本字符,参数最多允许有 30 个
统计数值型数据个数函数	COUNT(参数 1,参数 2,…)	计算包含数字的单元格以及参数列表中数值型数据的个数,参数可以是各种不同类型的数据或者单元格引用,但只对数值型数据进行计数,非数值型数据不计数
统计满足条件的单元格数函数	COUNTIF(单元格区域引用,判断条件)	计算单元格区域满足给定条件的单元格数目
取整函数	INT(参数)	求不大于指定参数的整数
圆整函数	ROUND(参数,四舍五入的位数)	参数为需要四舍五入的数值或单元格引用
判断函数	IF(判断条件,值 1,值 2)	判断一个条件是否成立,如果成立,即判断条件的值为 TRUE,则返回"值 1",否则返回"值 2"
字符串截取函数	MID(字符串,起始位置,长度)	从文本字符串中指定的起始位置返回指定长度的字符
返回字符长度函数	LEN(text)	其功能是返回文本字符串中的字符数。参数 text 为待查找其长度的文本,空格将作为字符进行计数
左截取函数	LEFT(字符串,长度)	从一个文本字符串的第一个字符开始返回指定个数的字符

函数名称	函数格式	函数功能
判断奇偶性函数	ISODD(number)	其功能为测试参数的奇偶性，参数 number 表示需要进行检验奇偶性的数值，该数值可以是具体的数字，也可以是单元格引用。当数值为奇数时，函数返回值为 True，否则返回为 False；当引用的单元格为空白时，那么当作 0 检验，函数返回值为 False。当单元格中的数据是非数值类型，那么函数将返回错误值 "#VALUE!"
按列查找函数	VLOOKUP(待查找的值,查找的区域,返回数据在区域中的列数,匹配方式)	VLOOKUP 函数与 HLOOKUP 函数属于同一类函数，VLOOKUP 是按列查找的，而 HLOOKUP 是按行查找的
返回行号函数	ROW(reference)	返回引用单元格或单元格区域的行号，参数 reference 为需要得到其行号的单元格或单元格区域。如果省略参数 reference，则其返回值为公式所在单元格的行号。reference 不能引用多个区域
返回列号函数	COLUMN(reference)	返回引用单元格或单元格区域的列标，参数 reference 为需要得到其列标的单元格或单元格区域。如果省略参数 reference，则其返回值为公式所在单元格的列标
求余函数	MOD(n ,d)	在 Excel 中，MOD 函数是用于返回两数相除的余数，返回结果的符号与除数（d）的符号相同。参数 n 为被除数，d 为除数。如果除数 d 为零，函数 MOD 返回值为 "#DIV/0!"　说明：函数 MOD 可以借用函数 INT 表示为 MOD(n,d) = n-d*INT(n/d)
通过偏移量得到新引用函数	OFFSET(reference,rows,cols,height,width)	在 Excel 中，OFFSET 函数的功能为以指定的引用为参照系，通过给定偏移量得到新的引用。返回的引用可以为一个单元格或单元格区域，并可以指定返回的行数或列数
从参数列表返回值函数	CHOOSE(index_num,value1,[value2],...)	在 Excel 中，CHOOSE 函数用于从参数列表中选择并返回一个值
当前日期函数	TODAY()	返回日期格式的当前日期
日期时间函数	NOW()	返回日期时间格式的当前日期和时间
年函数	YEAR(日期数据)	返回日期的年份值，即 1 个 1900 到 9999 之间的整数
月函数	MONTY(日期数据)	返回月份值，即 1 个 1 到 12 之间的整数
日函数	DAY(日期数据)	返回 1 个月中的第几天的数值，即 1 个 1 到 31 之间的整数
时函数	HOUR(日期数据)	返回小时数值，即 1 个 0 到 23 之间的整数
分函数	MINUTE(日期数据)	返回分钟数值，即 1 个 0 到 59 之间的整数
秒函数	SECOND(日期数据)	返回秒数值，即 1 个 0 到 59 之间的整数
星期函数	WEEKDAY(日期数据,类型)	返回代表一周中的第几天的数值，即 1 个 1 到 7 的整数
求日期差值函数	DATEDIF(start_date,end_date,unit)	返回两个日期参数之间的差值

4．COUNTIF 函数

COUNTIF 函数是 Excel 对指定区域符合指定条件的单元格进行计数的函数，该函数的语法规则如下：

COUNTIF(range, criteria)

其中，参数 range 表示要计数的区域，参数 criteria 为以数字、表达式或文本形式定义的条件。

（1）求各种类型单元格的个数。

① 求空单元格个数的公式：=COUNTIF(数据区域,"=")。

② 求非空单元格个数的公式：=COUNTIF(数据区域,"<>")。

③ 求文本型单元格个数的公式：=COUNTIF(数据区域,"*")。

④ 求区域内所有单元格个数的公式：=COUNTIF(数据区域,"<>""")。如果数据区内有"，该公式不成立。

⑤ 逻辑值为 TRUE 的单元格数量的公式：=COUNTIF(数据区,TRUE)。

（2）求大于或小于某个值的单元格个数。

① 求大于 90 的公式：=COUNTIF(数据区,">90")。

② 求等于 90 的公式：=COUNTIF(数据区,90)。

③ 求小于 90 的公式：=COUNTIF(数据区,"<90")。

④ 求大于或等于 90 的公式：=COUNTIF(数据区,">=90")。

⑤ 求小于或等于 90 的公式：=COUNTIF(数据区,"<=90")。

⑥ 求大于 E5 单元格的值的公式：=COUNTIF(数据区,">"&$E$5)。

⑦ 求等于 E5 单元格的值的公式：=COUNTIF(数据区,&$E$5)。

⑧ 求小于 E5 单元格的值的公式：=COUNTIF(数据区,"<"&$E$5)。

⑨ 求大于或等于 E5 单元格的值的公式：=COUNTIF(数据区,">="&$E$5)。

⑩ 求小于或等于 E5 单元格的值的公式：=COUNTIF(数据区,"<="&$E$5)。

（3）求等于或包含 n 个特定字符的单元格个数。

① 求包含两个字符的公式：=COUNTIF(数据区,"??")

② 求包含两个字符并且第 2 个是 E 的公式：=COUNTIF(数据区,"?E")。

③ 求包含字母 E 的公式：=COUNTIF(数据区,"*E*")。

④ 求第 2 个字符是 E 的公式：=COUNTIF(数据区,"?E*")。

⑤ 求等于"你好"的公式：=COUNTIF(数据区,"你好")。

⑥ 求包含 D3 单元格的内容的公式：=COUNTIF(数据区,"*"&D3&"*")。

⑦ 求第 2 字符是 D3 单元格的内容的公式：=COUNTIF(数据区,"?"&D3&"*")。

说明：COUNTIF 函数对英文字母不区分大小写，通配符只对文本有效。

5．VLOOKUP 函数

VLOOKUP 函数用于在指定区域内查询指定内容对应的匹配区域内单元格的内容。

VLOOKUP 函数包括 4 个参数，分别是"待查找的值""查找的区域""返回数据在区域中的列序号""匹配方式"，其含义分别说明如下。

（1）"待查找的值"可以为数值、引用或文本字符串，表示需要在查找区域内查找的数值。

（2）"查找的区域"为工作表的单元格区域、使用区域地址、区域名称的引用。

（3）"返回数据在区域中的列序号"为正整数，即查找区域中待返回匹配值的列序号，注意是"查找区域"范围内的第几列，不在"查找区域"范围内的列不计。如果为 1 则返回查找区域第 1 列的数值，如果为 2 则返回查找区域第 2 列的数值，以此类推；如果为负数则返回错误值#VALUE!；如果超出了查找区域的列数，则返回错误值#REF!。

（4）"匹配方式"为一个逻辑值，指明函数查找是精确匹配，还是近似匹配。如果为 TRUE 或省略，则为近似匹配，返回近似匹配值，也就是说，如果找不到精确匹配值，则返回小于待查找值的最大数值；如果为 FALSE，则为精确匹配，返回精确匹配值，如果找不到则返回错误值#N/A。

例如，公式"VLOOKUP(H4,$A$2:$F$12,6, FALSE)"的含义为在单元区域"$A$2:$F$12"按列查找单元格 H4 对应的数值，如果在该单元区域中找到该值，则返回查找区域中对应行第 6 列对应单元格的数值，由于第 4 个参数为 FALSE，返回精确匹配值。

又如，公式"VLOOKUP(P3,个人所得税税率表.xls!金额,2,TRUE)"的含义为在工作簿文件"个人所得税税率表.xls"中命名区域"金额"按列查找单元格 P3 对应的数值，如果在命名的单元格区域中找到该值，则返回命名区域对应行第 2 列对应单元格的数值。由于第 4 个参数为 TRUE，即为近似匹配，如果找不到精确匹配值，返回小于单元格 P3 中数值的最大数值。

使用 VLOOKUP 函数在工作表中按列查找数据时，如果找不到数据，函数总会传回一个错误标识符#N/A，可以配合使用 ISERROR 函数和 IF 函数来进行相应处理。如果 VLOOKUP 函数找到数据，就传回相应的数据值。如果找不到的话，就自动设定其值为 0，可以改写成以下形式：IF(ISERROR(VLOOKUP(P3,个人所得税税率表.xlsx!金额,2,TRUE))=TRUE,0, VLOOKUP(P3,个人所得税税率表.xlsx!金额,2,TRUE))。函数 ISERROR(VALUE)用于判断括号中的值是否为错误值，如果是错误值，就等于 0，否则就等于 VLOOKUP 函数返回的值（即找到的相应的值）。

另外，还有两种情况会出现错误标识符#N/A。

① 数据存在空格，此时可以嵌套使用 TRIM 函数批量删除空格。

② 数据类型或格式不一致，此时将类型或格式转为一致即可。

6．DATEDIF 函数

DATEDIF(start_date,end_date,unit)函数用于返回两个日期之间相差的天数、月数或年数，包括 3 个参数，其中第 1 个参数 start_date 表示一段时间的起始日期；第 2 个参数 end_date 表示一段时间的终止日期；第 3 个参数可以为"y""m""d"，分别表示求年数、月数和天数。

7．OFFSET 函数

OFFSET(reference,rows,cols,height,width)通过给定偏移量得到新的引用，可用于任何需要将引用作为参数的函数。函数 OFFSET 实际上并不移动任何单元格或更改选定区域，它只是返回一个引用。例如，公式 SUM(OFFSET(C2,1,2,3,1))将计算比单元格 C2 靠下 1 行并靠右 2 列的 3 行 1 列区域的总值。

参数 reference 作为偏移量参照系的引用区域，必须为对单元格或相连单元格区域的引用；否则，函数 OFFSET 返回错误值"#VALUE!"。

参数 rows 为相对于偏移量参照系的左上角单元格上（下）偏移的行数。例如，参数 rows 值为 2，说明目标引用区域的左上角单元格比 reference 低 2 行。值可为正数（代表在起始引用的下方）或负数（代表在起始引用的上方）。

参数 cols 为相对于偏移量参照系的左上角单元格左（右）偏移的列数。例如，参数 cols 值为 3，说明目标引用区域的左上角的单元格比 reference 靠右 3 列。值可为正数（代表在起始引用的右边）或负数（代表在起始引用的左边）。

参数 height 为高度，即所要返回的引用区域的行数，height 必须为正数，不可为负。

参数 width 为宽度，即所要返回的引用区域的列数，width 必须为正数，不可为负。

函数 OFFSET 的参数 height 和 width 可以省略，如果省略 height 或 width，则假设其高度或宽度与 reference 相同。参数 rows 和 cols 也可以省略，相当于其值为 0，但省略时公式中的 "，" 必须保留，否则公式会出错。

如果行数和列数偏移量超出工作表边缘，函数 OFFSET 返回错误值 "#REF!"。

例如，以 F10 单元格为例。

取向下 1 个单元格的内容，那么公式为 "=OFFSET(F10,1,)"，即得出 F11 单元格的内容。注意 "1" 后的 "，" 必须保留。

取向上 3 个单元格的内容，那么公式为 "=OFFSET(F10,-3,)"，即得出 F7 单元格的内容，注意 "-3" 后的 "，" 必须保留。

取向左 4 个单元格的内容，那么公式为 "=OFFSET(F10,,-4)"，即得出 B10 单元格的内容。

取向右 2 个单元格的内容，那么公式为 "=OFFSET(F10,,2)"，即得出 H10 单元格的内容。

取公式所在单元格的内容，那么公式为 "=OFFSET(F10,,)"，即偏移量为 0 时可以省略对应参数。

取向下 2 格，再向右 3 格的单元格内容，则公式为 "=OFFSET(F10,2,3)"，即取 I12 单元格的内容。

最后两个参数必须是正数，如果其值为 1，则返回 1 个单元格的值，如果这两个参数均大于 1，则组成一个单元格区域，但要配合其他函数一起使用才会显示出来功能的强大。例如要对 C2 单元格向下 2 行，向右 3 列的 3 行 2 列的单元格区域的数值求和，则公式为 "=SUM(OFFSET(C2,2,3,3,2))"。

8．CHOOSE 函数

CHOOSE(index_num,value1,[value2],…)函数用于从一组数据中选择特定一个数据并返回。

参数 index_num 是一个必要参数，为数值表达式或字段，其运算结果是一个数值，且界于 1 和 254 之间的数字，或者为公式，或者对包含 1 到 254 之间某个数字的单元格引用。如果 index_num 为 1，函数 CHOOSE 返回 value1；如果为 2，函数 CHOOSE 返回 value2，以此类推。如果 index_num 小于 1 或大于列表中最后一个值的序号，函数 CHOOSE 返回错误值 "#VALUE!"。如果 index_num 为小数，则在使用前将被截尾取整。

参数 value1 是必需的，value1 的后续值是可选的。这些 value 参数的个数介于 1 到 254 之间，函数 CHOOSE 基于 index_num 从这些 value 参数中选择一个数值或一项要执行的操作。这些参数可以为数字、单元格引用、已定义名称、公式、函数或文本。

函数 CHOOSE 的数值参数不仅可以为单个数值，也可以为区域引用。例如，公式 "=SUM(CHOOSE(2,A1:A10,B1:B10,C1: C10))" 相当于 "=SUM(B1:B10)"，基于区域 B1:B10 中的数值返回值。函数 CHOOSE 先被计算，返回引用 B1:B10，然后函数 SUM 用 B1:B10

进行求和计算，即函数 CHOOSE 的结果是函数 SUM 的参数。

 【分步训练】

 【任务6-1】　产品销售数据的处理与计算

【任务描述】

打开 Excel 工作簿"产品销售情况表.xlsx"，按照以下要求进行计算与统计。

（1）使用【开始】选项卡的【编辑】组中的【自动求和】功能按钮，计算产品销售总数量，将计算结果存放在单元格 E31 中。

（2）在【编辑栏】的常用函数列表中选择所需的函数，计算产品销售总额，将计算结果存放在单元格 F31 中。

（3）使用【插入函数】对话框和【函数参数】对话框计算产品的最高价格和最低价格，计算结果分别存放在单元格 D33 和 D34。

（4）手工输入计算公式，计算产品平均销售额，计算结果存放在单元格 F35 中。

【任务实现】

1．计算产品销售总数量

方法 1：将光标插入点定位在单元格 E31 中，在【开始】选项卡的【编辑】组中单击【自动求和】按钮，此时自动选中 E3:E30 区域，且在单元格 E31 和编辑框中显示计算公式"=SUM(E3:E30)"，然后按【Enter】键或【Tab】键确认，也可以在【编辑栏】中单击✔按钮确认，单元格 E31 将显示计算结果为"2167"。

方法 2：先选定求和的单元格区域 E3:E30，然后单击【自动求和】按钮，自动为单元格区域计算总和，计算结果显示在单元格 E31 中。

2．计算产品销售总额

先选定计算单元格 F31，输入半角等号"="，然后在【编辑栏】中"名称框"位置展开常用函数列表，在该函列表中单击选择"SUM"函数，打开【函数参数】对话框，在该对话框的"Number1"地址框中输入"F3:F30"，然后单击【确定】按钮即可完成计算，单元格 F31 显示计算结果为"¥3,121,982.0"。

3．计算产品的最高价格和最低价格

（1）先选定单元格 D33，输入等号"="，然后在常用函数列表中单击选择函数"MAX"，打开【函数参数】对话框。在该对话框中单击"Number1"地址框右侧的【折叠】按钮，折叠【函数参数】对话框，且进入工作表中，按住鼠标左键拖动鼠标选择单元格区域 D3:D30 该计算范围四周会出现方框，同时【函数参数】对话框如图 6-8 所示，显示工作表中选定的单元格区域。

| 函数参数 | ? | × |
| D3:D30 | | |

图 6-8　【函数参数】对话框中显示选定单元格区域

再次单击折叠后的输入框右侧的【返回】按钮，返回如图 6-9 所示的【函数参数】对话框，然后单击【确定】按钮，完成公式输入和计算。

在单元格 D33 中显示计算结果为"¥6300.0"。

图 6-9　选定了单元格区域的【函数参数】对话框

（2）先选定单元格 D34，然后单击"编辑栏"中的【插入函数】按钮 *fx*，在打开的【插入函数】对话框中选择函数"MIN"，打开【函数参数】对话框。在该对话框的"Number1"地址框右侧的编辑框中直接输入计算范围 D3:D30，也可以单击地址框右侧的【折叠】按钮在工作表中拖动鼠标选择单元格区域 D3:D30，然后再单击【返回】按钮返回【函数参数】对话框，最后单击【确定】按钮，完成数据计算。

在单元格 D34 中显示计算结果为"¥389.0"。

4．计算产品平均销售额

先选定单元格 F35，输入半角等号"="，然后输入公式"AVERAGE(F3:F30)"，在【编辑栏】中单击✔按钮确认即可。在单元格 F35 中显示计算结果为"¥111499.4"。

【任务6-2】　找出成绩表的重复数据并予以删除

【任务描述】

在 Excel 工作簿"学生信息.xlsx"的"信息管理 01 班"工作表中存放了信息管理 01 班所有学生的基本信息，该班共有 38 名学生。Excel 工作簿"课程成绩.xlsx"的"办公软件应用"工作表中存放了信息管理 01 班学生"办公软件应用"课程的成绩，从该课程成绩表可以看出，成绩表包括了 41 名学生的成绩，显然多出了 3 名学生，这是由于成绩录入时重复录入所致。

（1）分别使用以下方法找出成绩表中的重复数据。

① 使用 COUNTIF 函数找出重复数据。

② 使用条件格式找出重复数据。

③ 使用数据透视表法找出重复数据。

（2）分别使用以下方法找出成绩表中的非重复数据。

① 使用高级筛选法筛选出非重复数据。

② 使用 COUNTIF 函数找出非重复数据。

（3）分别使用以下方法删除成绩表中的重复数据。

① 利用功能区的命令按钮删除重复数据。

② 利用排序方法删除重复数据。

③ 通过筛选删除重复数据。

【任务实现】

1. 使用 COUNTIF 函数找出重复数据和非重复数据

（1）打开 Excel 工作簿 "课程成绩 1.xlsx"。

（2）选中 D2 单元格，然后输入函数公式：=COUNTIF(B:B,B2)。

（3）选中 E2 单元格，然后输入函数公式：=COUNTIF(B$2:B2,B2)。

（4）按住鼠标左键纵向拖动鼠标，将公式复制到 D3:E42 的所有单元格。

（5）查看返回结果的公式。

在【公式】选项卡的【公式审核】组中单击【显示公式】按钮，切换到查看公式的状态，查看返回结果的公式。

将各单元格中的公式复制到 "Sheet1" 工作表中，删除 "=" 后，再粘贴到 "办公软件应用" 工作表的 F 列和 G 列对应的单元格中，结果如图 6-10 所示。

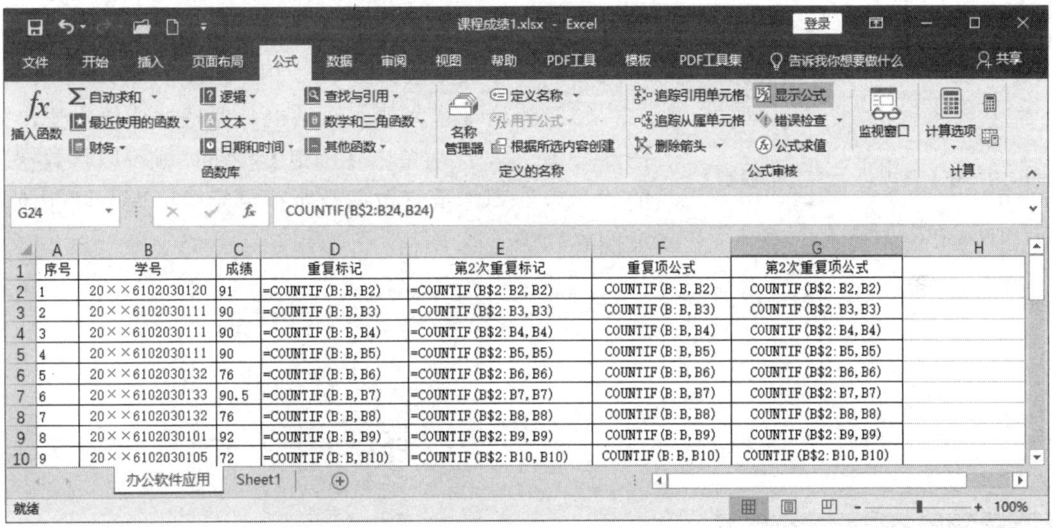

图 6-10　处于 "显示公式" 状态的工作表

说明：按快捷键【Ctrl+(重音符)】，也可以在查看公式的计算结果和查看返回结果的公式之间切换。

在【公式】选项卡的【公式审核】组中再次单击【显示公式】按钮，恢复未选中状态，切换到查看结果值的状态，如图 6-11 所示。

D 列表示每个学号出现的次数，在 D 列中大于 1 的单元格所对应的学号即为重复学号。

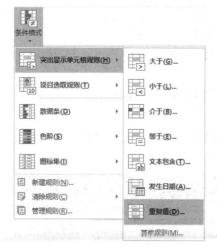

图 6-11　使用 COUNTIF 函数识别重复数据

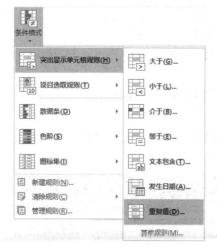

图 6-12　在【突出显示单元格规则】→
【重复值】命令

E 列显示的是出现了 2 次及以上的重复数据，以 E5 对应的学号"20××6102030111"为例，结果"3"表示从 B2 至 B5，"20××6102030111"是第 3 次重复出现。因此，筛选出 E 列等于 1 的单元格即可找出数据表所有非重复数据。

2．使用条件格式找出重复数据

（1）选中"学号"所有的数据，即选中 B2:B42 区域。

（2）在【开始】选项卡的【样式】组中单击【条件格式】按钮，在弹出的下拉菜单中选择【突出显示单元格规则】→【重复值】命令，如图 6-12 所示。

（3）弹出【重复值】对话框，保持默认值不变，如图 6-13 所示，然后单击【确定】按钮，就可以将数据表的"学号"列中重复数据及所在单元格标为不同颜色，如图 6-14 所示。

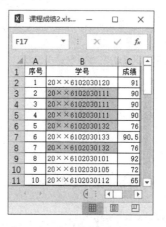

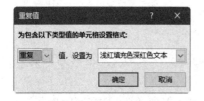

图 6-13　【重复值】对话框　　　图 6-14　将"学号"列中重复数据及所在单元格标为不同颜色

3．使用数据透视表法找出重复数据

使用数据透视表能统计各数据出现的频次，出现 2 次及以上就说明该数据属于重复项；如果统计结果为 1，则说明该数据没有重复出现。

（1）在【插入】选项卡的【表格】组中单击【数据透视表】按钮，在弹出的【创建数据透视表】对话框中的"请选择要分析的数据"区域选中"选择一个表或区域"单选按钮，在"表/区域"文本框中选择或输入数据源单元格范围为"办公软件应用!\$A\$1:\$C\$42"，然后在"选择放置数据透视表的位置"区域选择"新工作表"单选按钮，如图 6-15 所示。

单击【确定】按钮，关闭【创建数据透视表】对话框。

（2）在弹出的【数据透视表字段】对话框中，将"学号"字段拖至"行"区域，再将"学号"拖至"值"区域。

在"值"区域单击"学号"项，在弹出的下拉菜单中单击【值字段设置】命令，在弹出的【值字段设置】对话框的【值字段汇总方式】选项卡下的"计算类型"列表中选择"计数"选项，如图 6-16 所示，自定义名称为"计数项:学号"。

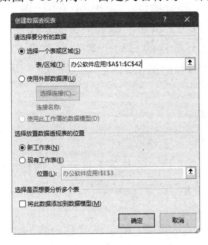
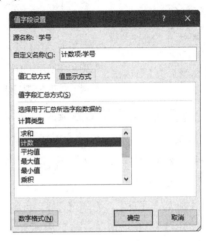

图 6-15 【创建数据透视表】对话框　　　　　图 6-16 【值字段设置】对话框

单击【确定】按钮关闭【值字段设置】对话框，返回【数据透视表字段】对话框，结果如图 6-17 所示。

数据透视表的部分数据如图 6-18 所示，由图可知学号 20××6102030111 重复出现了 3 次，学号 20××6102030132 重复出现了 2 次。

行标签	计数项:学号
20××6102030110	1
20××6102030111	3
20××6102030112	1
20××6102030131	1
20××6102030132	2
20××6102030133	1

图 6-17 【数据透视表字段】对话框　　　　图 6-18 "办公软件应用"数据透视表的部分数据

4．使用高级筛选法筛选出非重复数据

（1）选择存放筛选结果的工作表，即存放筛选结果的工作表应该是活动工作表。

注意： 如果存放原始数据的工作表是活动工作表，则实施"高级筛选"时会出现"只能复制筛选过的数据到活动工作表"提示信息，无法实现高级筛选。

（2）在【数据】选项卡的【排序与筛选】组中单击【高级】按钮，弹出【高级筛选】对话框，在该对话框中选择"将筛选结果复制到其他位置"单选按钮，在"列表区域"文本框中输入"办公软件应用!\$B\$1:\$C\$42"，在"复制到"文本框中输入"Sheet1!\$B\$1"，"条件区域"文本框为空，然后选择"选择不重复的记录"复选框，如图 6-19 所示。单击【确定】按钮，在工作表 Sheet1 中出现了筛选结果，可以看出只有不重复的 38 个学生的成绩。其中学号"20××6102030111"和"20××6102030132"都只出现了 1 次，重复的数据没有出现。

图 6-19 【高级筛选】对话框

5．利用【删除重复项】数据工具删除重复数据

（1）选中"办公软件应用"工作表中的"学号"单元格。

（2）在【数据】选项卡的【数据工具】组中单击【删除重复项】按钮，在打开的【删除重复项】对话框"列"区域，选择要删除重复项的列"学号"，如图 6-20 所示。

单击【确定】按钮，关闭【删除重复项】对话框。

（3）弹出【Microsoft Excel】提示信息对话框，如图 6-21 所示，信息内容为"发现了 3 个重复值，已将其删除；保留了 38 个唯一值"。单击【确定】按钮，完成删除重复值的操作。

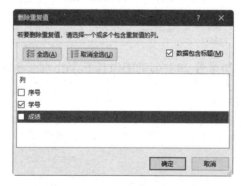

图 6-20 【删除重复项】对话框　　　　　图 6-21 【Microsoft Excel】提示信息对话框

6．利用排序方法删除重复数据

前面的步骤通过 COUNTIF 函数识别重复值的方法得到了"重复标记"和"第 2 次重复标记"两列数据，可以利用这两列数据删除重复数据。

（1）选中"办公软件应用"工作表中的"重复标记"单元格。

（2）在【开始】选项卡的【编辑】组中单击【排序与筛选】按钮，在弹出的下拉菜单中选择【自定义排序】命令，如图 6-22 所示，打开【排序】对话框。

（3）在【排序】对话框中设置主要关键字为"重复标记"，排序依据为"单元格值"，次序为"降序"；添加次要关键字"第 2 次重复标记"，排序依据为"单元格值"，次序为"降序"，如图 6-23 所示。

图 6-22　选择【自定义排序】命令　　　　　图 6-23　【排序】对话框

单击【确定】按钮，关闭【排序】对话框，排序结果如图 6-24 所示。

可以看出，重复 3 次的数据排在最前面，删除前 2 项重复数据即可。重复了 2 次的数据排在重复 3 次的数据后面，删除前 1 项重复数据即可。删除 3 项重复数据后，剩下的 38 项数据为无重复数据。

7．通过筛选删除重复数据

（1）选中"办公软件应用"工作表中的"第 2 次重复标记"单元格。

（2）在【开始】选项卡的【编辑】组中单击【排序与筛选】按钮，在弹出的下拉菜单中选择【筛选】命令，在各列的"标题"单元格中会出现【筛选】按钮。

（3）单击"第 2 次重复标记"单元格【筛选】按钮，在弹出的下拉菜单中去掉"1"的选中状态，如图 6-25 所示，即只保留"第 2 次重复标记"列中值为"2""3"的数据。

学号	成绩	重复标记	第2次重复标记
20186102030111	90	3	3
20186102030111	90	3	2
20186102030111	90	3	1
20186102030132	76	2	2
20186102030132	76	2	1
20186102030120	91	1	1

图 6-24　排序结果　　　　图 6-25　在"筛选"下拉菜单中去掉"1"的选中状态

筛选结果如图 6-26 所示，即有 3 项重复数据，删除这些重复数据即可。

B	C	D	E
学号	成绩	重复标记	第2次重复标记
20186102030111	90	3	3
20186102030111	90	3	2
20186102030132	76	2	2

图 6-26　筛选结果

【任务6-3】 查找成绩表的缺失数据和错误数据

【任务描述】

在 Excel 工作簿“课程成绩.xlsx”的“成绩”工作表中，存放了“办公软件应用”“数据库应用”两门课程的成绩，从成绩工作表可以看出，缺少部分成绩数据，还有的成绩数据大于 100 分。

（1）选中“成绩”工作表中成绩为空值的单元格，然后将空值全部替换为“0”。

（2）由于考试试卷的基本分为 100 分，加 10 分，总分为 110 分，但由于成绩管理系统中只允许输入 0～100，在“成绩”工作表找出大于 100 的成绩数据并突出标识，然后替换为 100。

（3）由于成绩数据只能为数字，不能为字母，在输入成绩数据时如果输入了字母“O”“l”，则为错误数据，在“成绩”工作表找出非数字的错误数据。如果是正确数字显示“正确”，否则显示“错误”。

【任务实现】

1．查找缺失数据并进行替换操作

（1）在 Excel 工作簿“课程成绩.xlsx”的“成绩”工作表中选中一个单元格。

（2）在【开始】选项卡的【编辑】组中单击【查找和替换】按钮，在弹出的下拉菜单中选择【定位条件】命令，打开【定位条件】对话框，在该对话框中选择“空值”单选按钮，如图 6-27 所示，然后单击【确定】按钮，关闭该对话框，可以发现所有的空值都被一次性选中了，共有 4 个空值数据，如图 6-28 所示。

图 6-27 【定位条件】对话框

D	E
办公软件应用	数据库应用
92	95
90.5	
73.5	65
83.5	
	75
72	80
55	90
92.5	75
	85
67	60

图 6-28　一次性选中 4 个空值数据

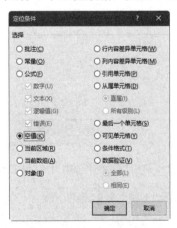

（3）按住【Ctrl】键，再选择一个空白单元格，这里选择“F10”，然后松开【Ctrl】键，输入数据“0”，可以发现在单元格 F10 中出现了录入的“0”，接着按【Ctrl+Enter】快捷键，则所有选中的单元格都输入了数据“0”，如图 6-29 所示。

D	E	F
办公软件应用	数据库应用	
92	95	
90.5	0	
73.5	65	
83.5	0	
0	75	
72	80	
55	90	
92.5	75	
0	85	0

图 6-29　输入数据后按【Ctrl+Enter】快捷键

2. 查找错误数据并进行替换操作

（1）选中数据区域 D2:E39，在【开始】选项卡的【样式】组中单击【条件格式】，在弹出的下拉菜单中选择【突出显示单元格规则】→【大于】命令，如图 6-30 所示，打开【大于】对话框，在该对话框“值”文本框中输入“100”，如图 6-31 所示，然后单击【确定】按钮。

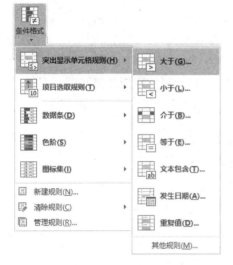

图 6-30　在【条件格式】下拉菜单中选择【大于】命令

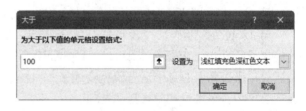

图 6-31　【大于】对话框

D	E
办公软件应用	数据库应用
92	95
103	0
73.5	65
83.5	0
0	75
72	80
55	110
92.5	75

图 6-32　大于 100 的数据突出标记

可以发现 D 列和 E 列数据中大于 100 的数据被突出标记为红色，如图 6-32 所示。

（2）选中单元格 F2，输入公式“=IF(D2>100,100,D2)”，移动光标指针到单元格 F2 的填充柄处，光标呈黑十字形状✚，按住鼠标左键拖动填充柄到序列的末单元格 F39，松开鼠标左键，可以发现数据 103 已被替换为 100。

同样选中单元格 G2，输入公式“IF(E2>100,100,E2)”，然后按住鼠标左键拖动填充柄到序列的末单元格 G39，松开鼠标左键，可以发现数据 110 已被替换为 100。

3. 查找成绩数据中包含非数字的数据

使用函数 ISNUMBER()可以判断输入的成绩数据是否包含非数字的数据。

在单元格中输入公式“=IF(ISNUMBER(D2),"正确","错误")”和“=IF(ISNUMBER(E2), "正确","错误")”，即可查找成绩数据中包含非数字的数据，对于数字数据显示“正确”，对于包含非数字的数据显示"错误"。可以发现"10O""9l"两个数据包含了非数字"O"和"l"。

【引导训练】

【任务6-4】 处理员工基本信息

【任务描述】

在 Excel 工作簿"员工基本信息.xlsx"的"基本信息"工作表中存放了明德学院部分教师的基本信息。

我国第一代公民身份证号码只有 15 位，其中出生日期只有 6 位，年、月、日各两位，没有校验码。第二代公民身份证号码年份由 2 位变为 4 位，末尾加了校验码，就成了 18 位。现有身份证号码都已标准化，统一为 18 位。第 1～6 位为地区代码，表示户籍所在地的行政区划代码。前 2 位代表具体省（直辖市、自治区、特别行政区），代码如下：11～15（京津冀晋蒙）、21～23（辽吉黑）、31～37（沪苏浙皖闽赣鲁）、41～46（豫鄂湘粤桂琼）、50～54（渝川贵云藏）、61～65（陕甘青宁新）、81（港）、82（澳）、83（台）。第 3、4 位是城市代码，第 5、6 位是区、县代码。

第 7～10 位为出生年份（4 位），第 11、12 位为出生月份，第 13、14 位为出生日期。

第 15～17 位为顺序号，并能够判断性别，奇数为男，偶数为女。

第 18 位为校验码，校验码是由身份证号码编制单位按统一的公式计算出来的。如果某人的尾号是 0～9，就不会出现 X，但如果尾号是 10，那么就得用 X 来代替，因为如果用 10 做尾号，那么此人的身份证号码就变成了 19 位。X 是罗马数字的 10，用 X 来代替 10，可以保证公民的身份证号码符合国家标准。

（1）根据身份证号码获取员工户籍所在省或直辖市、自治区、特别行政区名称。

（2）使用MID()函数从身份证号码中分别抽取出生年、月、日，然后使用CONCATENATE()函数将出生年、月、日合并为出生日期。

（3）使用 MID()函数和连接符"&"从身份证号码中提取出生日期。

（4）使用 TEXT()函数、MID()函数和连接符"&"从身份证号码中提取出生日期。

（5）使用 Excel 的"分列"数据工具获取出生日期。

（6）计算年龄。

【任务实现】

1. 获取员工户籍所在地区的代码和名称

打开 Excel 工作簿"员工基本信息.xlsx"，在"地区代码与名称"工作表中存放了各地区的代码以及对应的名称。

在"基本信息"工作表的区域 E2:E39 中存放员工身份证号码，地区代码存放在区域 H2:H39，地区名称存放在区域 I2:I39。选中单元格 E2，输入公式"=LEFT(E2,2)"，按【Enter】键或【Tab】键确认即可，然后按住鼠标左键纵向拖动鼠标获取其他身份证号码对应的地区代码。

选中单元格 I2，输入公式 "=VLOOKUP(LEFT(E2,2),地区代码与名称!$A$2:$B$34,2, FALSE)"，按【Enter】键或【Tab】键确认即可，然后按住鼠标左键纵向拖动鼠标获取其他身份证号码对应的地区名称。

2．使用 MID()函数从身份证号中分别抽取出生年、月、日

MID()函数从指定位置开始提取指定个数的字符（从左向右）。对一个身份证号码是否为 18 位进行判断，用逻辑判断函数 IF()和字符个数计算函数 LEN()辅助使用可以完成。

选中单元格 J2，输入公式"=IF(LEN(E2)=18,MID(E2,7,4),"身份证号码有误")"，按【Enter】键或【Tab】键确认即可，然后按住鼠标左键纵向拖动鼠标获取其他身份证号对应的出生年份。

选中单元格 K2，输入公式 "=IF(LEN(E2)=18,MID(E2,11,2),"身份证号码有误")"，按【Enter】键或【Tab】键确认即可，然后按住鼠标左键纵向拖动鼠标获取其他身份证号对应的出生月份。

选中单元格 L2，输入公式 "=IF(LEN(E2)=18,MID(E2,13,2),"身份证号码有误")"，按【Enter】键或【Tab】键确认即可，然后按住鼠标左键纵向拖动鼠标获取其他身份证号对应的出生日。

3．使用 CONCATENATE()函数将出生年、月、日合并为出生日期

选中单元格 M2，输入公式 "=CONCATENATE(J2,"/",K2,"/",L2)"，按【Enter】键或【Tab】键确认即可，然后按住鼠标左键纵向拖动鼠标将其他的出生年、月、日合并为出生日期。

4．使用 MID()函数和连接符 "&" 从身份证号中提取出生日期

选中单元格 N2，输入公式 "=MID(E2,7,4)&"-"&MID(E2,11,2)&"-"&MID(E2,13,2)"，按【Enter】键或【Tab】键确认即可，然后按住鼠标左键纵向拖动鼠标从其他身份证号中提取出生日期。

5．使用 TEXT()函数、MID()函数和连接符 "&" 从身份证号中提取出生日期

选中单元格 O2，输入公式："=TEXT(MID(E2,7,4)&"-"&MID(E2,11,2)&"-"&MID(E2,13,2), "YYYY-MM-DD")"，按【Enter】键或【Tab】键确认即可，然后按住鼠标左键纵向拖动鼠标从其他身份证号中提取出生日期。

6．使用 Excel 的 "分列" 数据工具获取出生日期

（1）将 "身份证号" 一列数据全部复制到 "出生日期 4" 列的 P2:P39 区域，然后选中 P2:P39 区域中所有的身份证号。

（2）在【数据】选项卡的【数据工具】组中单击【分列】按钮，打开【文本分列向导】，在第 1 步中选择最合适的文件类型，这里选择 "固定宽度" 单选按钮，如图 6-33 所示。

（3）单击【下一步】按钮，进入【文本分列向导】的第 2 步，分别在身份证号第 6 位与第 7 位之间、第 14 位与第 15 位之间单击，建立分列线，如图 6-34 所示。

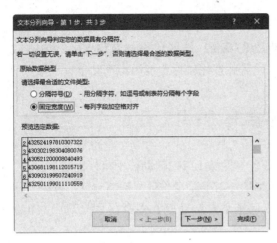

图6-33　在【文本分列向导】第1步中选择　　　图6-34　在【文本分列向导】第2步中建立分列线
　　　"固定宽度"单选按钮

（4）单击【下一步】按钮，进入【文本分列向导】的第3步，先选中左侧列数据，在"列数据格式"区域选择"不导入此列（跳过）"单选按钮；然后再选中右侧列数据，在"列数据格式"区域选择"不导入此列（跳过）"单选按钮，如图6-35所示。

（5）选中中间的列数据，在"列数据格式"区域选择"日期"数据格式，其右侧列表框中选择"YMD"选项，即"年月日"格式，如图6-36所示。

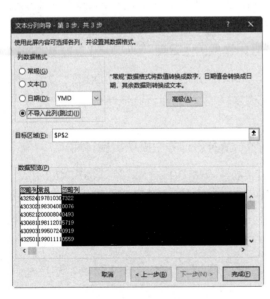

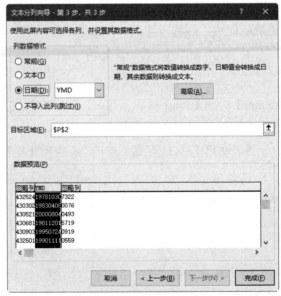

图6-35　在【文本分列向导】第3步中　　　　图6-36　在【文本分列向导】第3步中
　　　确定不导入的数据列　　　　　　　　　　确定导入的数据为日期格式

最后单击【完成】按钮完成文本分列操作，选中对应的日期数据设置数据格式为"短日期"。

7．计算年龄

利用区域M2:M39存放的出生日期数据计算年龄。

（1）选中单元格 Q2，输入公式"=DATEDIF(M2,TODAY(),"Y")"，按【Enter】键或【Tab】键确认即可，然后按住鼠标左键纵向拖动鼠标计算其他员工的年龄。

（2）选中单元格 R2，输入公式"=INT((TODAY()-M2)/365)"，按【Enter】键或【Tab】键确认即可，然后按住鼠标左键纵向拖动鼠标计算其他员工的年龄。

【任务6-5】　工资计算与工资条制作

【任务描述】

在 Excel 工作簿"个人所得税税率表.xlsx"的"Sheet1"工作表中存放了工资、薪金所得适用的税率和速算扣除数，如图 6-37 所示。

按照以下要求完成相应的操作：

（1）在 Excel 工作簿文件"个人所得税税率表.xlsx"的工作表"Sheet1"中，将单元格区域 C3:E9 命名为"金额"。

（2）在 Excel 工作簿文件"工资计算与工

工资、薪金所得适用的税率表（起征金额：3500）				
级数	应纳税所得额（月）	比对金额	税率	速算扣除数
1	0～1500	0	3%	0
2	1500～4500	1500	10%	105
3	4500～9000	4500	20%	555
4	9000～35000	9000	25%	1005
5	35000～55000	35000	30%	2755
6	55000～80000	55000	35%	5505
7	超过80000	80000	45%	13505

图 6-37　工资、薪金所得适用的税率和速算扣除数

资条制作.xlsx"的工作表"工资表"中分别计算每位职工的基本工资合计、应发工资、应缴纳个人所得税的所得额、应缴纳的个人所得税、扣款合计和实发工资，其中基本工资合计、应发工资取整，其他列保留 1 位小数。

（3）在 Excel 工作簿文件"工资计算与工资条制作.xlsx"的"工资表"工作表中分别计算实发工资总额、最高实发工资、最低实发工资和平均实发工资。

（4）工资条的基本形式包括三个部分：标题行、工资数据、空白行。其中标题行是重复的，空白行方便裁剪。在 Excel 工作簿文件"工资计算与工资条制作.xlsx"的"工资条"工作表中快速填写工作条中各项数据。

【任务实现】

（1）打开 Excel 工作簿"个人所得税税率表.xlsx""工资计算与工资条制作.xlsx"。

图 6-38　【新建名称】对话框

（2）单元格区域命名。在 Excel 工作簿"个人所得税税率表.xlsx"工作表"Sheet1"中选择单元格区域 C3:E9，在【公式】选项卡的【定义的名称】组中单击【定义名称】按钮，打开【新建名称】对话框，在"名称"文本框中输入单元格区域名称"金额"，如图 6-38 所示，然后单击【确定】按钮即可。

提示：【新建名称】对话框可以利用【折叠】按钮选择"引用位置"，还可以删除或添加名称。

（3）选中单元格 G3，输入公式"=SUM(E3:F3)"，按【Enter】键或【Tab】键确认即可，然后按住鼠标左键纵向拖动鼠标计算其他员工的基本工资合计。

（4）选中单元格 K3，输入公式"=SUM(G3:J3)"，按【Enter】键或【Tab】键确认即可，

然后按住鼠标左键纵向拖动鼠标计算其他员工的应发工资。

（5）选中单元格 P3，输入公式："=ROUND(IF((K3-L3-M3-N3-O3)>3500,K3-L3-M3-N3-O3-3500,0),1)"，按【Enter】键或【Tab】键确认即可，然后按住鼠标左键纵向拖动鼠标计算其他员工的应缴纳个人所得税的所得额。

（6）选中单元格 Q3，输入公式 "=P3*VLOOKUP(P3,[个人所得税税率表.xlsx]Sheet1!金额,2,TRUE)-VLOOKUP(P3,[个人所得税税率表.xlsx]Sheet1!金额,3,TRUE)"，按【Enter】键或【Tab】键确认即可，然后按住鼠标左键纵向拖动鼠标计算其他员工的个人所得税，设置数据类型为"数值"型，且保留 1 位小数。

（7）选中单元格 R3，输入公式 "=ROUND(L3+M3+N3+O3+Q3,1)"，按【Enter】键或【Tab】键确认即可，然后按住鼠标左键纵向拖动鼠标计算其他员工的扣款合计。

（8）选中单元格 S3，输入公式 "=K3-R3"，按【Enter】键或【Tab】键确认即可，然后按住鼠标左键纵向拖动鼠标计算其他员工的实发工资。

（9）选中单元格 E42，输入公式 "=SUM(S3:S40)"，按【Enter】键或【Tab】键确认即可计算出实发工资总额。

（10）选中单元格 E43，输入公式 "=MAX(S3:S40)"，按【Enter】键或【Tab】键确认即可计算出最高实发工资。

（11）选中单元格 E44，输入公式 "=MIN(S3:S40)"，按【Enter】键或【Tab】键确认即可计算出最低实发工资。

（12）选中单元格 E45，输入公式 "=AVERAGE(S3:S40)"，按【Enter】键或【Tab】键确认即可计算出平均实发工资。

（13）选中"工资条"工作表中 A1 单元格，输入公式 "=CHOOSE(MOD(ROW(),5)+1,"",工资表!B$2,OFFSET(工资表!B$2,ROW()/5+1,),工资表!K$2,OFFSET(工资表!K$2,ROW()/5+1,))"，按【Enter】键或【Tab】键确认即可，在 A1 单元格中出现"年月"，然后按住鼠标左键横向拖动鼠标至 I1 单元格，再选中区域 A1:I1，按住鼠标左键纵向拖动鼠标至出现最后一位员工的工资数据即可。

在公式中巧妙地运用 MOD 函数和 ROW 函数产生一个循环序列，再通过 CHOOSE()函数参数的变化动态地引用工资表的明细数据，其中""的作用是当前行行号为 5 的倍数时返回空，从而产生一个空白行。

说明：这里单元格引用为 "B$2""K$2"，即采用混合引用，列采用相对地址，行采用绝对地址，这样便于公式的复制和数据拖动填充。

 ## 【创意训练】

【任务6-6】 统计企业部门人数

电子活页 6-3

提示：请扫描二维码，浏览【电子活页 6-3】的任务描述和操作提示内容。

模块7　Excel统计与分析数据

Excel提供了极强的数据排序、筛选及分类汇总等功能，使用这些功能可以方便地统计与分析数据。排序是指按照一定的顺序重新排列工作表的数据，通过排序，可以根据其特定列的内容来重新排列工作表的行。排序并不改变行的内容，当两行中有完全相同的数据或内容时，Excel会保持它们的原始顺序。筛选是查找和处理工作表数据子集的快捷方法，筛选结果仅显示满足条件的行，该条件由用户针对某列指定。筛选与排序不同，它并不重排工作表的行，而只是将不必显示的行暂时隐藏，可以使用"自动筛选"或"高级筛选"功能将那些符合条件的数据显示在工作表中。分类汇总是将工作表的某个关键字段进行分类，相同值的分为一类，然后对各类进行汇总。利用分类汇总功能可以对一项或多项指标进行汇总。

【课程思政】

本模块为了实现"知识传授、技能训练、能力培养与价值塑造有机结合"的教学目标，从教学目标、教学过程、教学策略、教学组织、教学活动、考核评价等方面有意、有机、有效地融入严谨细致、精益求精、求真务实、用户意识、规范意识、效率意识、创新意识、大局观念、责任意识、客观公正 10 项思政元素，实现了课程教学全过程让学生思想上有正向震撼，行为上有良好改变，真正实现育人"真、善、美"的统一、"传道、授业、解惑"的统一。

【在线学习】

7.1　数据排序

数据排序是指对选定单元格区域中的数据以升序或降序方式重新排列，便于浏览和分析。Excel 的排序方式有简单排序和多条件排序两种，通过在线学习熟悉 Excel 以下操作方法与相关知识。

（1）如何用 Excel 实现简单排序操作？

（2）如何用 Excel 实现多条件排序？具体操作步骤有哪些？

电子活页 7-1

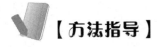

【方法指导】

7.2 常用统计分析函数的功能与格式

常用统计分析函数的功能与格式如表 7-1 所示。

表 7-1　常用统计分析函数的功能与格式

函数名称	函数格式	函数功能
排位函数	RANK(number,ref,[order]) 第 1 个参数是要找到其排位的数字；第 2 个参数是要进行排序对比的数字区域；第 3 个参数决定是从大到小排出名次，还是从小到大排出名次，这个参数可以省略。当省略这个参数或者该参数为 0 时，表示从大到小排列名次，也就是第一名是最大值；当该参数不省略且不为 0 时，表示从小到大排列名次	RANK 函数对相同数值返回的排位值相同，为首次排位值，即对重复数的排位相同。因此，后续开发了两个函数 RANK.EQ 和 RANK.AVG。RANK.EQ 和原来的 RANK 函数功能完全一样，没有差异。但 RANK.AVG 对于多个具有相同排位的数值，则将返回平均排位，提高对重复值的排名精度
统计频数函数	FREQUENCY(data_array,bins_array) 第 1 个参数 data_array 表示要统计出现频率的数组或单元格区域，第 2 个参数 bins_array 表示用于对 data_array 的数值进行分组数值或单元格引用	用于统计各区间的频数，FREQUENCY 函数只统计数值（数字、文本格式的数字及逻辑值）的出现频率，忽略空白单元格和文本
匹配查找函数	INDEX(array,row-num,column-num) 第 1 个参数 array 为返回值的单元格区域或数组，第 2 个参数 row-num 为返回值所在的行号，第 3 个参数 column-num 为返回值所在的列号 如果 INDEX 函数第 2 个或第 3 个参数为 0，函数将分别返回整列或整行的数组值。利用这个特点，我们可以用一个函数获取整行或整列的值	INDEX 函数返回给定范围内行号和列号交叉处的单元格的元素值，所以 INDEX 可以用来根据行号和列号查找某个值。INDEX 函数还有一种形式是引用形式，引用形式返回指定行和列交叉处单元格的引用。如果此引用是由非连续选定区域组成的，则可以选择要用作查找范围的选定区域。INDEX 函数的行号和列号必须指向区域中的某个单元格，否则，INDEX 将返回错误值#REF
查找函数	MATCH(lookup_value, lookup_array, match_type) 第 1 个参数是查找的值；第 2 个参数是查找值所在的区域；第 3 个参数代表查找方式：0 代表精确查找，1 代表查找不到它的值则返回小于它的最大值，-1 代表查找不到它的值则返回大于它的最小值	MATCH 函数用于在指定区域内按指定方式查询与指定内容所匹配的单元格位置。使用 MATCH 函数时的指定区域必须是单行多列或单列多行；查找的指定内容也必须在指定区域存在，否则会显示"#N/A"错误。指定内容为文本时，在内容中可以含有"*"或者"？"，"*"代表任何字符序列，"？"代表单个字符
判断是否为错误值#N/A 函数	ISNA(value) 参数 value 为待检测的内容	ISNA 函数用于判断值是否为错误值#N/A（即使值不存在），如果是，则返回 True；否则返回 False
判断是否为数值函数	ISNUMBER(value) 参数 value 为待检测的内容	ISNUMBER 函数用于检测参数是否为数值，如果检测内容是数值，返回 True；如果检测内容不是数值，则返回 False

续表

函数名称	函数格式	函数功能
统计参数列表中数字项的个数函数	COUNT(value1,value2,…) 参数 value1、value2 是包含或引用各种类型数据的参数（1～30 个），但只有数字类型的数据才被计数	函数 COUNT 在计数时，如果参数是一个数组或引用，那么只统计数组或引用数值型的数字，数组或引用的空单元格、逻辑值、文字或错误值都将被忽略
统计非空值的单元格个数函数	COUNTA(value1,value2,…) 参数列表为所要计算的值，个数为 1 到 30 个。在这种情况下，参数值可以是任何类型，它们可以包括空字符("")，但不包括空白单元格。如果参数是数组或单元格引用，则数组或引用的空白单元格将被忽略	利用函数 COUNTA 可以计算单元格区域或数组中包含数据的单元格个数，即返回参数列表中非空值的单元格个数
统计指定单元格区域中空白单元格的个数函数	COUNTBLANK(range) 参数 range 为指定的单元格区域	用于计算指定单元格区域空白单元格的个数，即使单元格中含有返回值为空文本("")的公式，该单元格也会计算在内，但包含零值的单元格不计算在内

7.3　数据筛选

如果用户需要浏览或者只是操作数据表中的部分数据，为了加快操作速度，可以把需要的记录筛选出来作为操作对象，将无关的记录隐藏起来，使之不参与操作。

Excel 提供了自动筛选和高级筛选两种命令。自动筛选可以满足大部分需求，然而当需要按更复杂的条件来筛选数据时，则需要使用高级筛选。

1. 自动筛选

在待筛选数据区域中选定任意一个单元格，然后在【数据】选项卡的【排序和筛选】组中单击【筛选】按钮，该按钮呈现选中状态，Excel 便会在工作表中每个列的列标题右侧插入一个下拉箭头按钮▾，如图 7-1 所示。

单击列标题"产品名称"右侧的下拉箭头按钮▾，弹出的下拉菜单如图 7-2 所示。在该下拉菜单中选择筛选项对应的复选框，将在工作表中只显示包含所选项的行。如果要再重新显示全部行，在列标题的下拉菜单选择"全选"复选框即可。

产品名称 ▾

图 7-1　在列标题右侧插入一个下拉箭头按钮　　图 7-2　"筛选"的下拉菜单

如果筛选的条件有多个，如筛选价格在 500～1000 元（包含 1000 元，但不包含 500 元）之间的产品，可以在"筛选"的下拉菜单中选择【数字筛选】→【自定义筛选】命令，如图 7-3 所示。

在【自定义自动筛选方式】对话框中设置必要的筛选条件"大于""500""与""小于或等于""1000"，如图 7-4 所示，然后单击【确定】按钮即可。筛选结果如图 7-5 所示。

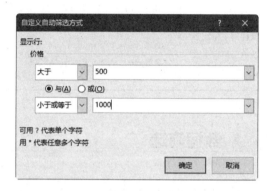

图 7-3　选择【数字筛选】→【自定义筛选】命令　　图 7-4　在【自定义自动筛选方式】对话框中
设置价格筛选条件

序	产品名称	规格型号	单	价格	数量	销售额
13	内存	金士顿骇客神条FURY 16GB DDR4 2400	条	¥929.0	126	¥117,054.0
22	主板	技嘉GA-B150M-D3H(rev.1.0)	块	¥799.0	45	¥35,955.0
25	主板	七彩虹战斧C.AB350M-HD魔音版V14	块	¥599.0	74	¥44,326.0
28	主板	华硕H110M-K D3	块	¥549.0	26	¥14,274.0

图 7-5　筛选产品价格在 500～1000 元之间的结果

如果要显示所有被隐藏的行，在【数据】选项卡的【排序和筛选】组中单击【清除】按钮即可；或者在下拉菜单中选择"全选"复选框，然后单击【确定】按钮。

如果要移去"自动筛选"下拉箭头 ，并全部显示所有的行，在【数据】选项卡的【排序和筛选】组中再一次单击处于选中状态的【筛选】按钮，使该按钮呈现非选中状态即可。

2．高级筛选

对于查询条件较为复杂或必须经过计算才能进行查询的，可以使用高级筛选方式，这种筛选方式需要定义 3 个单元格区域：查询的数据区域、查询的条件区域和存放筛选结果的区域，当这些区域都定义好以后便可以进行筛选。

如要在"内存与硬盘销售情况表"中筛选出价格大于 900 元且小于等于 2000 元、销售额在 20 000 元以上的内存，与价格低于 500 元的硬盘。

（1）选择条件区域与设置筛选条件。

选择工作表的空白区域作为条件区域，同时设置筛选条件如下：

① 筛选条件区域的列标题和条件应放在不同的单元格中。

② 筛选条件区域的列标题应与查询的数据区域的列标题完全一致，可以使用复制与粘贴方法设置。

③ "与"关系的条件必须出现在同一行，如"价格>900"和"价格<=2000"。

④ "或"关系的条件不能出现在同一行，如"价格>900"或"价格<500"。

（2）设置高级筛选。

在【数据】选项卡的【排序和筛选】组中单击【高级】按钮，打开【高级筛选】对话框，在该对话框中进行以下设置。

① 设置"方式"，在"方式"区域指定筛选结果存放的位置，如选择"将筛选结果复制到其他位置"单选按钮。

② 设置"列表区域"，在"列表区域"编辑框中输入单元格区域地址或利用【折叠】按钮在工作表中选择数据区域。

③ 设置"条件区域"，在"条件区域"编辑框中输入单元格区域地址或利用【折叠】按钮在工作表中选择条件区域。

④ 设置"存放筛选结果的区域"，在"复制到"编辑框中输入单元格区域地址或利用【折叠】按钮在工作表中选择存放筛选结果的区域。

如果选择"选择不重复的记录"复选框，那么筛选结果不会出现完全相同的两行数据。

【高级筛选】对话框设置完成如图 7-6 所示。

（3）执行高级筛选。

在【高级筛选】对话框中单击【确定】按钮，执行高级筛选。

提示：如果在【高级筛选】对话框的"方式"区域选择了"在原有区域显示筛选结果"单选按钮，那么高级筛选的结果会覆盖原有数据。

图 7-6 【高级筛选】对话框

7.4　数据分类汇总

对工作表中的数据按列值进行分类，并按类进行汇总（包括求和、求平均值、求最大值、求最小值等），可以提供清晰且有价值的报表。

在进行分类汇总之前，应对工作表中的数据进行排序，将要分类字段相同的记录集中在一起，并且在工作表的第一行必须有列标记。

将光标置于待分类汇总数据区域的任意一个单元格中，在【数据】选项卡的【分级显示】组中单击【分类汇总】按钮，打开【分类汇总】对话框。

在【分类汇总】对话框中进行相关设置。

（1）在"分类字段"下拉列表框中选择需要分类汇总的数据列，如选择"产品名称"。

（2）在"汇总方式"下拉列表框中选择用于计算分类汇总的函数，包括求和、计数、平均值、最大值、最小值、乘积、数值计数、标准偏差、总体标准偏差、方差、总体方差等多个选项，如选择"求和"。

（3）在"选定汇总项"下拉列表框中选择需要进行汇总计算的数值列所对应的复选框，可以选中 1 个或多个复选框，如选中"数量""销售额"。

（4）在【分类汇总】对话框的底部有 3 个复选项，包括"替换当前分类汇总""每组数据分页""汇总结果显示在数据下方"，根据需要进行选择，也可以采用默认设置。

（5）单击【确定】按钮，完成分类汇总。

分类汇总完成后，Excel 会自动对工作表中的数据进行分级显示，在工作表窗口的左侧会出现分级显示区，列出一些分级显示符号，允许对分类后的数据显示进行控制。在默认情况下，数据按 3 级显示，可以通过单击工作表左侧的分级显示区顶端的 1 、 2 、 3 三个按钮进行分级显示切换。在图 7-7 中单击 1 按钮，工作表将只显示列标题和总计结果；单击 2 按钮，工作表将只显示列标题、各个分类汇总结果和总计结果；单击 3 按钮将会显示所有的详细数据。

分级显示区有 + 、 − 分级显示按钮。单击 − 按钮工作表的数据显示由低一级向高一级折叠，此时 − 按钮变成 + 按钮；单击 + 按钮工作表的数据显示由高一级向低一级展开，此时 + 按钮变成 − 按钮。"内存"详细数据被折叠的工作表如图 7-7 所示。

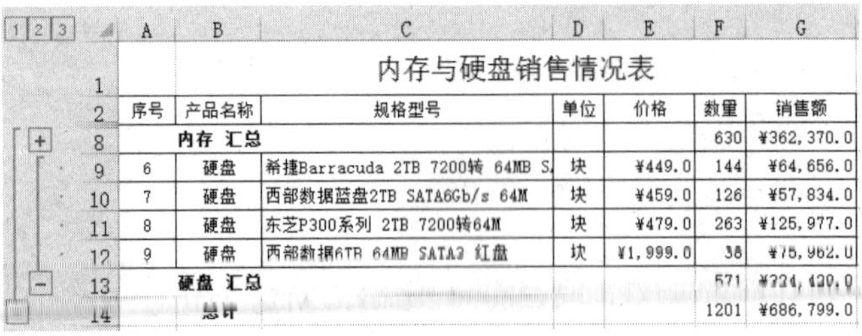

图 7-7 "内存"详细数据被折叠的工作表

当需要取消分类汇总恢复工作表原状时，在打开的【分类汇总】对话框中单击【全部删除】按钮即可。

7.5 数据透视表和数据透视图

数据透视表是最常用、功能最全的 Excel 数据分析工具之一，数据透视表有机地综合了数据排序、筛选、分类汇总等数据统计分析功能。

Excel 的数据透视表和数据透视图比普通的分类汇总功能更强，可以按多个字段进行分类，便于从多方向分析数据。如分析计算机公司的商品销售情况，可以按不同类型的商品进行分类汇总，也可以按不同的销售员进行分类汇总，还可以综合分析某一种商品不同销售员的销售业绩，或者同一位销售员销售不同类型商品的情况。前两种情况使用普通的分类汇总即可实现，后两种情况则需要使用数据透视表或数据透视图实现。

数据透视表是对 Excel 数据表中的各个字段进行快速分类汇总的一种分析工具，它是一种交互式报表。利用数据透视表可以方便地调整分类汇总的方式，灵活地以多种不同方式展示数据的特征。

一张数据透视表仅靠鼠标拖动字段位置，即可变换出各种类型的分析报表。用户只需指定所需分析的字段、数据透视表的组织形式，以及要计算类型（求和、计、求平均值）。如果原始数据发生更改，则可以刷新数据透视表更改汇总结果。

 【分步训练】

 【任务7-1】　内存与硬盘销售数据排序

【任务描述】

将 Excel 工作簿"内存与硬盘的销售情况表 1.xlsx"工作表 Sheet1 中的销售数据按"产品名称"升序和"销售额"降序排列。

【任务实现】

（1）打开 Excel 工作簿"内存与硬盘的销售情况表 1.xlsx"。

（2）选中工作表 Sheet1 数据区域的任一个单元格。

（3）在【数据】选项卡的【排序和筛选】组中单击【排序】按钮，打开【排序】对话框。在该对话框中先选中"数据包含标题"复选框，然后在"主要关键字"下拉列表框中选择"产品名称"，在"排序依据"下拉列表框中选择"单元格值"，在"次序"下拉列表框中选择"升序"。

单击【添加条件】按钮，添加一个排序条件，在"次要关键字"下拉列表框中选择"销售额"，在"排序依据"下拉列表框中选择"单元格值"，在"次序"下拉列表框中选择"降序"，如图 7-8 所示。

图 7-8　在【排序】对话框中设置主要关键字和次要关键字

在【排序】对话框中单击【确定】按钮，关闭该对话框。系统即可根据选定的排序范围按指定的关键字条件重新排列记录，如图 7-9 所示。

	A	B	C	D	E	F	G
1			内存与硬盘销售情况表				
2	序号	产品名称	规格型号	单位	价格	数量	销售额
3	1	内存	金士顿骇客神条FURY 16GB DDR4 2400	条	¥929.0	126	¥117,054.0
4	2	内存	影驰GAMER 8GB DDR4 2400	条	¥399.0	243	¥96,957.0
5	4	内存	芝奇Ripjaws V 16GB DDR4 2800	条	¥499.0	187	¥93,313.0
6	5	内存	海盗船复仇者RGB 16GB DDR4 3000	条	¥1,399.0	26	¥36,374.0
7	3	内存	威刚XPG威龙 8GB DDR4 2400	条	¥389.0	48	¥18,672.0
8	8	硬盘	东芝P300系列 2TB 7200转64M	块	¥479.0	263	¥125,977.0
9	9	硬盘	西部数据6TB 64MB SATA3 红盘	块	¥1,999.0	38	¥75,962.0
10	6	硬盘	希捷Barracuda 2TB 7200转 64MB SATA3	块	¥449.0	144	¥64,656.0
11	7	硬盘	西部数据蓝盘2TB SATA6Gb/s 64M	块	¥469.0	126	¥57,834.0

图 7-9　内存与硬盘销售数据排序结果

【任务7-2】 内存与硬盘销售数据筛选

【任务描述】

（1）打开 Excel 工作簿"内存与硬盘的销售情况表 2.xlsx"，在工作表 Sheet1 中筛选出价格在 300 元以上（不包含 300 元），500 元以内（包含 500 元）的内存。

（2）打开 Excel 工作簿"内存与硬盘的销售情况表 3.xlsx"，在工作表 Sheet1 中筛选出价格 300~500 元（不包含 300 元，但包含 500 元）、销售额在 20000 元以上的内存，与价格低于 500 元的硬盘。

【任务实现】

1．内存与硬盘销售数据的自动筛选

（1）打开 Excel 工作簿"内存与硬盘的销售情况表 2.xlsx"。

（2）在要筛选数据区域 A2:G11 中选定任意一个单元格。

（3）在【数据】选项卡的【排序和筛选】组中单击【筛选】按钮，该按钮呈现选中状态，在工作表中每个列的列标题右侧插入一个下拉箭头按钮 ⏷。

（4）单击列标题"价格"右侧的下拉箭头按钮 ⏷，会出现一个"筛选"下拉菜单。在该下拉菜单中选择【数字筛选】→【自定义筛选】命令，如图 7-10 所示，打开【自定义自动筛选方式】对话框。

（5）在【自定义自动筛选方式】对话框中，设置条件 1 为"大于 300"，条件 2 为"小于或等于 500"，逻辑运算符选择"与"，如图 7-11 所示，然后单击【确定】按钮，筛选结果如图 7-12 所示。

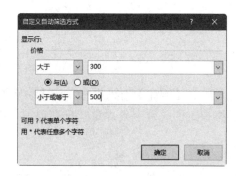

图 7-10 在【数字筛选】级联菜单中选择【自定义筛选】命令　图 7-11 【自定义自动筛选方式】对话框

2．内存与硬盘销售数据的高级筛选

（1）打开 Excel 工作簿"内存与硬盘的销售情况表 3.xlsx"。

（2）在待筛选数据区域 A2:G11 中选定任意一个单元格。

（3）在【数据】选项卡的【排序和筛选】组中单击【高级】按钮，打开【高级筛选】对

话框，在该对话框中进行以下设置。

	A	B	C	D	E	F	G
1			内存与硬盘销售情况表				
2	序号	产品名称	规格型号	单位	价格	数量	销售额
4	2	内存	影驰GAMER 8GB DDR4 2400	条	¥399.0	243	¥96,957.0
5	3	内存	威刚XPG威龙 8GB DDR4 2400	条	¥389.0	48	¥18,672.0
6	4	内存	芝奇Ripjaws V 16GB DDR4 2800	条	¥499.0	187	¥93,313.0
8	6	硬盘	希捷Barracuda 2TB 7200转 64MB SATA3	块	¥449.0	144	¥64,656.0
9	7	硬盘	西部数据蓝盘2TB SATA6Gb/s 64M	块	¥459.0	126	¥57,834.0
10	8	硬盘	东芝P300系列 1TB 7200转64M	块	¥479.0	263	¥125,977.0

图 7-12　自定义自动筛选方式的筛选结果

① 在"方式"区域选择"将筛选结果复制到其他位置"单选按钮。

② 在"列表区域"编辑框中利用【折叠】按钮在工作表中选择数据区域"$A$2:$G$11"。

③ 在"条件区域"编辑框中利用【折叠】按钮在工作表中选择条件区域"B13:G15"。

④ 在"复制到"编辑框中利用【折叠】按钮在工作表中选择存放筛选结果的区域"$A$17:$G$25"。

⑤ 选择"选择不重复的记录"复选框。

【高级筛选】对话框设置完成如图 7-13 所示。

⑥ 在【高级筛选】对话框中单击【确定】按钮，执行高级筛选。高级筛选的结果如图 7-14 所示。

图 7-13　【高级筛选】对话框

	A	B	C	D	E	F	G
1			内存与硬盘销售情况表				
2	序号	产品名称	规格型号	单位	价格	数量	销售额
3	1	内存	金士顿骇客神条FURY 16GB DDR4 2400	条	¥929.0	126	¥117,054.0
4	2	内存	影驰GAMER 8GB DDR4 2400	条	¥399.0	243	¥96,957.0
5	3	内存	威刚XPG威龙 8GB DDR4 2400	条	¥389.0	48	¥18,672.0
6	4	内存	芝奇Ripjaws V 16GB DDR4 2800	条	¥499.0	187	¥93,313.0
7	5	内存	海盗船复仇者RGB 16GB DDR4 3000	条	¥1,399.0	26	¥36,374.0
8	6	硬盘	希捷Barracuda 2TB 7200转 64MB SATA3	块	¥449.0	144	¥64,656.0
9	7	硬盘	西部数据蓝盘2TB SATA6Gb/s 64M	块	¥459.0	126	¥57,834.0
10	8	硬盘	东芝P300系列 1TB 7200转64M	块	¥479.0	263	¥125,977.0
11	9	硬盘	西部数据6TB 64MB SATA3 红盘	块	¥1,999.0	38	¥75,962.0
12							
13		产品名称			价格	价格	销售额
14		内存			>300	<=500	>20000
15		硬盘			<500		
16							
17	序号	产品名称	规格型号	单位	价格	数量	销售额
18	2	内存	影驰GAMER 8GB DDR4 2400	条	¥399.0	243	¥96,957.0
19	4	内存	芝奇Ripjaws V 16GB DDR4 2800	条	¥499.0	187	¥93,313.0
20	6	硬盘	希捷Barracuda 2TB 7200转64MB SATA3	块	¥449.0	144	¥64,656.0
21	7	硬盘	西部数据蓝盘2TB SATA6Gb/s 64M	块	¥459.0	126	¥57,834.0
22	8	硬盘	东芝P300系列 1TB 7200转64M	块	¥479.0	263	¥125,977.0
23							
24							
25							

图 7-14　高级筛选的结果

【任务7-3】 内存与硬盘销售数据分类汇总

【任务描述】

打开 Excel 工作簿"产品销售情况表.xlsx"，在工作表 Sheet1 中按"产品名称"分类汇总"数量"的总数和"销售额"的总额。

【任务实现】

图 7-15 【分类汇总】对话框

（1）打开 Excel 工作簿"产品销售情况表.xlsx"。

（2）对工作表中的数据按"产品名称"进行排序，将要分类字段"产品名称"相同的记录集中在一起。

（3）将光标置于待分类汇总数据区域 A2:G30 的任意一个单元格中。

（4）在【数据】选项卡的【分级显示】组中单击【分类汇总】按钮，打开【分类汇总】对话框。

在【分类汇总】对话框中进行以下设置。

① 在"分类字段"下拉列表框中选择"产品名称"。

② 在"汇总方式"下拉列表框中选择"求和"。

③ 在"选定汇总项"下拉列表框中选择"数量""销售额"。

④ 【分类汇总】对话框底部的 3 个复选项都采用默认设置。

【分类汇总】对话框的各个选项设置完成如图 7-15 所示。

单击【确定】按钮，完成分类汇总。

单击工作表左侧的分级显示区顶端的 2 按钮，工作表将只显示列标题、各个分类汇总和总计结果，如图 7-16 所示。

图 7-16 列标题、各个分类汇总和总计结果

idea 【引导训练】

 【任务7-4】 对多个工作表的数据进行合并与计算

【任务描述】

本学期期末考试《办公软件高级应用》《数据库应用》两门课程都采用考教分离的方式，

考试结束采用封闭阅卷方式进行阅卷与评分，评分结束后将所有参考学生成绩分别存入 Excel 工作簿"办公软件高级应用课程成绩.xlsx"和"数据库应用课程成绩.xlsx"，工作表包括序号、学号和成绩 3 列数据，并按成绩降序排列，即序号表示成绩排名顺序。

打开 Excel 工作簿"课程成绩汇总.xlsx"，在工作表"成绩汇总"中包括序号、学号、姓名、办公软件高级应用、数据库应用、平均成绩 6 列数据，序号为学号顺序，完成以下任务：

（1）使用 INDEX()函数将 Excel 工作簿"办公软件高级应用课程成绩.xlsx"中《办公软件高级应用》课程的成绩数据，合并到 Excel 工作簿"课程成绩汇总.xlsx"的"成绩汇总"工作表中 D 列与学号对应的单元格中。

（2）使用 VLOOKUP()函数将 Excel 工作簿"数据库应用课程成绩.xlsx"中《数据库应用》课程的成绩数据，合并到 Excel 工作簿"课程成绩汇总.xlsx"的"成绩汇总"工作表中 E 列与学号对应的单元格中。

（3）计算《办公软件高级应用》《数据库应用》两门课程的缺考人数。

（4）计算每个学生《办公软件高级应用》《数据库应用》两门课程的平均成绩，计算平均成绩时对于缺考的成绩按 0 分计算。

【任务实现】

分别打开 Excel 工作簿"课程成绩汇总.xlsx""办公软件高级应用课程成绩.xlsx""数据库应用课程成绩.xlsx"。

1. 合并《办公软件高级应用》课程的成绩

在 Excel 工作簿"课程成绩汇总.xlsx"的"成绩汇总"工作表中，选中单元格 D2，输入公式"=INDEX([办公软件高级应用课程成绩.xlsx]成绩!\$C\$2:\$C\$34,MATCH(B2,[办公软件高级应用课程成绩.xlsx]成绩!\$B\$2:\$B\$34,0))"，然后按【Enter】键或【Tab】键确认即可。

按住鼠标左键纵向拖动鼠标获取其他学生的《办公软件高级应用》课程的成绩。对于缺考的学生，由于 Excel 工作簿"办公软件高级应用课程成绩.xlsx"的"成绩"工作表中没有对应的成绩数值，所以数据合并后，在 Excel 工作簿"课程成绩汇总.xlsx"的"成绩汇总"工作表 D 列对应学号的单元格中会显示错误值"#N/A"。

2. 合并《数据库应用》课程的成绩

在 Excel 工作簿"课程成绩汇总.xlsx"的"成绩汇总"工作表中，选中单元格 E2，输入公式"=VLOOKUP(B2,[数据库应用课程成绩.xlsx]成绩!\$B\$1:\$C\$33,2,FALSE)"，然后按【Enter】键或【Tab】键确认即可。

按住鼠标左键纵向拖动鼠标获取其他学生的《数据库应用》课程成绩。同样缺考的学生，在 Excel 工作簿"课程成绩汇总.xlsx"的"成绩汇总"工作表 E 列对应学号的单元格中会显示错误值"#N/A"。

3. 计算缺考人数

在 Excel 工作簿"课程成绩汇总.xlsx"的"成绩汇总"工作表中，选中单元格 D41，输入公式"=COUNTA(D2:D39)-COUNT(D2:D39)"，然后按【Enter】键或【Tab】键确认即可计算出《办公软件高级应用》课程的缺考人数。

按住鼠标左键横向拖动鼠标至单元格 E41 中，即可计算出《数据库应用》课程的缺考人数。

4．计算平均成绩

在 Excel 工作簿"课程成绩汇总.xlsx"的"成绩汇总"工作表中，选中单元格 F2，输入公式"=(IF(ISNA(D2),0,D2)+IF(ISNA(E2),0,E2))/COUNTA(D2:E2)"，然后按【Enter】键或【Tab】键确认即可计算第一个学生的平均成绩。

按住鼠标左键纵向拖动鼠标计算其他学生的平均成绩。

成绩数据合并后，部分学生的课程成绩数据如图 7-17 所示。

	A	B	C	D	E	F
1	序号	学号	姓名	办公软件高级应用	数据库应用	平均成绩
2	1	20186102030101	夏纯	92	#N/A	46.0
3	2	20186102030102	谭智超	90.5	84	87.3
4	3	20186102030103	夏奥	#N/A	65	32.5
5	4	20186102030104	刘毅	#N/A	78	39.0
6	5	20186102030105	吴羽菁	80	78	79.0
7	6	20186102030106	欧阳俊	72	81	76.5
8	7	20186102030107	缪佳兴	55	90	72.5
9	8	20186102030108	赵子瑞	92.5	75	83.8
10	9	20186102030109	冯卓红	#N/A	85	42.5
11	10	20186102030110	朱哲宇	67	57	62.0

图 7-17　成绩数据合并后的课程成绩数据

【任务7-5】　课程成绩数据的统计与分析

【任务描述】

在 Excel 工作簿"课程成绩.xlsx"的"成绩"工作表中存有"办公软件高级应用""数据库应用""军事理论"3 门课程的成绩。

（1）利用函数和公式计算各门课程的最高分、最低分和平均分。

（2）利用函数和公式计算每位学生 3 门课程的平均分。

（3）在不改变学生现有学号次序的前提下，按 3 门课程的平均分对全班学生进行排名，显示班级内名次。

（4）统计不同分数段（90～100 分、80～89 分、70～79 分、60～69 分、不及格）的人数及百分比。

（5）匹配查找指定姓名或学号对应课程的成绩、平均成绩、排名。

【任务实现】

打开 Excel 工作簿"课程成绩.xlsx"。

1．计算各门课程的最高分、最低分和平均分

（1）选中单元格 D41，输入公式"=MAX(D2:D39)"，然后按【Enter】键或【Tab】键确认即可，按住鼠标左键横向拖动鼠标计算其他两门课程的最高分。

（2）选中单元格 D42，输入公式"=MIN(D2:D39)"，然后按【Enter】键或【Tab】键确

认即可，按住鼠标左键横向拖动鼠标计算其他两门课程的最低分。

（3）选中单元格 D43，输入公式 "=AVERAGE(D2:D39)"，然后按【Enter】键或【Tab】键确认即可，按住鼠标左键横向拖动鼠标计算其他两门课程的平均分。

2．计算每位学生 3 门课程的平均分

选中单元格 G2，输入公式 "=AVERAGE(D2:F2)"，然后按【Enter】键或【Tab】键确认即可，按住鼠标左键纵向拖动鼠标计算其他学生的平均分。

3．计算每位学生 3 门课程的平均分

选中单元格 H2，输入公式 "=RANK.EQ(G2,$G$2:$G$39,0)"，然后按【Enter】键或【Tab】键确认即可，按住鼠标左键纵向拖动鼠标计算其他学生的排名次序，并显示班内名次。

4．计算各分数段的人数及百分比

（1）在"成绩"工作表的"成绩分析区"中先输入分段数据为 100、89、79、69、59，然后选中单元格 L3，输入公式 "=FREQUENCY($G$2:$G$39,K3:K7)"，按【Enter】键或【Tab】键确认即可，然后按住鼠标左键纵向拖动鼠标计算其他分数段的学生人数。

（2）选中单元格 L8，输入公式 "=SUM(L3:L7)"，然后按【Enter】键或【Tab】键确认即可，计算出总人数。

（3）选中单元格 M3，输入公式 "=L3/$L$8"，然后按【Enter】键或【Tab】键确认即可，计算 90～100 分的人数百分比。然后按住鼠标左键纵向拖动鼠标计算其他分数段的百分比。计算结果如图 7-18 所示。

成绩分析区			
分数段	分段数值	人数	比例
90～100	100	4	10.53%
80～89	89	18	47.37%
70～79	79	12	31.58%
60～69	69	4	10.53%
不及格	59	0	0.00%
合计		38	100.00%

图 7-18　成绩分析区的计算结果

5．匹配查找指定姓名或学号对应课程的成绩、平均成绩、排名

（1）准备姓名、课程名称、标题文本。

在单元格 J11 中输入姓名"陈文"，在单元格 K10 中输入课程名称"办公软件高级应用"；在单元格 L10 中输入标题文本"平均成绩"；在单元格 M10 中输入标题文本"排名"。

（2）使用 match()函数确定指定姓名对应的行数。

选中单元格 K15，输入公式 "=MATCH(J11,C1:C39,0)"，然后按【Enter】键或【Tab】键确认即可，在公式中"J11"单元格存入指定的姓名"陈文"，C1:C40 为查找值所在的区域，即"姓名"列，MATCH()函数第 3 个参数"0"表示精确查找。单元格 K15 的结果为 18，即"陈文"位于查找区域的 18 行，第 1 行为标题行。

（3）使用 match()函数确定标题"办公软件高级应用""平均成绩""排名"对应的列数。

选中单元格 K14，输入公式 "=MATCH(K10,C1:H1,0)"，然后按【Enter】键或【Tab】键确认即可，在公式中"K10"单元格存入指定的标题"办公软件高级应用"，即课程名称，C1:H1 为查找值所在的区域，即部分"标题"行。单元格 K14 的结果为 2，即标题"办公软件高级应用"位于查找区域的第 2 列。

同样，选中单元格 L14，输入公式 "=MATCH(L10,C1:H1,0)"，然后按【Enter】键或【Tab】键确认即可，单元格 L14 的结果为 5。选中单元格 M14，输入公式"=MATCH(M10,C1:H1,0)"，然后按【Enter】键或【Tab】键确认即可，单元格 M14 的结果为 6。

（4）嵌套使用 INDEX()函数和 MATCH()函数进行匹配查找。

选中单元格 K11，输入公式"=INDEX(C1:H39,MATCH(J11,C1:C39,0),MATCH(K10,C1:H1,0))"，然后按【Enter】键或【Tab】键确认即可，公式中 C1:H39 为返回值的单元格区域，单元格 K11 的结果为 85.5，即陈文同学"办公软件高级应用"课程成绩为 85.5，经比对与原区域的值相同。

选中单元格 L11，输入公式"=INDEX(C1:H39,MATCH(J11,C1:C39,0),MATCH(L10,C1:H1,0))"，然后按【Enter】键或【Tab】键确认即可，单元格 L11 的结果为 92.2，这里设置数值的小数位为 1。选中单元格 M11，输入公式"=INDEX(C1:H39,MATCH(J11,C1:C39,0),MATCH(M10,C1:H1,0))"，然后按【Enter】键或【Tab】键确认即可，单元格 M11 的结果为 3。

嵌套使用 INDEX()函数和 MATCH()函数的匹配查找结果，如图 7-19 所示。

姓名	办公软件高级应用	平均成绩	排名
陈文	85.5	92.2	3

图 7-19　嵌套使用 INDEX()函数和 MATCH()函数的匹配查找结果

【任务7-6】 内存与硬盘销售数据的统计与分析

【任务描述】

打开 Excel 工作簿"蓝天公司内存与硬盘销售统计表.xlsx"，创建数据透视表，将工作表 Sheet1 中销售数据按"业务员"将每种"产品"的销售额汇总求和，存入新工作表 Sheet2 中。根据数据透视表分析以下问题：

（1）内存和硬盘的总销售额各是多少？

（2）在业务员中谁的业绩（销售额）最好？谁的业绩（销售额）最差？

（3）业务员赵毅的硬盘销售额为多少？

【任务实现】

1．创建数据透视表

（1）打开 Excel 工作簿"蓝天公司内存与硬盘销售统计表.xlsx"。

（2）启动数据透视图表和数据透视图向导。在【插入】选项卡的【表格】组中单击【数据透视表】按钮，打开【创建数据透视表】对话框。

（3）在【创建数据透视表】对话框的"请选择要分析的数据"区域选择"选择一个表或区域"单选按钮，然后在"表/区域"编辑框中直接输入数据源区域的地址，或者单击"表/区域"编辑框右侧的【折叠】按钮 ，折叠该对话框，在工作表中拖动鼠标选择数据区域，如 A2:C12，所选中区域的绝对地址值在折叠对话框的编辑框中显示，如图 7-20 所示。在折叠对话框中单击【返回】按钮 ，返回折叠之前的对话框。

数据透视表的数据源可以选择一个区域，也可以选择多列数据。如果需要经常更新或添加数据，建议选择多列，当有新数据增加时，只要刷新数据透视表即可，不必重新选择数据源。

（4）在【创建数据透视表】对话框的"选择放置数据透视表的位置"区域选择"新工作表"单选按钮，如图 7-21 所示。

图 7-20　折叠对话框及选中区域的绝对地址　　图 7-21　【创建数据透视表】对话框的初始状态

如果数据较少，这里也可以选择"现有工作表"单选按钮，然后在"位置"编辑框中输入放置数据透视表的区域地址。

（5）在【创建数据透视表】对话框中单击【确定】按钮，进入数据透视表设计环境，如图 7-22 所示，即在指定的工作表位置创建了一个空白的数据透视表框架，同时在其右侧显示一个"数据透视表字段"窗格。

图 7-22　Excel 数据透视表的设计环境

（6）在【数据透视表字段】窗格中，从"选择要添加到报表字段"列表框中将"产品名称"字段拖动到"行"框中，将"业务员姓名"拖动到"列"框中，将"销售额"字段拖动到"值"框中。在数据透视表框架内拖动字段与在【数据透视表字段】窗格内拖动字段，效果是一样的。数据透视表框架如图 7-23 所示。

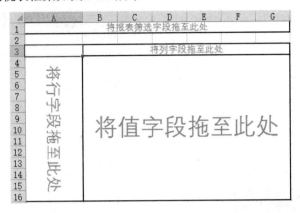

图 7-23　数据透视表框架

数据透视表框架的"将行字段拖至此处""将列字段拖至此处"分别与【数据透视表字段】窗格的"行""列"字段对应，将作为横向/纵向分类依据的字段。

数据透视表框架的"将值字段拖至此处"与【数据透视表字段】窗格的"值"字段对应，将作为统计汇总依据的字段。汇总的方式有求和、计数、平均值、最大值、最小值、标准偏差、方差等统计指标。

数据透视表框架的"将报表筛选字段拖至此处"与【数据透视表字段】窗格的"筛选"字段对应，将作为分类显示依据的字段。

（7）在"数值"框中单击【求和项】按钮，在弹出的下拉菜单中选择【值字段设置】命令，如图 7-24 所示。打开【值字段设置】对话框，在该对话框中选择"值字段汇总方式"列表框中的"求和"选项，如图 7-25 所示。

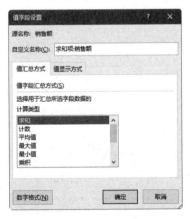

图 7-24　在"求和项"下拉菜单中　　　　　图 7-25　【值字段设置】对话框
选择【值字段设置】命令

单击【数字格式】按钮，打开【设置单元格格式】对话框，在该对话框左侧"分类"列表框中选择"数值"选项，设置"小数位数据"为"1"，如图 7-26 所示，单击【确定】按钮返回【值字段设置】对话框。

图 7-26　【设置单元格格式】对话框

在【值字段设置】对话框中单击【确定】按钮，完成数据透视表的创建。

（8）设置数据透视表的格式。将光标置于数据透视表区域的任意单元格，切换到【数据透视表工具—设计】选项卡，在"数据透视表样式"区域中单击选择一种合适的表格样式，如图 7-27 所示。

图 7-27　在【数据透视表工具—设计】选项卡中选择一种数据透视表样式

创建数据透视表的最终效果如图 7-28 所示。

图 7-28　数据透视表的效果

由图 7-28 所示的数据透视表可知以下结果。

① 内存与硬盘的总销售额各是 36850 元、81200 元。

② 在业务员中肖海雪的业绩最好，销售额为 40400 元。赵毅的业绩最差，销售额为 16350 元。

③ 业务员赵毅的硬盘销售额为 8600 元。

2．编辑数据透视表

切换到【数据透视表工具—分析】选项卡，如图 7-29 所示，利用该选项卡可以对创建的"数据透视表"进行多项设置，也可以对"数据透视表"进行编辑修改。

图 7-29 【数据透视表工具—分析】选项卡

数据透视表的编辑包括增加或删除数据字段、改变统计方式、改变透视表布局，大部分操作都可以借助【数据透视表工具—分析】选项卡中的命令按钮完成。

（1）增加或删除数据字段。在【数据透视表工具—分析】选项卡的【显示】组中单击【字段列表】按钮，显示【数据透视表字段】对话框，可以将所需字段拖动到相应区域。

（2）改变统计方式。在【数据透视表工具—分析】选项卡的【活动字段】组中单击【字段设置】按钮，打开【值字段设置】对话框，在该对话框中可以更改汇总方式。

（3）改变透视表布局。在【数据透视表工具—分析】选项卡的【数据透视表】组中单击【选项】按钮，打开如图 7-30 所示的【数据透视表选项】对话框，在该对话框中更改相关设置即可。

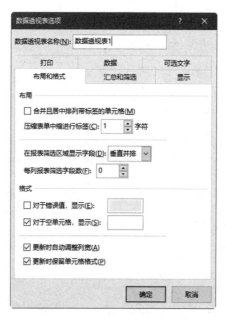

图 7-30 【数据透视表选项】对话框

创建数据透视图的方法与创建数据透视表类似，由于教材篇幅的限制，这里不再赘述。

 【创意训练】

 【任务7-7】　公司人员结构统计与分析

电子活页 7-2

提示：请扫描二维码，浏览【电子活页 7-2】的任务描述和操作提示内容。

【任务7-8】　人才需求量统计与分析

电子活页 7-3

提示：请扫描二维码，浏览【电子活页 7-3】的任务描述和操作提示内容。

模块8 ◇ Excel展现与输出数据

Excel提供的图表功能可以将系列数据以图表的方式表达出来，使数据更加清晰易懂，使数据表示的含义更加形象直观，并且用户可以通过图表直接了解数据之间的关系和变化趋势。

【课程思政】

本模块为了实现"知识传授、技能训练、能力培养与价值塑造有机结合"的教学目标，从教学目标、教学过程、教学策略、教学组织、教学活动、考核评价等方面有意、有机、有效地融入严谨细致、精益求精、求真务实、用户意识、规范意识、效率意识、创新意识、质量意识、成本意识、审美意识10项思政元素，实现了课程教学全过程让学生思想上有正向震撼，行为上有良好改变，真正实现育人"真、善、美"的统一、"传道、授业、解惑"的统一。

【在线学习】

8.1 Excel图表的作用与类型选择

Excel 图表是以图形方式表示工作表中数据之间的关系和数据变化的趋势的。

通过在线学习熟悉 Excel 以下操作方法与相关知识。

（1）Excel 图表的作用有哪些？

（2）Excel 图表主要有哪些类型？

（3）如何根据需要选择合适的图表类型？

电子活页 8-1

【方法指导】

8.2 Excel图表的创建与编辑

建立基于工作表选定区域的图表时，Excel 使用工作表单元格中的数据，并将其当作数据点在图表上予以显示。数据点用条形、折线、柱形、饼图、散点及其他形状表示，这些形状称为数据标签。

图表数据源自工作表中的数据列，一般图表包含图例、坐标轴、数据标签、图标标题、坐标轴标题等图表元素。

建立图表后，可以通过增加、修改图表元素，如数据标签、图标标题、坐标轴标题等来美化图表及强调某些重要信息。大多数图表项是可以被移动或调整大小的，也可以用图案、颜色、对齐、字体及其他格式属性来设置这些图表项的格式。

在工作表中插入的图表也可以实现复制、移动和删除操作。

1．图表的复制

可以采用复制与粘贴的方法复制图表，也可以按住【Ctrl】键用鼠标直接拖动。

2．图表的移动

可以采用剪切与粘贴的方法复制图表，也可以将光标指针移至图表区域的边缘位置，然后按住鼠标左键拖动到新的位置即可。

3．图表的删除

选中图表按【Delete】键即可删除。

8.3　Excel工作表的页面设置与打印输出

1．页面设置

在 Excel 工作表打印之前，可以对页面格式进行设置，包括"页面""页边距""页眉/页脚""工作表"等方面，这些设置都可以通过【页面设置】对话框完成。

在【页面布局】选项卡【页面设置】组单击右下角的【页面设置】按钮，则可打开【页面设置】对话框。

2．打印预览

在 Excel 的功能区单击【文件】按钮，然后单击【打印】按钮，显示打印选项卡。在打印选项卡还可以进行打印输出的各项设置，设置完成后，单击【打印】按钮则可进行打印操作。

 【分步训练】

【任务8-1】 内存与硬盘销售情况展现与输出

【任务描述】

（1）打开 Excel 工作簿"内存与硬盘销售情况展现与输出.xlsx"，在工作表"Sheet1"中创建图表，图表类型为"簇状柱形图"，图表标题为"内存与硬盘第 1、2 季度销售情况"，分类轴标题为"月份"，数值轴标题为"销售额"，且在图表中添加图例。图表创建完成对其格式进行设置，设置图表标题的字体为"宋体"，大小为"12"。

（2）将图表类型更改为"带数据标记的折线图"，并使用鼠标拖动方式调整图表大小和移动图表到合适的位置。

（3）对工作表进行页面设置。

（4）插入分页符，实现分页打印。

【任务实现】

1．创建图表

（1）打开 Excel 工作簿"内存与硬盘销售情况展现与输出.xlsx"。

（2）选定需要建立图表的单元格区域 A2:G4，如图 8-1 所示，图表的数据源自于选定的单元格区域中的数据。

产品名称	1月	2月	3月	4月	5月	6月
内存	¥102,240.0	¥100,600.0	¥123,400.0	¥145,600.0	¥168,000.0	¥185,600.0
硬盘	¥376,210.0	¥300,400.0	¥385,400.0	¥398,600.0	¥420,650.0	¥526,700.0

内存与硬盘第1、2季度销售情况表

图 8-1　选中创建图表的数据区域 A2:G4

（3）在【插入】选项卡的【图表】组中单击【插入柱形图或条形图】按钮，在弹出的下拉列表中选择"簇状柱形图"，如图 8-2 所示。

创建的图表如图 8-3 所示。

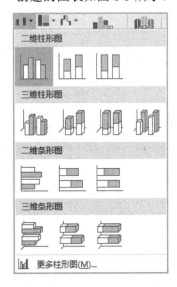

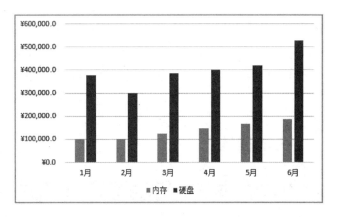

图 8-2　在【柱形图】下拉列表中
　　　　选择"簇状柱形图"

图 8-3　创建的簇状柱形图

2．添加图表的坐标轴标题

（1）单击激活要添加标题的图表，这里选择图 8-2 创建的"簇状柱形图"。

（2）单击图表右上角的【图表元素】按钮，在弹出的下拉菜单中选择【坐标轴标题】复选框，如图 8-4 所示。

（3）在横向"坐标轴标题"文本框中输入"月份"，在纵向"坐标轴标题"文本框中输入"销售额"。

（4）设置坐标轴标题的字体为"宋体"，大小为"10"。

3．添加图表标题

（1）单击激活要添加坐标轴标题的图表，这里选择图 8-2 创建的"簇状柱形图"。

（2）单击图表右上角的【图表元素】按钮，在弹出的下拉菜单中选择【图表标题】复选框，在其级联菜单中选择【图表上方】命令，如图 8-5 所示。

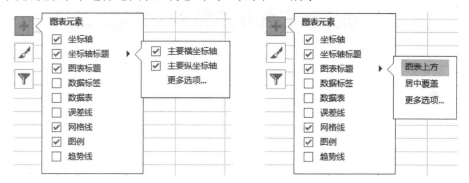

图 8-4　在【图表元素】下拉菜单中　　图 8-5　在【图表元素】下拉菜单中
　　　选择【坐标轴标题】复选框　　　　　　选择【图表标题】复选框

（3）在图表区域"图表标题"文本框中输入合适的图表标题"内存与硬盘第 1、2 季度销售情况"。

（4）设置图表标题的字体为"宋体"，大小为"12"。

4．设置图表的图例位置

（1）单击激活要添加坐标轴标题的图表，这里选择图 8-2 创建的"簇状柱形图"。

（2）单击图表右上角的【图表元素】按钮，在弹出的下拉菜单中选择【图例】复选框，在其级联菜单中选择【右】命令，如图 8-6 所示。

添加了坐标轴标题、图表标题的簇状柱形图如图 8-7 所示。

5．更改图表类型

（1）单击激活要更改类型的图表，这里选择图 8-2 创建的"簇状柱形图"。

（2）在【图表工具－设计】选项卡的【类型】组中单击【更改图表类型】按钮，打开【更改图表类型】对话框。

（3）在【更改图表类型】对话框中选择一种合适的图表类型，这里选择"带数据标记的折线图"，如图 8-8 所示。

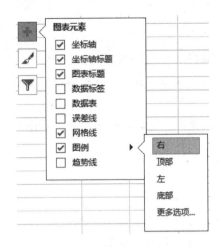

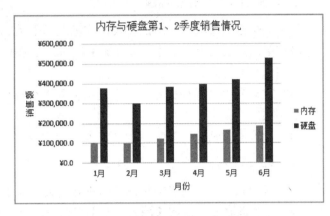

图 8-6　设置图表的图例位置　　　　　　图 8-7　添加了标题的簇状柱形图

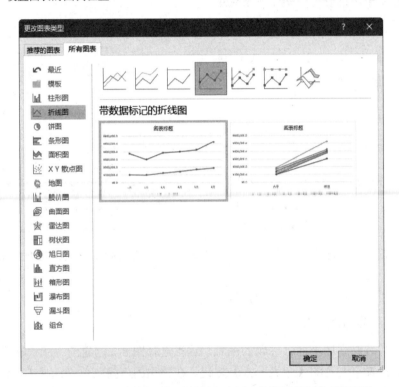

图 8-8　在【更改图表类型】对话框中选择"带数据标记的折线图"

单击【确定】按钮，完成图表类型的更改，带数据标记的折线图如图 8-9 所示。

6．缩放与移动图表

（1）单击激活图表，这里选择图 8-8 创建的图表。

（2）将光标指针移至右下角的控制点，当光针变成斜向双箭头↖↘时，拖动鼠标调整图表大小，直到满意为止。

（3）将光标指针移至图表区域的边缘位置，按住鼠标左键拖动将图表移动到合适的位置。

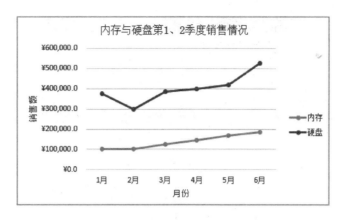

图 8-9　带数据标记的折线图

7. 设置页面的方向、缩放、纸张大小、打印质量和起始页码

在【页面设置】对话框的【页面】选项卡中可以设置页面的方向（纵向或横向）、缩放、纸张大小、打印质量和起始页码。在"缩放"栏中选择"缩放比例"，可以设置缩小或者放大打印的比例；选择"调整为"可以按指定的页数打印工作表，"页宽"为表格横向分隔的页数，"页高"为表格纵向分隔的页数。如果要在一张纸上打印大于一张的内容时，应设置 1 页宽和 1 页高。"打印质量"是指打印时所用的分辨率，分辨率以每英寸打印的点数为单位，点数越大，表示打印质量越好。

这里"方向"选择"纵向"，其他都采用默认值，如图 8-10 所示。

图 8-10　【页面设置】对话框【页面】选项卡

8. 设置页边距

在【页面设置】对话框中切换到【页边距】选项卡，然后设置上、下、左、右边距及页眉和页脚边距，还可以设置居中方式。这里左、右页边距设置为"1.5"，其他都采用默认值，如图 8-11 所示。

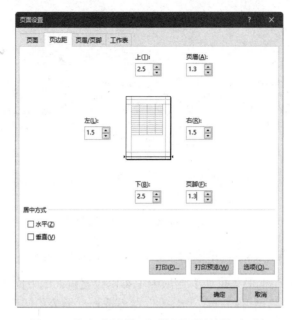

图 8-11 【页面设置】对话框【页边距】选项卡

9．设置页眉和页脚

在【页面设置】对话框中切换到【页眉/页脚】选项卡，在"页眉""页脚"下拉列表框中选择合适的页眉或页脚。也可以自行定义页眉或页脚，操作方法如下：

（1）在【页眉/页脚】选项卡中单击【自定义页眉】按钮，打开【页眉】对话框，将光标分别置于"左""中""右"编辑框中，然后单击对话框中相应的按钮，按钮包括【文本格式】【加入页码】【加入日期】【加入时间】【加入文件路径】【加入文件名或标签名】【插入图片】等。如果要在页眉中添加其他文字，在编辑框中输入相应文字即可，如果要在某一位置换行，按【Enter】键即可。

这里在"中"编辑框输入了"内存与硬盘第 1、2 季度销售情况表"，如图 8-12 所示。设置完成后单击【确定】按钮返回【页面设置】对话框的【页眉/页脚】选项卡。

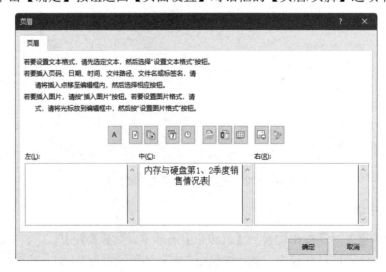

图 8-12 【页眉】对话框

（2）在【页眉/页脚】选项卡中单击【自定义页脚】按钮，打开【页脚】对话框，将光标分别置于"左""中""右"编辑框中，然后单击对话框中相应的按钮。如果要在页脚中添加其他文字，在编辑框中输入相应文字即可，如果要在某一位置换行，按【Enter】键即可。

这里在"右"编辑框输入了"第页　共页"，将光标置于"第"与"页"之间，单击 按钮，插入页码（&[页码]）；将光标插入点置于"共"与"页"之间，单击 按钮，插入总页数（&[总页数]），完成内容为"第&[页码]页　共&[总页数]页"，如图 8-13 所示。设置完成后单击【确定】按钮返回【页面设置】对话框的【页眉/页脚】选项卡，如图 8-14 所示。

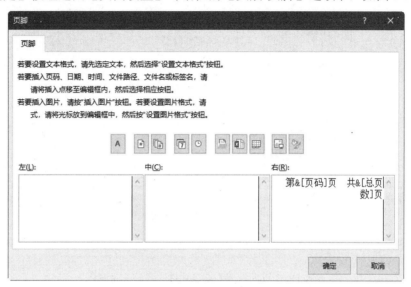

图 8-13　【页脚】对话框

图 8-14　【页面设置】对话框【页眉/页脚】选项卡

10．设置工作表

在【页面设置】对话框中切换到【工作表】选项卡，如图 8-15 所示，在该选项卡进行以下设置。

图 8-15　【页面设置】对话框【工作表】选项卡

（1）定义打印区域。根据需要在"打印区域"编辑框中设置打印的范围，如不设置，系统默认打印工作表中的全部数据。

（2）定义打印标题。如果在工作表中包含行列标志，可以使其出现在每页打印输出的工作表中。在"顶端标题行""左端标题列"编辑框中分别指定顶端和左端标题行所在的单元格区域。

（3）指定打印项目。选择是否打印"网络线""行号列标"，是否为"单色打印"，是否为"按草稿品质"打印（不打印框线和图表）。

（4）设置打印顺序。选择"先列后行"或"先行后列"的打印顺序。

（5）打印单元格批注。如果单元格中含有批注，也可将其打印出来。可以将批注按照在工作表中插入的位置打印，也可在工作表底部以数据清单的形式打印。在"批注"下拉列表框中可以选择批注的打印方式。

（6）打印错误单元格。在【工作表】选项卡中可以设置出现错误单元格的打印效果，可以在下拉列表框的选项"显示值""空白""- -""#N/A"中选择一种。

设置完成后单击【确定】按钮关闭【页面设置】对话框即可。

11．分页打印

图 8-16　在下拉菜单中选择【插入分页符】命令

单击新起页第 1 行对应的行号，在【页面布局】选项卡的【页面设置】组中单击【分隔符】按钮，在弹出的下拉菜单中选择【插入分页符】命令，如图 8-16 所示，即可插入分页符。其他需要分页的位置可按此方法插入分页符。

在【文件】菜单中切换到【打印】选项卡，单击【打印】按钮，即可开始分页打印。

【引导训练】

【任务8-2】 人才需求情况展现与输出

【任务描述】

打开 Excel 工作簿"人才需求情况展现与输出.xlsx"，完成以下任务。

（1）在工作表 Sheet1 中利用单元格区域 C2:L2、C9:L9 的数据绘制图表，设置图表标题为"主要城市人才需求量调查统计"，图表类型为"三维簇状柱形图"，分类轴标题为"城市"，数据轴标题为"需求数量"。设置坐标轴标题的字体为"宋体"，大小为"10"。设置图表标题的字体为"宋体"，大小为"12"。

（2）在工作表 Sheet1 中利用单元格区域 B3:B8、M3:M8 的数据绘制图表，设置图表标题为"职位人才需求量调查统计"，图表类型为"三维饼图"，图表样式选择"样式 3"，显示数据标签，图例位于右侧。

（3）设置合适的页边距，然后预览数据表 Sheet1。

【任务实现】

1．创建主要城市人才需求量调查统计图表

（1）创建图表。

打开 Excel 工作簿"人才需求情况展现与输出.xlsx"。在工作表 Sheet1 中选定需要建立图表的单元格区域 C2:L2、C9:L9，如图 8-17 所示，图表的数据源自该选定单元格区域中的数据。

北京	成都	大连	广州	杭州	上海	深圳	天津	西安	长沙
31 860	2797	1842	4329	3595	13757	5349	1714	2126	966
2364	236	100	344	318	994	679	188	220	101
11 230	1537	720	2766	1673	5775	2493	1311	1386	709
15 159	1945	892	3526	1975	8444	2953	2201	1631	983
7486	467	258	1043	758	2645	906	476	397	186
14 791	976	453	2226	1778	4727	1818	810	861	416
82 890	7958	4265	14 234	10 097	36 342	14 198	6700	6621	3361

图 8-17　在工作表 Sheet1 中选单元格区域 C2:L2、C9:L9

在【插入】选项卡的【图表】组中单击【插入柱形图或条形图】按钮，在弹出的下拉列表中选择"三维簇状柱形图"。

（2）添加图表的坐标轴标题。

选中"三维簇状柱形图"，单击图表右上角的【图表元素】按钮，在弹出的下拉菜单中选择【坐标轴标题】复选框，如图 8-18 所示。

在横向"坐标轴标题"文本框中输入"城市"，在纵向"坐标轴标题"文本框中输入"需求数量"。设置坐标轴标题的字体为"宋体"，大小为"10"。

图 8-18　选择【数据标签】复选框

（3）修改图表标题。

选中"三维簇状柱形图"，在图表区域"图表标题"文本框中输入"主要城市人才需求量调查统计"。设置图表标题的字体为"宋体"，大小为"12"。

（4）添加图表的数据标签。

选中"三维簇状柱形图"，单击图表右上角的【图表元素】按钮，在弹出的下拉菜单中选择【坐标轴标题】复选框。

添加了坐标轴标题和数据标签的三维簇状柱形图如图 8-19 所示。

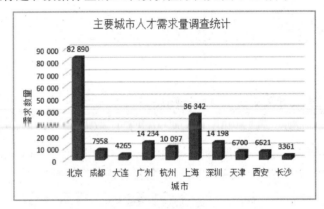

图 8-19　添加坐标轴标题和数据标签的三维簇状柱形图

2．创建职位人才需求量调查统计图表

（1）创建图表。

打开 Excel 工作簿"人才需求情况展现与输出.xlsx"，在工作表 Sheet1 中选定需要建立图表的单元格区域 B3:B8、M3:M8，如图 8-20 所示，图表的数据源自该选定的单元格区域中的数据。

计算机软件与系统集成	31 860	2797	1842	4329	3595	13 757	5349	1714	2126	966	68 335
计算机硬件与设备维护	2364	236	100	344	318	994	679	188	220	101	5544
美术设计与创意	11 230	1537	720	2766	1673	5775	2493	1311	1386	709	29 600
售前售后支持与客户服务	15 159	1945	892	3526	1975	8444	2953	2201	1631	983	39 709
网络管理与信息安全	7486	467	258	1043	758	2645	906	476	397	186	14 622
网站开发、维护与运营管理	14 791	976	453	2226	1778	4727	1818	810	861	416	28 856

图 8-20　在工作表 Sheet1 中选单元格区域 B3:B8、M3:M8

在【插入】选项卡的【图表】组中单击【插入饼图或圆环图】按钮，在弹出的下拉列表中选择"三维饼图"。

（2）修改图表标题。

选中"三维饼图"，在图表区域"图表标题"文本框中输入图表标题"职位人才需求量调查统计"。设置图表标题的字体为"宋体"，大小为"12"。

"职位人才需求量"三维饼图的初始状态如图 8-21 所示。

图 8-21　"职位人才需求量"三维饼图的初始状态

（3）修改图表样式。

选中"三维饼图"，在【图表工具—设计】选项卡【图表样式】组的"图表样式"列表框中选择"样式 3"，如图 8-22 所示。

图 8-22　在"图表样式"列表框中选择"样式 3"

（4）修改图表的数据标签位置。

选中"三维饼图"，单击图表右上角的【图表元素】按钮，在弹出的下拉菜单中单击【数据标签】复选框右侧的按钮▶，在级联菜单中选择【数据标签外】命令，如图 8-23 所示。

图 8-23　在【数据标签】的级联菜单中选择【数据标签外】命令

图表样式3对应的三维饼图外观如图8-24所示。

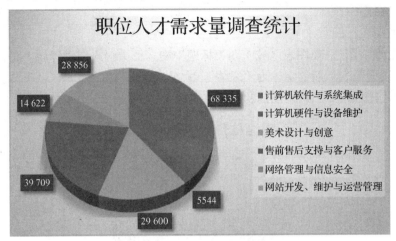

图 8-24　图表样式3对应的三维饼图外观

3．设置合适的页边距和打印预览

（1）设置合适的页边距。在【页面布局】选项卡的【页面设置】组中单击右下角的【页面设置】按钮，打开【页面设置】对话框。在【页面设置】对话框中切换到【页边距】选项卡，然后设置上、下、左、右边距及页眉和页脚边距，还可以设置居中方式，如图 8-25 所示。设置完成后单击【确定】按钮关闭【页面设置】对话框即可。

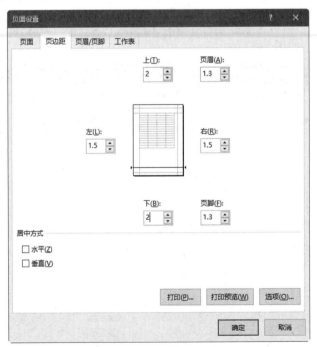

图 8-25　在【页面设置】对话框【页边距】选项卡中设置页边距

（2）打印预览。在 Excel 的功能区单击【文件】按钮，然后单击【打印】按钮，显示打印选项卡，"人才需求量调查统计表"的打印预览效果如图 8-26 所示。

人才需求量调查统计表

人才需求量调查统计表

序号	职位类别	北京	成都	大连	广州	杭州	上海	深圳	天津	西安	长沙
1	计算机软件与系统集成	31 860	2797	1842	4329	3595	13 757	5349	1714	2126	966
2	计算机硬件与设备维护	2364	236	100	344	318	994	679	188	220	101
3	美术设计与创意	11 230	1537	720	2766	1673	5775	2493	1311	1386	709
4	售前售后支持与客户服务	15 159	1945	892	3526	1975	8444	2953	2201	1631	983
5	网络管理与信息安全	7486	467	258	1043	758	2645	906	476	397	186
6	网站开发、维护与运营管理	14 791	976	453	2226	1778	4727	1818	810	861	416
	总计	82 890	7958	4265	14 234	10 097	36 342	14 198	6700	6621	3361

主要城市人才需求量调查统计

职位人才需求量调查统计

第1页　共2页

图 8-26　"人才需求量调查统计表"打印预览效果

【创意训练】

【任务8-3】班级人员结构展现与输出

提示：请扫描二维码，浏览【电子活页 8-2】的任务描述和操作提示内容。

电子活页 8-2

模块9 PPT元素加工与美化

PowerPoint是一款功能强大、操作方便的演示文稿制作软件，能够把所要表达的信息组织在一组图文并茂的画面中。演示文稿通过每张幻灯片来传达信息，使用PowerPoint可以很容易地创建幻灯片，并在幻灯片中输入文字、添加表格、绘制图形、插入图片等。

 【课程思政】

本模块为了实现"知识传授、技能训练、能力培养与价值塑造有机结合"的教学目标，从教学目标、教学过程、教学策略、教学组织、教学活动、考核评价等方面有意、有机、有效地融入严谨细致、精益求精、求真务实、用户意识、规范意识、效率意识、创新意识、发展观念、审美意识、文化自信10项思政元素，实现了课程教学全过程让学生思想上有正向震撼，行为上有良好改变，真正实现育人"真、善、美"的统一、"传道、授业、解惑"的统一。

 【在线学习】

9.1 PowerPoint的基本概念

演示文稿是由若干张幻灯片组成的，幻灯片是演示文稿的基本组成单位。通过在线学习明确 PowerPoint 的几个基本概念。

（1）演示文稿。

（2）幻灯片。

（3）幻灯片对象。

（4）幻灯片版式。

（5）幻灯片模板。

电子活页 9-1

9.2 PowerPoint窗口的基本组成

电子活页 9-2

通过在线学习熟悉 PowerPoint 的相关知识。

PowerPoint 启动成功后，屏幕出现 PowerPoint 窗口。该窗口由哪些部分组成？各部分的主要作用是什么？

9.3　PowerPoint演示文稿的视图类型与切换方式

视图是用户查看幻灯片的方式，PowerPoint 能够以不同的视图方式显示演示文稿的内容，在不同视图下观察幻灯片的效果有所不同。

通过在线学习熟悉 PowerPoint 以下操作方法与相关知识。

（1）PowerPoint 提供了哪几种显示演示文稿的方式？

（2）如何进行 PowerPoint 视图切换？

电子活页 9-3

9.4　创建与保存演示文稿

通过在线学习熟悉 PowerPoint 以下操作方法与相关知识。

（1）如何创建新演示文稿？

（2）如何保存演示文稿？

电子活页 9-4

9.5　幻灯片的图片格式与分辨率

图片是幻灯片中使用频率非常高的元素，幻灯片的图片主要有三种作用：一是作为背景使用；二是作为配图使用；三是作为修饰图片。无论图片是哪种用途，高像素、高清晰度的图片，都会使幻灯片的整体视觉效果更好。

通过在线学习熟悉以下基本知识。

（1）PPT 常用的图片格式有哪些？各有哪些优缺点？

（2）如何通过图片的【属性】对话框查看图片的分辨率属性？

（3）图片的分辨率如何与显示器的分辨率相匹配？

（4）图片分辨率是否越高越好？

电子活页 9-5

 【方法指导】

9.6　幻灯片的文字设计

1．文字的使用准则

文字是 PPT 的灵魂，一般要求庄重、正规、整体协调一致。

请扫描二维码，阅读【电子活页 9-6】"文字的使用准则"的内容。

电子活页 9-6

2．字体的选用

在不同的场合，选用不同的字体，会大大提高幻灯片的表现力。

如果没有太特殊的要求，为了简便，建议统一使用"微软雅黑"字体。

请扫描二维码，阅读【电子活页 9-7】"字体的选用"的内容。

电子活页 9-7

3．字号大小的确定

改变文字的大小，可以突出重要的文字，甚至可以影响对信息的判断。PPT 可以通过改变字号大小、改变文字配色对比、突出不同的关键词，让整段文字的侧重点发生明显改变。

各级标题建议使用 28 磅以上字号；正文文字建议使用 16 磅、18 磅、20 磅、22 磅、24 磅字号。如果想通过字号变化突出重点内容，一般被强调的文字字号至少要加大 4 磅，这样效果才会更好。

4．文字颜色的配置

不同的颜色传递不同的含义。在 PPT 中彩色文字往往更加醒目活泼，灰色文字很容易在阅读时被忽略，常用颜色列表如表 W9-1 所示（扫描二维码，浏览【电子活页 9-8】中的表 W9-1）。

电子活页 9-8

文字的色彩有五种常见的表现形式，一般冷色让人觉得沉稳，暖色更加醒目，黑白色是万能搭配，灰色能够起到降噪作用，渐变色可以丰富文字的层次感。

文字颜色设置有讲究，要让文字清晰地显示在屏幕上，既要让画面绚丽多彩，又要让画面看起来舒服、平静，文字的颜色要与背景色对比强烈，便于阅读。

5．文字方向的安排

（1）PPT 的文字多采用左右横置，符合阅读习惯。

（2）汉字是方块字，可以竖置排列，竖式阅读是从上到下，从右往左看，一般会加上竖式线条进行修饰，更有助于保持阅读的方向。

（3）无论是中文还是英文，都可以把文字斜向排列，斜向排列的字体打破了默认的阅读视野，往往有很强的冲击力。如果文字斜向排列，文字的内容不宜太多。斜向文字往往需要配图美化，配图的一个技巧是使图片的角度和文字呈 90°，这样可以顺着图片把视线集中到斜向文字上。

6．文字的修饰

在 PPT 中常规的艺术修饰效果有加粗、斜体、画线、阴影、删除线、密排、松排、变色、艺术字等，艺术字样式有文本填充（填充文字内部的颜色）、文本轮廓（填充文字外框的颜色）和文本效果（设置文字阴影等特效）。艺术字特效里还有一种特殊的转换特效，可以制作出各种弯曲的字体。如果加上拉伸调整和换行操作，可以转换出非常有趣的特效。

7．文本的美化

将 PPT 中的文字用各种形状包围，可获得更具修饰感的文字形状，通过利用形状组合和颜色遮挡就可以获得一些特殊的效果。

（1）用轮廓线美化文本：添加轮廓线美化标题文字。

（2）使用精美的艺术字：为选择的文字添加艺术字效果。

（3）快速美化文本框：设置文本框边框与填充效果。

（4）格式刷引用文本格式：使用格式刷保证格式相同。

9.7　幻灯片的段落排版

打开【段落】对话框，可以设置对齐方式、缩进、行距和段间距。请扫描二维码，阅读【电子活页 9-9】"幻灯片的段落排版"的内容。

电子活页 9-9

9.8　幻灯片的默认样式

1．使用默认线条

如果在幻灯片编辑过程中需要反复使用线条，并且要求有统一的样式，包括线条颜色、线条粗细、线条类型（虚线、点画线等）、线条效果等，可以借助"默认线条"功能来实现。

在幻灯片中插入一线条，如直线，然后对其进行颜色、粗细等样式设置。设置完成后，选中直线单击鼠标右键，在弹出的快捷菜单中选择【设置为默认线条】命令，如图 9-1 所示。该线条样式设置完成后，在幻灯片中每次插入新线条（包括直线、箭头、连接符等），都会自动套用所设置的线条样式。

注意：设置默认线条后不会更改幻灯片上已有线条的样式。

2．使用默认形状

在幻灯片中插入一个形状，如矩形，然后对其样式进行设置。可以设置默认的样式，包括形状填充（填充方式）、形状轮廓（边框线条颜色、粗细、虚线、箭头等）、形状效果（阴影、映像、棱台等），甚至包括形状当中所添加文字的样式（文本填充、文本轮廓、文本效果）。

图 9-1　在快捷菜单中选择【设置为默认线条】命令

该形状样式设置完成后，选中形状单击鼠标右键，在弹出的快捷菜单中选择【设置为默认形状】命令，就可以用这个形状的样式作为默认形状样式，以后新建的每个形状都会自动套用这个预设的样式。

3．使用默认文本框

文本框也是形状的一种类型，可以通过"设置为默认文本框"将其样式预设为统一样式。

在幻灯片中插入一个文本框，输入文字内容，然后对其进行样式设置。文本框可以设置为默认样式（填充、边框、形状效果），还可以设置文本框中文字的字体、大小、颜色、对齐方式、文字方向等。

对文本框样式设置完成后，选中该文本框单击鼠标右键，在弹出的快捷菜单中选择【设置为默认文本框】命令，就可以以这个文本框的样式作为默认样式，以后在当前幻灯片中插入的文本框都会自动套用这个预设的默认样式。

9.9　幻灯片的图片选用原则

选用幻灯片的图片时应遵循以下原则。

（1）选用高质量、审美效果好的图片。无论图片是哪种用途，保障清晰是首要条件，高像素、高清晰度的图片，会使幻灯片整体视觉效果更好。质量粗糙、模糊不清、低分辨率的图片会使幻灯片整体效果大打折扣。

幻灯片的图片，不仅要求高质量，还要美观大方，配合主体内容。

（2）选用与幻灯片内容匹配的图片。使用图片的一个重要目的在于辅助幻灯片更好地表达观点，提高幻灯片的整体可视化效果。因此在选用图片时不能随意选取，要根据幻灯片的主题来选取合适的、有关联的、能说明问题的图片。这样才能帮助幻灯片更好地向观众传送信息，获取最佳效果。

（3）选用适合模板风格的图片。幻灯片的图片不仅要与幻灯片主题相匹配，在图片的类型、色彩方面还应尽量保持与幻灯片模版风格相近，从而让幻灯片的效果及整体协调性提升到最高水平。

9.10　使用幻灯片的SmartArt图形

在 PowerPoint、Word、Excel 中可以使用 SmartArt 创建各种图形图表。SmartArt 图形是一种信息和观点的视觉表示形式，可以选择一种合适的布局形式创建 SmartArt 图形，从而快速、轻松、有效地传达信息。

创建 SmartArt 图形时，需要选择一种合适的 SmartArt 图形类型，例如"流程""层次结构""循环""关系"等，每种类型包含不同的布局。

请扫描二维码，阅读【电子活页 9-10】"使用幻灯片的 SmartArt 图形"的内容。

电子活页 9-10

 【分步训练】

【任务9-1】　对幻灯片中的文字进行三维旋转处理

【任务描述】

创建演示文稿"任务 9-1.pptx"，按以下要求制作一张幻灯片。

（1）在幻灯片中插入一张图片"公路图.jpg"。

（2）在图片公路位置插入 1 个文本框，在文本框中输入两行文字"2035"和"践行计划
实现目标"。

（3）将文本框中的文字进行三维旋转，使文字融入图片中的公路中间，形成文字写在公
路上的效果，如图 9-2 所示。

图 9-2　公路中间的三维立体文字效果

【任务实现】

创建演示文稿"任务 9-1.pptx"。

（1）在第一张幻灯片中插入一张图片"公路图.jpg"

（2）在图片中插入一个文本框，在该文本框中输入两行文字"2035"和"践行计划　实
现目标"。

（3）设置文字"2035"的字体为"微软雅黑"，字号为"96"，加粗。设置文字"践行计
划　实现目标"的字体为"微软雅黑"，字号为"54"，加粗。

（4）微调文本框及框内文字的位置，使"20"和"践行计划"位于图中公路中线的左侧，
"35"和"实现目标"位于图中公路中线的右侧。

（5）使用鼠标右键单击文本框，在弹出的快捷菜单中选择【设置形状格式】命令，打开
【设置形状格式】面板，在该面板中依次单击【形状选项】→【效果】按钮，切换到【文
本效果】选项卡。

（6）在【文本效果】选项卡单击【三维旋转】展示其设置界面，在"预设"右侧单击【自
定义】按钮，在弹出的"三维旋转"选项列表框的"透视"区域中选择"透视"→"宽
松"选项，如图 9-3 所示。

（7）设置透视角度为 120°，设置"Y 旋转"角度为"294.8°"，如图 9-4 所示。

（8）幻灯片的放映效果如图 9-2 所示。

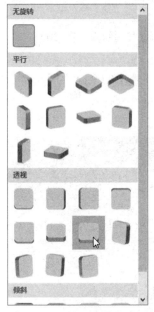

图 9-3　在"透视"区域选择"透视"→"宽松"选项　　　图 9-4　设置透视角度和"Y 旋转"角度

【任务9-2】　设置幻灯片中文字及其背景的多种效果

【任务描述】

创建演示文稿"任务 9-2.pptx"，按以下要求设置幻灯片中文字及其背景的多种效果。

（1）幻灯片中的文字分别为"立足杭州　走向世界""雅美尚传媒 20××秋季新品发布会"。

（2）文字分 2 行排列，设置背景格式为"蓝色"的"渐变填充"。

（3）文字分 2 行排列，设置背景为图片，图片效果为渐变蒙版。

（4）文字分 4 行排列，设置背景格式为"蓝色"的"渐变填充"。幻灯片中加入一些三角形的色块进行修饰。将这些三角形设置为两种不同的效果，一种为无填充的渐变线，这些三角形主要分布在文字两侧；另一种为渐变填充效果，这些三角形主要分布在中间位置的文字下层。

（5）文字分 4 行错位排列，并在主体文字两侧添加一些小字进行修饰，设置背景为蓝色纯色填充。

电子活页 9-11

【任务实现】

请扫描二维码，阅读【电子活页 9-11】中【任务 9-2】的实现过程。

【任务9-3】　绘制与组合形状

【任务描述】

创建演示文稿"任务 9-3.pptx"，在该演示文稿中完成多种形状的绘制、组合与美化。

【任务实现】

创建演示文稿"任务 9-3.pptx",新建一张幻灯片,在该幻灯片中输入文字"绘制与组合图形",设置字体为"微软雅黑",字号为"60"。

1. 绘制与组合形状

(1)组合两个圆与 1 个图标。

新建一张幻灯片,在【插入】选项卡的【插图】组中单击【形状】按钮,在展开的形状列表中单击【椭圆】按钮○,按住【Shift】键的同时,按住鼠标左键且拖动鼠标在幻灯片中绘制出实心正圆形,设置实心圆的高度与宽度为 3 厘米,填充颜色为深红色,无轮廓,外观效果如图 9-5 所示。

再绘制一个正圆形,设置该圆的填充为"无填充",形状轮廓为"1.5 磅短画线",轮廓颜色为深红色,空心虚线圆如图 9-6 所示。

图 9-5　在幻灯片中绘制实心正圆形

图 9-6　在幻灯片中绘制空心短画线正圆形

说明: 按住【Shift】键,如果绘制直线则可以画出水平线和垂直线,如果绘制矩形则可以画出正方形。

将实心正圆形与空心短划线正圆形水平方向与垂直方向都居中对齐,然后在实心正圆形居中位置插入一个图标,设置该图标为无填充。将这 3 个形状进行组合,最终的外观效果如图 9-7所示。

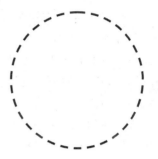

图 9-7　两个圆与图标的组合

(2)绘制两个弧形组成的图形。

新建一张幻灯片,在【插入】选项卡的【插图】组中单击【形状】按钮,在展开的形状列表中单击【弧形】按钮 ⌒,按住鼠标左键且拖动鼠标在幻灯片中绘制一个弧形,设置该弧形为"无填充",实线颜色为 RGB(255,147,0),宽度为 17.25 磅,弧形的高度和宽度为 5 厘米,调整其圆心角的大小。

以同样的方法绘制另一个弧形,设置该弧形为"无填充",实线颜色为 RGB(139,171,0),宽度为 9.25 磅,弧形的高度和宽度为 5 厘米,调整其圆心角的大小。

将两个弧形移动到靠近的位置,组成一个图形,如图 9-8 所示,该图形可形象地显示分布比例、结构比例等情况。

图 9-8　两个弧形组成的图形

(3)绘制折线。

新建一张幻灯片,在【插入】选项卡的【插图】组中单击【形状】按钮，在展开的形状列表中单击【任意多边形】按钮 ，按住【Shift】键的同时，按住鼠标左键且拖动鼠标在幻灯片中绘制线条。第一根线条绘制完成后松开鼠标左键，然后再一次按住鼠标左键且拖动鼠标在幻灯片中绘制第二根线条，第二根线条绘制完成双击鼠标左键即可。设置折线的宽度为 2.25 磅，绘制的折线如图 9-9 所示。

选中幻灯片中的折线，在【绘图工具—格式】选项卡的【插入形状】组中单击【编辑形状】按钮，在弹出的下拉菜单中选择【编辑顶点】命令，如图 9-10 所示。此时折线处于编辑状态，如图 9-11 所示，拖动编辑点可以调整线条的长度和折线的外形。

图 9-9　折线　　　　　　　图 9-10　选择【编辑顶点】命令　　　　图 9-11　处理编辑顶点状态的折线

（4）绘制两个不完整圆组成的饼图。

新建一张幻灯片，在【插入】选项卡的【插图】组中单击【形状】按钮，在展开的形状列表中单击【不完整圆】按钮，按住鼠标左键且拖动鼠标在幻灯片中绘制一个不完整圆形，设置不完整圆形的高度和宽度都为 4 厘米，"纯色填充"，颜色为 RGB(166,166,166)，调整不完整圆形缺角的大小。

以同样的方法绘制另一个不完整圆形，设置高度和宽度都为 6.8 厘米，"纯色填充"，颜色为 RGB(139,171,0)，调整其缺角的大小。

将两个不完整圆形移动到靠近的位置，组成一张饼图，如图 9-12 所示，该饼图可用形象地显示分布比例、结构比例等情况。

2．绘制与合并形状

（1）合并两个正圆。

新建一张幻灯片，在幻灯片中分别绘制两个正圆形，设置两个圆形的填充颜色为不同的颜色，调整两个圆形的位置，使其部分相交，处于选中状态的两个圆形如图 9-13 所示。

在【绘图工具—格式】选项卡的【插入形状】组中单击【合并形状】按钮，在弹出的下拉菜单中选择【联合】命令，如图 9-14 所示，则两个圆形进行联合。

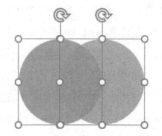

图 9-12　两个饼形组成的饼图　　　图 9-13　选中两个圆形　　　图 9-14　【合并形状】下拉菜单

在该下拉菜单中，还可以选择【组合】【拆分】【相交】【剪除】命令，两个圆形的各种合并效果如图 9-15 所示。

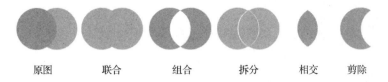

图 9-15　两个圆形的各种合并效果

（2）绘制图片填充的半圆形。

新建一张幻灯片，先分别在幻灯片中绘制一个正圆形和一个矩形，调整圆形和矩形的位置，使矩形的下边与正圆形的水平直径重合，如图 9-16 所示。

然后依次选择圆形和矩形，在【合并形状】下拉菜单中选择【剪除】命令，即可得到半圆形状。选中半圆形状，设置形状填充为已有图片，最终的效果如图 9-17 所示。

图 9-16　矩形的下边与正圆形的水平直径重合

图 9-17　图片填充的半圆形

（3）绘制空心的泪滴形状。

新建一张幻灯片，先分别在幻灯片中绘制一个泪滴形和一个正圆形，调整两个形状至合适位置。然后依次选择泪滴形状和圆形，在【合并形状】下拉菜单中选择【剪除】命令，即可得到空心的泪滴形状。

选中空心的泪滴形状，设置形状轮廓的颜色为"白色"，形状效果为"向下偏移"的阴影，最终的效果如图 9-18 所示。

（4）绘制多种形状的组合形状。

先分别在幻灯片中绘制一个正圆形和一个折角矩形，调整两个形状至合适位置。然后选择这两个形状，在【合并形状】下拉菜单中选择【联合】命令，将所选择的两个形状联合。

接着再绘制一个正圆形，并设置该圆形为"纯色填充"，填充颜色为"白色"，调整该圆形至联合形状中的合适位置，并且使该圆形处于顶层位置。

在折角矩形上面插入一个文本框，在该文本框中输入文字"分工合作"，然后设置该文本框为"无轮廓"。在白色填充正圆形上面也插入一个文本框，在该文本框中输入文字"01"，然后设置该文本框为"无轮廓"。绘制多种形状的组合形状外观如图 9-19 所示。

图 9-18　空心的泪滴形状

图 9-19　多种形状的组合形状

【任务9-4】 组合不同的PPT元素

【任务描述】

创建演示文稿"任务 9-4.pptx"，实现不同 PPT 元素的组合，具体要求如下。

（1）在幻灯片中组合文本框、矩形框与图片，让文字透过填充背景，实现文字蒙版效果。

（2）在幻灯片中组合形状与图片，实现形状中显示图片的效果。

【任务实现】

创建演示文稿"任务 9-4.pptx"。

1. 在幻灯片中组合文本框、矩形框与图片

（1）在演示文稿"任务 9-4.pptx"中插入一张空白幻灯片。在该幻灯片中部插入图片 1；然后在该图片上层插入一个矩形框，矩形框的大小与图片一致。

（2）再在矩形框上层插入一个文本框，在文本框中输入文字"江山如此多娇"，设置文字字体为"演示镇魂行楷"，大小为"120"，加粗。

（3）依次选中矩形框和文本框，然后在【绘图工具—格式】选项卡的【合并形状】下拉菜单中选择【组合】或【剪除】命令，即可实现让文字透过填充背景的效果。文字蒙版效果如图 9-20 所示。

图 9-20　文字蒙版效果

2. 在幻灯片中组合形状与图片

图 9-21　在形状中显示图片的效果

（1）在演示文稿"任务 9-4.pptx"中插入第 2 张空白幻灯片，在该幻灯片中部插入图片 2。

（2）在图片上层插入 5 个圆角矩形框，并横向等距排列这些圆角矩形，第 1、3、5 结合形状底端对齐，第 2、4 结合形状顶端对齐。

（3）先选中图片，然后依次选中 5 个结合形状，在【合并形状】下拉菜单中选择【拆分】命令。

（4）先取消拆分合并后的 5 个结合形状的选中状态，然后单独选中图片，按键盘上的【Delete】键删除 5 个结合形状之外的图片，即可实现在形状中显示图片的效果，如图 9-21 所示。

【任务9-5】　绘制与美化SmartArt图形

【任务描述】

创建演示文稿"任务 9-5.pptx"，在该演示文稿中绘制与美化 SmartArt 图形，具体要求如下。

（1）在幻灯片中插入"射线维恩图"。

（2）在幻灯片中插入"块循环"。

（3）在幻灯片中插入"六边形射线"。

电子活页 9-12

【任务实现】

请扫描二维码，阅读【电子活页 9-12】中【任务 9-5】的实现过程。

【任务9-6】　创建展示阿坝旅游景点的相册

【任务描述】

利用计算机可以将照片制作成电子相册，并与朋友分享。PowerPoint 2019 提供了非常强大的"相册"功能，可以让用户快速创建出包含数百张照片的演示文稿。在 PowerPoint 中使用"相册"功能不仅可以制作电子相册，还可以进行产品展示等，并且可以应用丰富多彩的主题、图片样式等使之更具美观性与实用性。

创建演示文稿"任务 9-6.pptx"展示阿坝旅游景点，具体要求如下：

（1）采用批量导入图片的方法创建相册，在各张幻灯片中插入阿坝旅游风光的图片。

（2）图片版式选择"2 张图片(带标题)"，相框形状选择"柔化边缘矩形"，主题选择"Office 主题"。

【任务实现】

在幻灯片中可以直接插入图片或粘贴图片，如果需要大批量导入图片，并且让每张图片分别显示在独立的幻灯片页面上，可以使用【相册】功能来实现。

电子活页 9-13

请扫描二维码，阅读【电子活页 9-13】中【任务 9-6】的实现过程。

【任务9-7】　绘制与美化表格

【任务描述】

希望投资公司全年分季度的投资与收益情况如表 9-1 所示，单位为亿元。

表 9-1　希望投资公司分季度的投资与收益情况

季度	投资金额	营业收入	利润
第 1 季度	82	50	25

续表

季度	投资金额	营业收入	利润
第 2 季度	118	78	36
第 3 季度	175	120	70
第 4 季度	246	183	68

创建演示文稿"任务 9-7.pptx"，在该演示文稿中绘制与美化多种形式的表格，展示希望投资公司分季度的投资与收益情况。

【任务实现】

创建演示文稿"任务 9-7.pptx"。

（1）添加第 1 张幻灯片，设置该幻灯片的填充为"纯色填充"，颜色为 RGB(239,233,223)。

在幻灯片靠上位置插入一个文本框，在文本框中输入表格标题文字"希望投资公司投资与收益情况"，设置文本框中文字的字体为"造字工房尚雅（非商用）常规体"，大小为"32"，并水平居中。

在标题文本框下方插入一个 5 行 4 列的表格，设置表格高度为 8 厘米，宽度为 20 厘米，然后在该表格中输入表 9-1 中的文字，设置表格中的文字字体为"苹方 常规"，大小为"18"，根据各列表内容的宽度灵活调整各列的宽度。

设置表格第 1 行为"纯色填充"，填充颜色为 RGB(232,115,74)；表格第 2、4 行为"纯色填充"，填充颜色为 RGB(245,241,235)；表格第 3、5 行为"纯色填充"，填充颜色为 RGB(239,233,223)。第 1 张幻灯片中表格及其标题的设置效果如图 9-22 所示。

（2）复制第 1 张幻灯片，得到第 2 张幻灯片。

设置第 2 张幻灯片中的表格高度为 9 厘米，宽度为 16 厘米。设置第 1 行为"无填充"，第 1 行的文字颜色为"白色"。

在第 2 张幻灯片插入一个圆顶角矩形，设置其高度为 9.1 厘米，宽度为 16 厘米，设置为"纯色填充"，填充颜色为 RGB(255,95,35)。

将新插入的圆顶角矩形置于表格下层，表格与矩形的顶边、左右两边都对齐，下边显示圆顶角矩形的 0.1 厘米高度。表格第 1 行的背景颜色为矩形的填充颜色，表格上边呈现圆角效果，下边呈现加粗线条的效果。第 2 张幻灯片中表格及其标题的设置效果如图 9-23 所示。

图 9-22　第 1 张幻灯片中表格及其标题的设置效果 　　图 9-23　第 2 张幻灯片中表格及其标题的设置效果

（3）复制第 1 张幻灯片，得到第 3 张幻灯片。

设置第 3 张幻灯片中的表格高度为 10 厘米，宽度为 20 厘米。设置第 1 行为"纯色填充"，填充颜色为 RGB(239,233,223)。

在表格中第 3 行位置插入一张 1 行 4 列的表格，设置表格的高度为 2.3 厘米，宽度为 21.62

厘米，设置该表格为"纯色填充"，填充颜色为 RGB(232,115,74)。

在 1 行 4 列表格的各个单元格中依次输入文字"第 3 季度""175""120""70"，设置文字的字体为"苹方 中等"，大小为"24"。

在 1 行 4 列表格下边左侧插入一个直角三角形，设置该三角形的高度为 0.49 厘米，宽度为 0.82 厘米，"纯色填充"，填充颜色为 RGB(170,61,22)。调整该直角三角形的位置和方位，使其长直角边与 1 行 4 列表格的下边重合，短直角边与 5 行 4 列表格的左边重合。在 1 行 4 列表格下边右侧插入另一个直角三角形，设置该三角形的高度为 0.49 厘米，宽度为 0.82 厘米，为"纯色填充"，填充颜色为 RGB(170, 61,22)。调整第二个直角三角形的位置和方位，使其长直角边与 1 行 4 列表格的下边重合，短直角边与 5 行 4 列表格的右边重合。1 行 4 列表格结合左右两个小直角三角形，形成折纸与放大的立体效果。第 3 张幻灯片中表格及其标题的设置效果如图 9-24 所示。

（4）复制第 1 张幻灯片，得到第 4 张幻灯片。

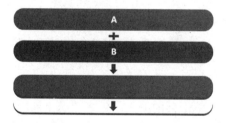

季度	投资金额	营业收入	利润
第1季度	82	50	25
第2季度	118	78	36
第3季度	175	120	70
第4季度	246	183	68

图 9-24 第 3 张幻灯片中表格及其标题的设置效果

设置表格第 1 行的填充颜色为 RGB(156,38,6)，第 3 行为"无填充"，第 3 行文字大小为 24。

在第 3 行位置插入一个圆角矩形，设置该矩形高度为 2.18 厘米，宽度为 21 厘米，"纯色填充"，填充颜色为 RGB(156,38,6)，透明度为"0%"。调整圆角矩形的左右两边为半圆形，调整圆角矩形至合适位置。然后将如图 9-25 所示的合并形状添加到圆角矩形下侧。

说明：在圆角矩形下侧所添加合并形状的形成过程如图 9-26 所示。

图 9-25 在圆角矩形下侧添加的合并形状   图 9-26 在圆角矩形下侧所添加合并形状的形成过程

先绘制两个相同的圆角矩形 A 和 B，设置矩形高度都为 2.18 厘米，宽度都为 21 厘米，A 圆角矩形的填充颜色为 RGB(156,38,6)，B 圆角矩形的填充颜色为 RGB(105,26,4)。调整两个圆角矩形的位置，水平方向对齐，垂直方向错位一定的距离。先选中 B 圆角矩形，后选中 A 圆角矩形，然后在【绘图工具—格式】选项卡【插入形状】组中单击【合并形状】按钮，在弹出的下拉菜单选择【剪除】命令，就得到了圆角矩形下侧所添加的合并形状，使圆角矩形产生立体感效果。

在圆角矩形的左右圆角位置各插入一个小三角形，设置三角形的高度为 0.33 厘米、宽度为 0.61 厘米，"纯色填充"，填充颜色为 RGB(237,213,189)。第 4 张幻灯片中表格及其标题的设置效果如图 9-27 所示。

季度	投资金额	营业收入	利润
第1季度	82	50	25
第2季度	118	78	36
第3季度	175	120	70
第4季度	246	183	68

图 9-27　第 4 张幻灯片中表格及其标题的设置效果

【任务9-8】 利用表格绘制设计形状

【任务描述】

创建演示文稿"任务 9-8.pptx"，利用表格绘制设计以下形状。

（1）十字形。

（2）阶梯形。

（3）箭头形

【任务实现】

创建演示文稿"任务 9-8.pptx"。

（1）插入一个 3 行 3 列的表格。在演示文稿"任务 9-8.pptx"中添加一张幻灯片，并在该幻灯片中插入一个 3 行 3 列的常规表格。

（2）设置行高和列宽。设置第 1、3 行的行高为 4 厘米，第 2 行的行高为 2.5 厘米，第 1、3 列的列宽为 7.2 厘米，第 2 列的列宽为 2.5 厘米。

（3）设置框线。将第 2 行的第 1 和第 3 单元格的上下框线、第 2 列的第 1 和第 3 单元格的左右框线设置为"2.25 磅红色实线"，其他框线取消。设置完成后形成十字形外观如图 9-28 所示。

将第 1 列的第 3 单元格和第 2 列的第 2 单元格的下框线和右框线、第 3 列的第 1 单元格的下框线设置为"2.25 磅红色实线"，其他框线取消。设置完成后形成阶梯形外观如图 9-29 所示。

图 9-28　十字形外观　　　　　　　　　　　图 9-29　阶梯形外观

（4）插入一个 2 行 4 列的表格。在演示文稿"任务 9-8.pptx"中添加一张幻灯片，并在该幻灯片中插入一个 2 行 4 列的常规表格。

（5）设置行高和列宽。设置第 1、2 行的行高为 1.42 厘米，第 1 列的列宽为 4.3 厘米，第 2、3 列的列宽为 0.9 厘米，第 4 列的列宽为 8.4 厘米。

（6）合并单元格。将第 1 列的两个单元格和第 4 列的两个单元格分别合并。

（7）设置框线。将第 1 列合并单元格的左、上、下框线和第 4 列合并单元格的右、上、下框线设置为"2.25 磅红色实线"。将第 1 行的第 2、3 单元格设置斜下框线，将第 2 行的第 2、3 单元格设置斜上框线，其他框线取消。设置完成后形成箭头外观如图 9-30 所示。

图 9-30　箭头形外观

 【任务9-9】 制作与美化PPT中的图表

【任务描述】

创建演示文稿"任务 9-9.pptx"，制作与美化 PPT 中的图表，具体要求如下：

（1）希望投资公司投资与收益情况如表 9-2 所示，分别应用"投资金额""营业收入""利润"数据在幻灯片中绘制多种形式的柱形图。

（2）20××年用户数量增长情况如表 9-3 所示，应用"活跃用户数量"数据在幻灯片绘制折线图，并设置折线为平滑线，具有发光效果。

表 9-2　希望投资公司投资与收益情况

季度	投资金额	营业收入	利润
第 1 季度	82	50	25
第 2 季度	118	78	36
第 3 季度	175	120	70
第 4 季度	246	183	68

表 9-3　20××年用户数量增长情况

月份	活跃用户数量
2 月	2
4 月	8
6 月	18
8 月	23
10 月	25
12 月	40

（3）应用表 9-3 中的数据创建折线图和面积图的组合图表。

【任务实现】

请扫描二维码，阅读【电子活页 9-14】中【任务 9-9】的实现过程。

电子活页 9-14

 【引导训练】

 【任务9-10】 演示文稿中应用与设置多种文字效果

【任务描述】

创建解读"国务院关于大力推进大众创业、万众创新若干政策措施的意见"的演示文稿"任务 9-10.pptx"，并设置多种不同的文字效果，具体要求如下：

（1）在该演示文稿中添加多张幻灯片，在各张幻灯片中输入必要的文字。

（2）分别设置各幻灯片中文字的字体、字号、颜色、方向等。

（3）分别设置各幻灯片中文字的对齐方式、字符间距和行距。

（4）使用轮廓线美化 PPT 中的文字。

（5）设置 PPT 中文字的填充效果。

（6）应用 PPT 中的艺术效果美化文字。

（7）为 PPT 中的文字应用图片效果。

（8）设置 PPT 文本框的边框和填充效果。

（9）为 PPT 分别添加封面、目录页和封底。

电子活页 9-15

【任务实现】

请扫描二维码，阅读【电子活页 9-15】中【任务 9-10】的实现过程。

【任务9-11】 演示文稿中应用与设置多种图片效果

【任务描述】

创建展示阿坝美景的演示文稿"任务 9-11.pptx"，具体要求如下：

（1）设置好幻灯片母版，在母版中设置封面幻灯片的版式和正文幻灯片的版式。

（2）在该演示文稿中添加多张幻灯片，在各张幻灯片中插入景区图片，输入必要的文字。

（3）根据实际需要，调整幻灯片图片的尺寸、裁剪图片、抠图。

（4）根据实际需要，为幻灯片的图片套用图片样式，设置图片柔化边缘、阴影效果、立体效果。

（5）根据实际需要，对幻灯片图片设置版式。

【任务实现】

创建演示文稿"任务 9-11.pptx"。

图 9-31　在【插入占位符】下拉
菜单中选择【图片】选项

1．设置幻灯片母版

在 PowerPoint【视图】选项卡的【母版视图】组中单击【幻灯片母版】按钮，进入【幻灯片母版】编辑状态，保留默认幻灯片母版中"空白 版式""图片与标题 版式"，删除其他版式。

（1）设置封面幻灯片的版式。

选中"空白 版式"页面，在【幻灯片母版】选项卡的【母版版式】组中单击【插入占位符】下拉按钮，在弹出的下拉菜单中单击选择【图片】命令，如图 9-31 所示。然后在"空白 版式"页面按住鼠标左键，拖动鼠标绘制"图片"占位符，调整"图片"占位符的位置和尺寸。

在幻灯片母版视图的左侧幻灯片版式列表中，使用鼠标右键单击"空白 版式"页面，在弹出的快捷菜单中选择【重命名版式】命令，在弹出的【重命名版式】对话框的"版式名称"文本框中输入新名称"封面 版式"，如图 9-32 所示，然后单击【重命名】按钮即可。

（2）设置正文幻灯片的版式。

选中"图片与标题 版式"页面，调整"图片"占位符位于页面上方，调整其高度为 15.38 厘米，宽度为 34 厘米。

将"标题"占位符拖动到页面左下角，设置标题文字字体为"方正粗倩简体"，字号为"40"，颜色为"绿色，个性色 6，深色 50%"。

在"标题"占位符右侧添加一个"文本"占位符，设置正文文字字体为"方正卡通简体"，字号为"18"，设置段落的"首行缩进"为"1.27 厘米"，行距为"1.2 倍行距"。

"图片与标题 版式"页面设置完成的外观效果如图 9-33 所示。

图 9-32　【重命名版式】对话框　　　　图 9-33　"图片与标题 版式"页面的外观效果

2. 在幻灯片中插入图片与调整图片尺寸

新建一张幻灯片，删除第 1 张幻灯片中默认添加的占位符，在 PowerPoint【插入】选项卡的【图像】组的单击【图片】按钮，在弹出的【插入图片】对话框中选择待插入的图片"九寨沟—童话世界.jpg"，然后单击【插入】按钮即可将图片插入到幻灯片中。

在幻灯片中选中插入的图片，在【图片工具—格式】选项卡的【大小】组中，设置图片的高度和宽度，如图 9-34 所示。

在图片的右下角位置插入一个文本框，在该文本框中输入文字"大美阿坝"，设置文字的字体为"方正硬笔行书简体"，字号为"60"。

图 9-34　在【图片工具—格式】选项卡的【大小】组中设置图片的高度和宽度

演示文稿"任务 9-11.pptx"中第 1 张幻灯片的外观效果如图 9-35 所示。

图 9-35　演示文稿"任务 9-11.pptx"中第 1 张幻灯片的外观效果

说明：这里暂时没有使用幻灯片母版中的"封面 版式"。

3．在幻灯片中裁剪图片

在【开始】选项卡的【幻灯片】组中单击【新建幻灯片】按钮，在弹出的列表中单击【图片与标题 版式】按钮，如图 9-36 所示。即可插入第 2 张新幻灯片，其版式为"图片与标题"。

在该幻灯片中插入图片"九寨沟.jpg"，在标题占位符中输入文字"九寨沟"，在文本占位符中输入九寨沟景区介绍文字。

选中幻灯片中的图片，在【图片工具—格式】选项卡的【大小】组中单击【裁剪】下拉按钮，在展开的下拉菜单中选择【裁剪为形状】命令，在展开的形状列表中选择"基本形状"组的【椭圆】选项，如图 9-37 所示，即将幻灯片中的图片裁剪为"椭圆"形状。

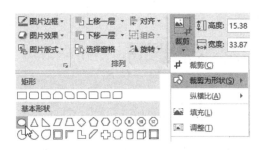

图 9-36　选择"图片与标题 版式"　　　　图 9-37　选择【裁剪为形状】命令

对幻灯片的图片、标题文本框、正文文本框进行微调，其外观效果如图 9-38 所示。

图 9-38　幻灯片图片裁剪为椭圆形状

4．在幻灯片中抠图

在演示文稿"任务 9-11.pptx"中插入第 3 张幻灯片，在该幻灯片中插入图片"达古冰山.jpeg"，在标题占位符中输入文字"达古冰山"，在文本占位符中输入达古冰山景区介绍文字。

选中幻灯片中插入的图片，在【图片工具—格式】选项卡的【调整】组中单击【删除背景】按钮，此时功能区显示【背景消除】选项卡，如图 9-39 所示。

图 9-39　【图片工具—格式】功能区的
【背景消除】选项卡

在幻灯片中选中图片会显示出删除区域和保留区域，变色区域表示删除区域，不变色区域表示保留区域。

（1）标记要保留的区域。

用鼠标拖动图形中的矩形选择框，首先指定所要保留的大致区域，在【背景消除】选项卡的【优化】组中单击【标记要保留的区域】按钮，然后在图片想保留的变色区域上不断单击，出现⊞标记，直到恢复为本色。

（2）标记要删除的区域。

在【背景消除】选项卡的【优化】组中单击【标记要删除的区域】按钮，然后在图片想删除的未变色区域上不断单击，出现⊟标记，直到变色。标记要保留区域和要删除区域的外观如图 9-40 所示。

设置好保留区域和删除区域后，在【关闭】组单击【保留更改】按钮，即可删除图片不需要的部分。

再一次选中幻灯片中抠图完成的图片，在【图片工具—格式】选项卡的【大小】组中，单击【裁剪】下拉按钮，在展开的下拉菜单选择【裁剪】命令，图片四周将会出现裁剪控制点，通过拖动裁剪控制点至合适位置，得到所需的图片尺寸，如图 9-41 所示。

图 9-40　标记要保留区域和要删除区域的外观

图 9-41　拖动裁剪控制点至合适位置

然后在该幻灯片中插入"东措日月海.jpg""一号冰川.jpg""洛格斯神山.jpg"3 张图片，将这些图片裁剪为"燕尾形""剪去对角的矩形""泪滴形"。调整图片位置，对图片适度进行旋转，设置完成后的外观效果如图 9-42 所示。

图 9-42　抠图得到的图片和多种不同形状的图片

5．在幻灯片中套用图片样式

在演示文稿"任务 9-11.pptx"中插入第 4 张幻灯片，并在该幻灯片中插入图片"黄龙.jpg"，在标题占位符中输入文字"黄龙"，在文本占位符中输入黄龙景区介绍文字。

选中幻灯片中的图片，在【图片工具—格式】选项卡的【图片样式】组单击【图片样式】下拉按钮，在展示的图片样式列表中选择"旋转，白色"图片样式，如图 9-43 所示，单击即可应用相应的图片样式。

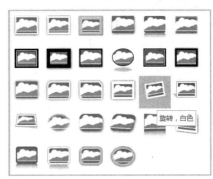

图 9-43　【图片样式】组与选择"旋转，白色"图片样式

套用图片样式的图片效果如图 9-44 所示。

图 9-44　套用图片样式的图片效果

6．柔化幻灯片图片的边缘

在演示文稿"任务 9-11.pptx"中插入第 5 张幻灯片，并在该幻灯片中插入图片"花湖.jpg"，在标题占位符中输入文字"花湖"，在文本占位符中输入花湖景区介绍文字。

选中幻灯片中的图片，在【图片工具—格式】选项卡的【图片样式】组中单击【图片效果】下拉按钮，在展开的下拉菜单中选择【柔化边缘】→【25 磅】选项，如图 9-45 所示。

如果在【柔化边缘】子菜单中没有合适的选项，可以单击【柔化边缘选项】按钮，打开【设置图片格式】对话框，在该对话框的"柔化边缘"区域通过设置"大小"选项改变图片边缘柔化效果。

柔化边缘的图片效果如图 9-46 所示。

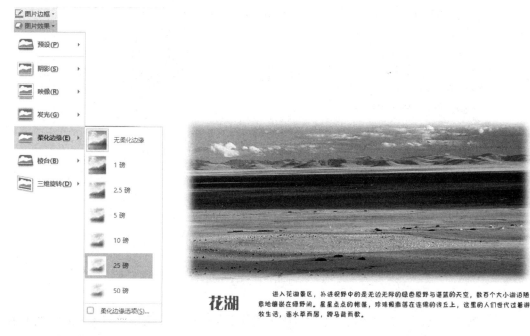

图 9-45　在【图片效果】下拉菜单中
选择【柔化边缘】→【25 磅】选项

图 9-46　柔化边缘的图片效果

7．设置图片的边框与阴影效果

在演示文稿"任务 9-11.pptx"中插入第 6 张幻灯片，并在该幻灯片中插入 3 张图片"黄河九曲第一湾 1.jpg""黄河九曲第一湾 2.jpg""黄河九曲第一湾 3.jpg"，在标题占位符中输入文字"黄河九曲第一湾"，在文本占位符中输入黄河九曲第一湾景区介绍文字。

（1）设置图片的边框效果。

选中幻灯片中的图片，在【图片工具—格式】选项卡的【图片样式】组中单击【图片边框】下拉按钮，在展开的下拉菜单中选择主题颜色为"白色"，然后选择【粗细】→【4.5 磅】选项，如图 9-47 所示。

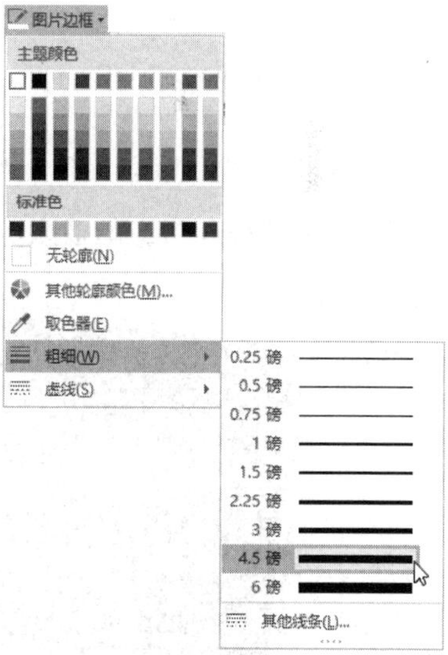

（2）设置图片的阴影效果。

选中幻灯片图片，在【图片工具—格式】选项卡的【图片样式】组中单击【图片效果】下拉按钮，在展开的下拉菜单中选择【阴影】→【居中偏移】选项，如图 9-48 所示。

（3）设置图片的尺寸大小和旋转角度。

图 9-47　设置图片边框颜色和粗细

选中幻灯片图片"黄河九曲第一湾 1.jpg"，在【图片工具—格式】选项卡的【大小】组中单击【大小和位置】按钮 ，打开【设置图片格式】对话框，并显示"大小"区域，取消勾选"锁定纵横比"复选框，设置高度为"10 厘米"、宽度为"15 厘米"、旋转角度为"338°"，如图 9-49 所示。

其他两张图片的尺寸大小设置与图片 1 相同，旋转角度分别设置为 "347°" "354°"。

图 9-48　设置图片的阴影效果　　　　　　　图 9-49　设置图片的尺寸大小和旋转角度

（4）设置图片层次位置。

选中图片 "黄河九曲第一湾 1.jpg"，在【图片工具—格式】选项卡的【排列】组中单击【上移一层】下拉按钮 ▾，在展开的下拉菜单中单击【置于顶层】按钮，如图 9-50 所示。

选中图片 "黄河九曲第一湾 3.jpg"，在【图片工具—格式】选项卡的【排列】组中单击【下移一层】下拉按钮 ▾，在展开的下拉菜单中单击【置于底层】按钮，如图 9-51 所示。

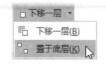

图 9-50　在下拉菜单中单击【置于顶层】按钮　　　　图 9-51　在下拉菜单中单击【置于底层】按钮

设置了边框和阴影的多张图片效果如图 9-52 所示。

图 9-52　设置了边框和阴影的多张图片效果

8．增强图片的立体感

在演示文稿"任务 9-11.pptx"中插入第 7 张幻灯片，并在该幻灯片中插入图片"四姑娘.jpg"，在标题占位符中输入文字"四姑娘"，在文本占位符中输入四姑娘景区介绍文字。

选中图片，在【图片工具—格式】选项卡的【图片样式】组中单击【图片效果】下拉按钮，在展开的下拉菜单中选择【映像】→【紧密映像，4pt 偏移量】选项，如图 9-53 所示。

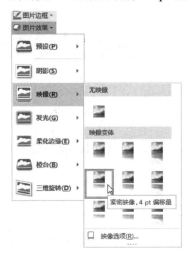

图 9-53　在【图片效果】下拉菜单选择【映像】→【紧密映像，4pt 偏移量】选项

如果【映像】子菜单中没有合适的映像选项，可以单击【映像选项】按钮，打开【设置图片格式】对话框，在"映像"区域通过设置"透明度""大小""模糊""距离"参数来调整图片的映像效果。

设置了映像效果的图片如图 9-54 所示。

图 9-54　设置了映像效果的图片

9．对幻灯片多张图片设置版式

（1）一次性插入多张图片。

在演示文稿"任务 9-11.pptx"中插入第 8 张幻灯片，并删除幻灯片中的占位符。

在 PowerPoint【插入】选项卡的【图像】组中单击【图片】按钮，弹出【插入图片】对话框。在该对话框按住【Ctrl】键依次选中所需要的图片，这里分别选中了"毕棚沟.jpg""九顶山.jpg""卡龙沟.jpg""月亮湾.jpg"，如图 9-55 所示。

图 9-55　在【插入图片】对话框中按钮【Ctrl】键依次选中多张图片

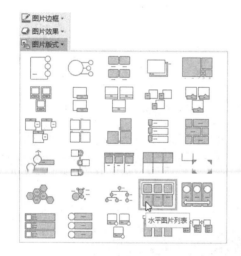

图 9-56　在图片版式列表中选择
"水平图片列表"图片版式

然后单击【插入】按钮即可将选中的多张图片插入幻灯片中，一次性插入幻灯片中的多张图片也呈选中状态。

（2）选用图片版式。

在【图片工具—格式】选项卡的【图片样式】组中单击【图片版式】按钮，在展示的图片版式列表中选择"水平图片列表"图片版式，单击即可应用相应的图片版式，如图 9-56 所示。

（3）输入文字与设置格式。

在幻灯片的多个文本占位符中分别输入对应的景区介绍文字，并设置好文字格式。应用了 SmartArt 图片版式的幻灯片效果如图 9-57 所示。

图 9-57　应用了 SmartArt 图片版式的幻灯片效果

【任务9-12】　演示文稿中应用与设置多种形状及合并形状

【任务描述】

创建解读"国务院办公厅关于促进电子政务协调发展的指导意见"的演示文稿"任务9-12.pptx"，具体要求如下。

（1）幻灯片文字的字体以"微软雅黑"为主，字号根据需要设置不同的字号。

（2）幻灯片文字的颜色以黑色、白色、深红、蓝-灰为主，局部使用灰色等；图片背景颜色以深蓝、深青、深红、蓝-灰为主，局部使用金色、酸橙色、灰色等。

（3）幻灯片大量使用文本框和各种形状的图形，根据需要插入合适的图片。

【任务实现】

请扫描二维码，浏览【电子活页 9-16】中【任务 9-12】的实现过程。

电子活页 9-16

 【创意训练】

 【任务9-13】　绘制由多种形状组成的组合形状

【任务描述】

创建演示文稿"任务 9-13.pptx"，在幻灯片中绘制如图 9-58 所示的由多种形状组成的组合形状。

图 9-58　多种形状组成的组合形状

【操作提示】

图 9-58 中多种形状组成的组合形状主要应用了实心圆、空心圆和不完整的圆，填充颜色主要有两种 RGB(255,140,0)、RGB(127,127,127)，图中最大的半圆环可以使用两个填充颜色不同的半圆组合而成，也可使用空心圆与矩形通过"剪除"操作得到。

【任务9-14】　使用多种形状与背景实现色块构图

请扫描二维码，浏览【电子活页 9-17】中【任务 9-14】的任务描述和操作提示内容。

【任务9-15】 幻灯片中应用多种形状与合并形状

电子活页 9-17

【任务描述】

创建演示文稿"任务 9-15.pptx"，在幻灯片中应用多种形状、文本框与合并形状，幻灯片外观效果如图 9-59 所示。

图 9-59 幻灯片中应用多种形状与合并形状

【操作提示】

（1）数字"1"右上角的形状为圆形与三角形的"结合"形状。

（2）幻灯片下边的形状由两个合并形状错位排列形成，这两个合并形状的填充颜色均为 RGB(0,176,240)，其透明度分别设置为 0%和 50%，如图 9-60 所示。

合并形状由 1 个椭圆和 1 个长方形进行"剪除"操作形成，如图 9-61 所示。

图 9-60 透明度不同的两个合并形状

图 9-61 1 个椭圆和 1 个长方形

【任务9-16】 应用图片结合形状设置幻灯片效果

【任务描述】

创建演示文稿"任务 9-16.pptx"，在第 1 张幻灯片中应用形状与图片构成左右布局版式，如图 9-62 所示。

在第 2 张幻灯片中添加 1 张图片和 5 个圆角矩形，调整 5 个圆角矩形的高度，然后对图片与圆角矩形执行"拆分"操作。最终效果如图 9-63 所示。

图 9-62　应用形状与图片构成左右布局版式

图 9-63　图片与圆角矩形执行"拆分"操作

【操作提示】

（1）第 1 张幻灯片中插入"剪去单角矩形"和"三角形"。

（2）第 2 张幻灯片的操作方法参考【任务 9-4】。

【任务9-17】 灵活应用多种形状实现类似图表效果

【任务描述】

创建演示文稿"任务 9-17.pptx"，在幻灯片中灵活应用多种形状实现类似图表效果，如图 9-64 所示。

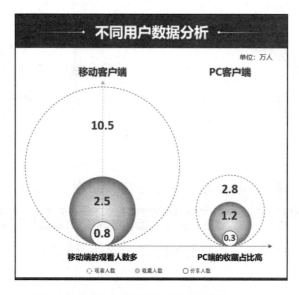

图 9-64　灵活应用多种形状实现类似图表效果

【操作提示】

图 9-64 中的类似图表效果灵活应用了带箭头直线、带圆点直线、圆形、矩形、文本框等多种形状，圆和直线设置了实线和短画线两种，圆设置了不同形式的填充效果。

【任务9-18】 制作与美化PPT中的饼图和圆环图

【任务描述】

大成集团 20××年各分公司销售额比例情况如表 9-4 所示。

表 9-4 20××年大成集团各分公司销售额比例情况

分公司	销售额比例
一公司	11%
二公司	46%
三公司	25%
四公司	18%

创建演示文稿"任务 9-18.pptx"，利用表 9-4 中的数据制作与美化饼图和圆环图，如图 9-65 和图 9-66 所示。

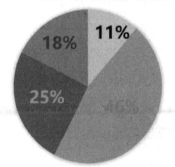

图 9-65 展示 20××年各分公司销售额
比例情况的饼图

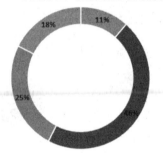

图 9-66 展示 20××年各分公司销售额
比例情况的圆环图

【操作提示】

灵活设置饼图、圆环图的颜色与数据标签位置。

 【任务9-19】 创建展示西湖十景的相册"任务9-19.pptx"

请扫描二维码，浏览【电子活页 9-18】中【任务 9-19】的任务描述和操作提示内容。

电子活页 9-18

模块10 PPT版面布局与实现

PPT排版布局要注重易读性和美观性。PPT中不宜出现大段文字，可以将表达的观点用关键字凝练出来，可以使用图片、形状展示PPT画面的整体美感。常见的PPT排版布局的方式有三种，即轴心式布局、左右分布布局、上下分布布局。

【课程思政】

本模块为了实现"知识传授、技能训练、能力培养与价值塑造有机结合"的教学目标，从教学目标、教学过程、教学策略、教学组织、教学活动、考核评价等方面有意、有机、有效地融入严谨细致、精益求精、求真务实、用户意识、规范意识、效率意识、创新意识、辩证思维、文化自信、审美意识10项思政元素，实现了课程教学全过程让学生思想上有正向震撼，行为上有良好改变，真正实现育人"真、善、美"的统一、"传道、授业、解惑"的统一。

【在线学习】

10.1 幻灯片页面布局的基本方法

通过在线学习熟悉幻灯片的页面布局方法与相关知识。

（1）如何规划页面内容的逻辑结构？

（2）幻灯片中表达的内容如何实现可视化呈现？

（3）幻灯片内容如何通过对齐、对比、聚拢、统一等方式进行调整与优化？

电子活页 10-1

10.2 调整PPT页面显示比例和页面版式

通过在线学习熟悉 PowerPoint 以下操作方法与相关知识。

（1）如何在【幻灯片大小】对话框中设置幻灯片的页面显示比例？

（2）如何在【幻灯片大小】对话框中选择适合打印输出的版式？

电子活页 10-2

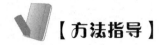

【方法指导】

10.3 幻灯片封面页与封底页设计

1．幻灯片封面页设计

常见的 PPT 封面类型有文字型、半图型、全图型、创意型等，封面标题要引起受众兴趣，通过视觉冲击吸引受众目光，如图 10-1 和图 10-2 所示。

图 10-1 文字型封面　　　　　　　　图 10-2 半图型封面

一般商务用 PPT 都有公司统一的封面、封底格式，这种类型的 PPT 是不需要设计封面、封底的。甚至有的公司对 PPT 的标题栏、图表、动画、字体、颜色等都有统一的要求，这样就免去了整体设计环节，只需要设计内容版面就行了，但这样往往也限制了设计的创新思维。

封面设计的基本要点如下。

（1）封面设计要素一般是图片、图形、图标、文字、艺术字。

（2）封面要简约、大方；突出主标题，弱化副标题和作者姓名；高端水平还要求有设计和艺术感。

（3）图片内容要尽可能和主题相关，或者接近，避免毫无关联的引用。

（4）封面图片的颜色尽量和 PPT 整体风格保持一致。

（5）封面是一个独立的页面，可以在母版中设计，如果母版有统一的风格页面，可在其对应的母版页覆盖一个背景框。

2．幻灯片封底页设计

一般人可能会忽略对封底的设计，因为封底毕竟只是表达感谢和保留作者信息，没有太大的作用。但是，要让 PPT 在整体上形成统一的风格，就需要专门设计封底。

封底的设计在颜色、字体、布局等方面要和封面保持一致，封底的图片同样需要和 PPT 主题保持一致，或选择表达致谢的图片。

10.4　幻灯片目录页设计

　　目录页是通过明确的目录纲要展现 PPT 的主要内容的，目录导航要体现演示文稿的主要内容，标明演讲进度。常见的目录页设计形式有传统型、图文型、图表型和创意型，如图 10-3 至图 10-6 所示。

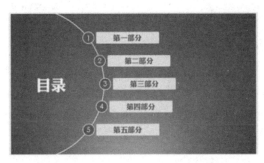

图 10-3　传统型目录

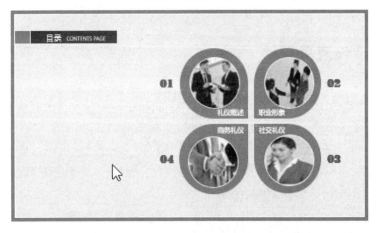

图 10-4　图文型目录

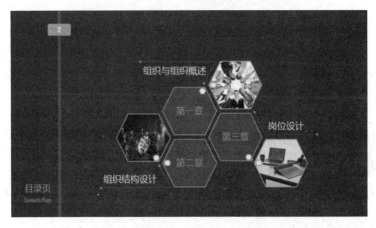

图 10-5　图表型目录

在 PPT 中要求能够显示当前页数，因此必须在母版中设计页码，设计的方法是找一个有页码的 PPT，将其母版页码所对应的"<#>"符号复制到需要放页码的母版中对应的位置就可以了。

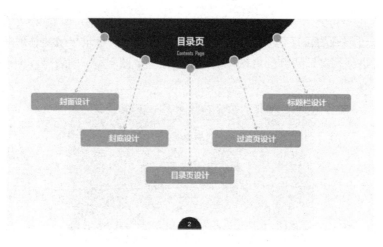

图 10-6　创意型目录

10.5　幻灯片过渡页设计

一个 PPT 往往包含多个部分，在不同内容之间如果没有过渡页，则缺少衔接，谷易显得突兀，不利于观众接受。而恰当的过渡页可以起到承前启后的作用。

不仅仅是 PPT，一般的书籍、杂志都会有过渡页。通过过渡页可以让受众者随时了解 PPT 的内容进度，常见的过渡页设计形式有纯标题式过渡页、颜色凸显式过渡页、标题+纲要式过渡页等，如图 10-7 至图 10-9 所示。

图 10-7　纯标题式过渡页

过渡页的基本组成如图 10-9 所示。过渡页的设计要点如下。

（1）过渡页的页面标识和页码要同目录页保持完全的统一。

（2）过渡页的设计在颜色、字体、布局等方面要和目录页保持一致，但布局可以稍有变化。

（3）过渡页可以通过颜色对比的方式，展示 PPT 当前内容的进度。

（4）独立设计的过渡页，最好能够展示该章节的内容提纲。

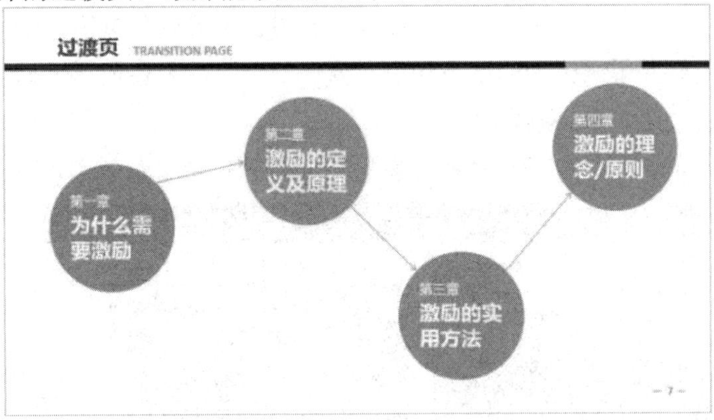

图 10-8　颜色凸显式过渡页

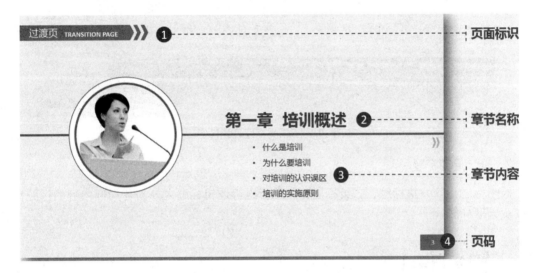

图 10-9　标题+纲要式过渡页

10.6　幻灯片标题设计

1．设计正文标题

PPT 的每个内容页，都应有明确的标题，就像网站的导航条一样，可以让 PPT 的受众者能够随时了解当前内容在整个 PPT 中的位置，如同给 PPT 的每页都装上了导航器，这样，受众者就能牢牢地跟上表述者的思路了。还可以通过设置不同的主题颜色区分不同的章节，更方便受众者对 PPT 内容进度的准确把握。

标题栏是 PPT 主要风格的体现，其设计要点如下。

（1）各章节共同的部分可在母版"主题"中设置，具体章节标题可根据需要选择是否在母版中设置。

（2）如果 PPT 的逻辑层次较多，标题栏至少要设计两级标题。

（3）标题栏一定要简约、大气，最好能够具有设计感或商务风格。

（4）标题栏中相同级别标题的字体和位置要保持一致，不要把逻辑搞混。

正文标题设计样例如图 10-10 所示。

图 10-10　正文标题设计样例

2. 设计局部标题

局部标题指除一级标题、二级标题、三级标题等逻辑标题之外的各局部内容的标题，也可以称为子标题。

 【分步训练】

 【任务10-1】　对一段文本内容使用多种方式进行布局

【任务描述】

创建演示文稿"任务 10-1.pptx"，对以下这一段介绍桂林的文本内容设置多种布局方式。

桂林是著名的旅游观光胜地，这里有浩瀚苍翠的原始森林、雄奇险峻的峰峦幽谷、激流奔腾的溪泉瀑布、天下奇绝的高山梯田……自然景观令人神往，自古就有"桂林山水甲天下"的赞誉。桂林是一座文化古城，两千多年的历史，使他孕育了丰富的文化底蕴。在这一片神奇的土地上，生活着壮、瑶、苗、侗等十多个少数民族，大桂林的自然风光、民族风情、历史文化深深吸引着中外游客纷至沓来，流连忘返。

设置主标题为"桂林"，拼音为"Guilin"，主标题的字体为"方正清刻本悦宋简体"，大小为 60。设置副标题为"游山如读史 看山如观画"，副标题的字体为"苹方 常规"，大小为 16。

设置正文文字的字体为"苹方　常规",设置大小为 16,行间距为 1.3,首行缩进为 1.27厘米,段间距为段后 18 磅。

布局排版时可以借用图片、文本框、矩形等元素。

【任务实现】

创建演示文稿"任务 10-1.pptx"。

(1)新建第 1 张幻灯片。在该幻灯片中插入一张桂林风景作为背景图片,在背景图片上层插入一个矩形,设置该矩形具有蒙版效果,蒙版的色调尽量和图片颜色保持一致,蒙版颜色用图片中的颜色即可,设置蒙版的填充为"渐变填充",填充颜色为 RGB(45,61,110)。

在矩形上层添加多个文本框,分别在文本框中输入所需要的文本内容,按要求设置文字的字体、大小、行间距、段间距、首行缩进。

在副标题下方插入一条直线和一个小矩形(设置高度为 0.13 厘米,宽度为 0.97 厘米)作为修饰。调整各个文本框的位置,第 1 张幻灯片的布局效果如图 10-11 所示。

图 10-11　演示文稿"任务 10-1.pptx"第 1 张幻灯片的布局效果

(2)新建第 2 张幻灯片。设置该幻灯片为白色背景,采用左右排版的布局方式,即在中部插入一个高度为 19.05 厘米、宽度为 0.3 厘米的长条矩形作为分隔条,设置分隔条的颜色为 RGB(146,208,80)。在左侧插入多个文本框,文本框中输入文本内容,设置好文本格式,在右侧插入剪切后的图片。第 2 张幻灯片的布局效果如图 10-12 所示。

(3)新建第 3 张幻灯片。该幻灯片的背景颜色从图片中取色,设置背景颜色为RGB(51,59,93),布局方式与第 2 张幻灯片类似。为了使幻灯片更具设计感,添加了一些英文"GUILIN"作为修饰。第 3 张幻灯片的布局效果如图 10-13 所示。

图 10-12　演示文稿"任务 10-1.pptx"第 2 张幻灯片的布局效果

图 10-13　演示文稿"任务 10-1.pptx"第 3 张幻灯片的布局效果

（4）新建第 4 张幻灯片。设置该幻灯片的背景颜色为 RGB(239,189,165)，采用上下排版的布局方式，即在中部插入一个高度为 0.44 厘米、宽度为 25.4 厘米的长条矩形作为分隔条，设置分隔条的颜色为 RGB(251,229,214)。上边插入剪切后的图片，下边插入多个文本框，在文本框中输入文本内容，文本内容采用竖排方式，设置好文本的格式，插入弧形对标题进行变换。第 4 张幻灯片的布局效果如图 10-14 所示。

图 10-14　演示文稿"任务 10-1.pptx"第 4 张幻灯片的布局效果

（5）新建第 5 张幻灯片。在该幻灯片插入一张完整的图片，然后在图片上层插入矩形色块，设置矩形色块的填充颜色为白色。然后参考第 1 张幻灯片的布局方式插入文本框，输入文本内容，设置其格式。第 5 张幻灯片的布局效果如图 10-15 所示。

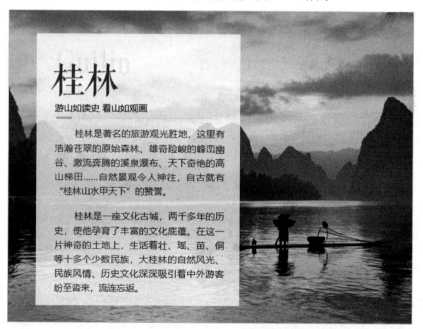

图 10-15　演示文稿"任务 10-1.pptx"第 5 张幻灯片的布局方式

（6）新建第 6 张幻灯片。设置该幻灯片的背景颜色为白色，左侧的布局方式与第 2 张幻灯片类似，在右侧添加一张图片与圆角矩形合并操作后的图片。第 6 张幻灯片的布局效果如图 10-16 所示。

图 10-16　演示文稿"任务 10-1.pptx"第 6 张幻灯片的布局效果

提示：图片与圆角矩形的合并操作详见【任务 9-4】。

【任务10-2】 对文本内容进行提炼和删减后制作PPT

【任务描述】

以下的大段文本内容，是"百度百科"中对"赣南脐橙"的介绍，试对这些文字进行提炼和删减，然后选用恰当的布局方式制作多张"赣南脐橙简介"幻灯片。

赣南脐橙，江西省赣州市特产，中国国家地理标志产品。赣南脐橙年产量达百万吨，原产地江西省赣州市已经成为全国最大的脐橙主产区。赣南脐橙已被列为全国十一大优势农产品之一，荣获"中华名果"等称号，入围了商务部、质检总局中欧地理标志协定谈判的地理标志产品清单。

赣南脐橙果大形正，一般每个 250 克，橙红鲜艳，光洁美观，可食率达 85%，颜色偏红，比其他产地的橙子颜色略深，果皮光滑、细腻，果形以椭圆形多见。

赣南脐橙肉质脆嫩、化渣，风味浓甜芳香，有较浓郁的橙香味，口感甜酸适度。赣南脐橙含果汁 55%以上，可溶性固形物含量 14%以上，最高可达 16%，含糖 10.5%～12%，含酸0.8～0.9%，固酸比 15～17∶1。

【任务实现】

创建演示文稿"任务 10-2.pptx"。

（1）新建第 1 张幻灯片。在第 1 幻灯片中输入标题"赣南脐橙简介"和正文内容，其布局形式如图 10-17 所示，行距为 1，段间距为 0，无首行缩进。

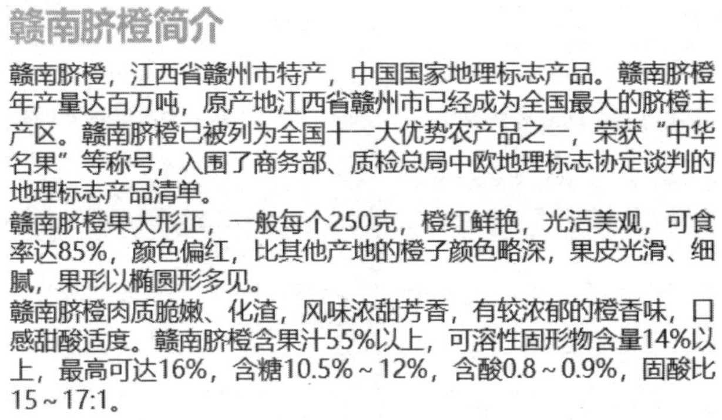

赣南脐橙简介

赣南脐橙，江西省赣州市特产，中国国家地理标志产品。赣南脐橙年产量达百万吨，原产地江西省赣州市已经成为全国最大的脐橙主产区。赣南脐橙已被列为全国十一大优势农产品之一，荣获"中华名果"等称号，入围了商务部、质检总局中欧地理标志协定谈判的地理标志产品清单。

赣南脐橙果大形正，一般每个250克，橙红鲜艳，光洁美观，可食率达85%，颜色偏红，比其他产地的橙子颜色略深，果皮光滑、细腻，果形以椭圆形多见。

赣南脐橙肉质脆嫩、化渣，风味浓甜芳香，有较浓郁的橙香味，口感甜酸适度。赣南脐橙含果汁55%以上，可溶性固形物含量14%以上，最高可达16%，含糖10.5%～12%，含酸0.8～0.9%，固酸比15～17:1。

图 10-17　演示文稿"任务 10-2.pptx"第 1 张幻灯片的布局形式

（2）新建第 2 张幻灯片。在第 2 张幻灯片中输入标题和正文文字，其布局形式如图 10-18 所示，行距为 1.5，段后间距为 10 磅，首行缩进为 1.27 厘米。

（3）新建第 3 张幻灯片。首先将重点文字提炼出来，分别形成小标题文字"全国最大的脐橙主产区""全国十一大优势农产品之一""可食率达 85%""含果汁 55%以上"，并且放大小标题文字字号，加以突出。然后在第 3 张幻灯片中输入标题和正文文字，其布局形式如图 10-19 所示，设置小标题的字号为 18，正文内容的字号为 16，行距为 1.5，段后间距为 6 磅，首行缩进为 1.27 厘米。

赣南脐橙简介

　　赣南脐橙，江西省赣州市特产，中国国家地理标志产品。赣南脐橙年产量达百万吨，原产地江西省赣州市已经成为全国最大的脐橙主产区。赣南脐橙已被列为全国十一大优势农产品之一，荣获"中华名果"等称号，入围了商务部、质检总局中欧地理标志协定谈判的地理标志产品清单。

　　赣南脐橙果大形正，一般每个250克，橙红鲜艳，光洁美观，可食率达85%，颜色偏红，比其他产地的橙子颜色略深，果皮光滑、细腻，果形以椭圆形多见。

　　赣南脐橙肉质脆嫩、化渣，风味浓甜芳香，有较浓郁的橙香味，口感甜酸适度。赣南脐橙含果汁55%以上，可溶性固形物含量14%以上，最高可达16%，含糖10.5%～12%，含酸0.8～0.9%，固酸比15～17:1。

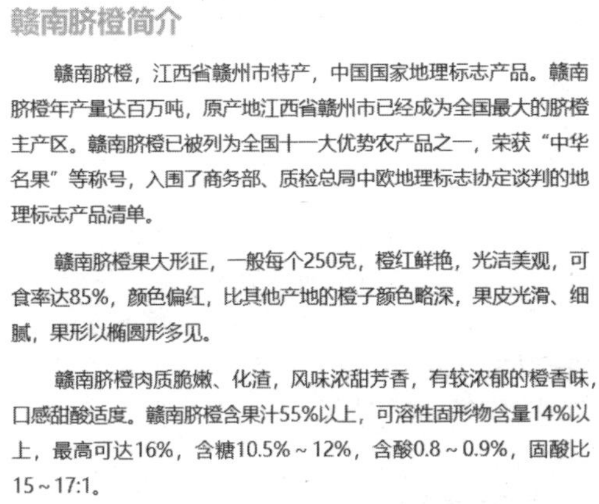

图 10-18　演示文稿"任务 10-2.pptx"
第 2 张幻灯片的布局形式

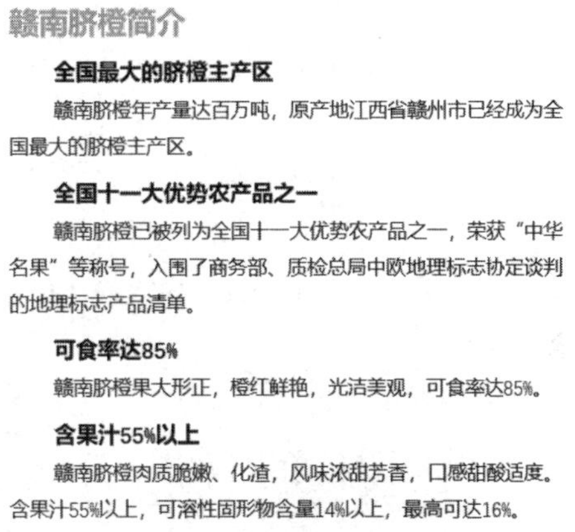

赣南脐橙简介

全国最大的脐橙主产区

　　赣南脐橙年产量达百万吨，原产地江西省赣州市已经成为全国最大的脐橙主产区。

全国十一大优势农产品之一

　　赣南脐橙已被列为全国十一大优势农产品之一，荣获"中华名果"等称号，入围了商务部、质检总局中欧地理标志协定谈判的地理标志产品清单。

可食率达85%

　　赣南脐橙果大形正，橙红鲜艳，光洁美观，可食率达85%。

含果汁55%以上

　　赣南脐橙肉质脆嫩、化渣，风味浓甜芳香，口感甜酸适度。含果汁55%以上，可溶性固形物含量14%以上，最高可达16%。

图 10-19　演示文稿"任务 10-2.pptx"
第 3 张幻灯片的布局形式

（4）新建第 4 张幻灯片。第 4 张幻灯片将内容进行分组，且添加文本框和图形，通过设置不同颜色、字体和字号突出小标题关键信息，其布局形式如图 10-20 所示，将内容分为 4 组，且以 2 行 2 列的形式呈现。

（5）新建第 5 张幻灯片。第 5 张幻灯片也是将内容分组，且添加文本框和形状，但布局形式与第 4 张幻灯片不同，纵向分为 4 列，通过宽度为 0.14 厘米的长条矩形予以分隔，其布局形式如图 10-21 所示。

（6）新建第 6 张幻灯片。在第 6 张幻灯片中插入 1 张图片，整体呈左右排列，标题文字与图片位于左侧，横向排列的小标题与正文文字位于右侧，其布局形式如图 10-22 所示。

赣南脐橙简介
全国最大的脐橙主产区
赣南脐橙年产量达百万吨，原产地江西省赣州市已经成为全国最大的脐橙主产区。
全国十一大优势农产品之一
赣南脐橙已被列为全国十一大优势农产品之一，荣获“中华名果”等称号，入围了商务部、质检总局中欧地理标志协定谈判的地理标志产品清单。
可食率达85%
赣南脐橙果大形正，橙红鲜艳，光洁美观，可食率达85%。
含果汁55%以上
赣南脐橙肉质脆嫩、化渣，风味浓甜芳香，口感甜酸适度。含果汁55%以上，可溶性固形物含量14%以上，最高可达16%。

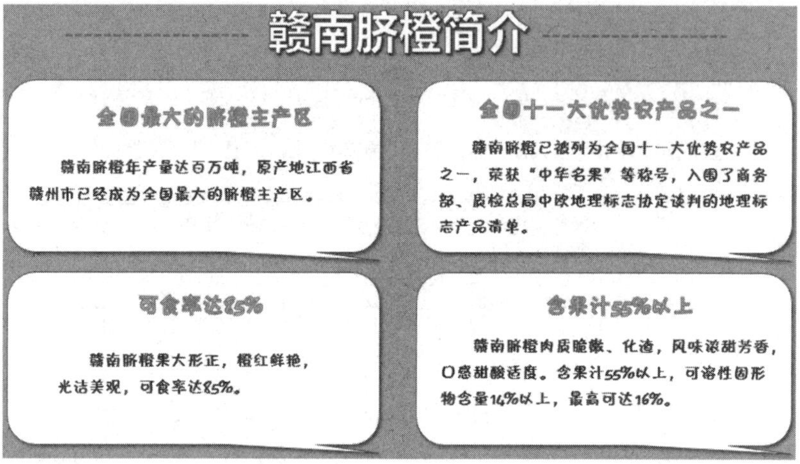

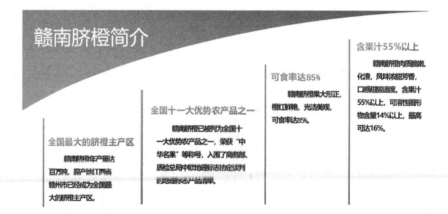

图 10-20　演示文稿“任务 10-2.pptx”第 4 张幻灯片的布局形式

赣南脐橙简介
全国最大的脐橙主产区
赣南脐橙年产量达百万吨，原产地江西省赣州市已经成为全国最大的脐橙主产区。
全国十一大优势农产品之一
赣南脐橙已被列为全国十一大优势农产品之一，荣获“中华名果”等称号，入围了商务部、质检总局中欧地理标志协定谈判的地理标志产品清单。
可食率达85%
赣南脐橙果大形正，橙红鲜艳，光洁美观，可食率达85%。
含果汁55%以上
赣南脐橙肉质脆嫩、化渣，风味浓甜芳香，口感甜酸适度。含果汁55%以上，可溶性固形物含量14%以上，最高可达16%。

图 10-21　演示文稿“任务 10-2.pptx”第 5 张幻灯片的布局形式

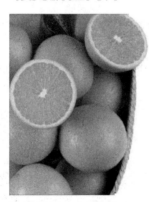

赣南脐橙简介
全国最大的脐橙主产区
赣南脐橙年产量达百万吨，原产地江西省赣州市已经成为全国最大的脐橙主产区。
全国十一大优势农产品之一
赣南脐橙已被列为全国十一大优势农产品之一，荣获“中华名果”等称号，入围了商务部、质检总局中欧地理标志协定谈判的地理标志产品清单。
可食率达85%
赣南脐橙果大形正，橙红鲜艳，光洁美观，可食率达85%。
含果汁55%以上
赣南脐橙肉质脆嫩、化渣，风味浓甜芳香，口感甜酸适度。含果汁55%以上，可溶性固形物含量14%以上，最高可达16%。

图 10-22　演示文稿“任务 10-2.pptx”第 6 张幻灯片的布局形式

（7）新建第 7 张幻灯片。第 7 张幻灯片整体呈左中右排列，标题与图片位于中间，小标题与正文内容位于图片的左右两侧，其布局形式如图 10-23 所示。

赣南脐橙简介

全国最大的脐橙主产区

赣南脐橙年产量达百万吨，原产地江西省赣州市已经成为全国最大的脐橙主产区。

含果汁55%以上

赣南脐橙肉质脆嫩、化渣，风味浓甜芳香，口感甜酸适度。含果汁55%以上，可溶性固形物含量14%以上，最高可达16%。

全国十一大优势农产品之一

赣南脐橙已被列为全国十一大优势农产品之一，荣获"中华名果"等称号，入围了商务部、质检总局中欧地理标志协定谈判的地理标志产品清单。

可食率达85%

赣南脐橙果大形正，橙红鲜艳，光洁美观，可食率达85%。

图 10-23　演示文稿"任务 10-2.pptx"第 7 张幻灯片的布局形式

【任务10-3】　设计精练文字结合多张图片的多种布局方式

【任务描述】

农业的范围包括种植业、畜牧业、渔业、林业和副业，以"农业的范围"为主要内容制作包含多种布局结构的"农业的范围"PPT。具体要求如下。

（1）灵活运用图片、形状、图片与图片组合，形状与形状组合、合并形状等元素进行布局设计。

（2）灵活设置背景图片、颜色、透明度和蒙版效果。

（3）根据需要对图片进行形状剪辑、旋转等操作。

电子活页 10-3

【任务实现】

请扫描二维码，浏览【电子活页 10-3】中【任务 10-3】的实现过程。

【任务10-4】　设计多行文字结合图片的多种布局方式

【任务描述】

有关绿茶的相关内容如下。

茶饮是生活中不可或缺的一个品饮。那么，你知道自己经常喝的绿茶是怎么制作的吗？

绿茶的制作工序的如下：

鲜叶

茶只能采摘嫩叶，老叶无法使用，从茶树上采下的嫩枝芽叶，叫"鲜叶"，是各类茶叶品质的物质基础。

杀青

杀青是绿茶等形状和品质形成的关键工序。通过高温快速破坏酶的活性，停止发酵，常用的方法就是炒青。

揉捻

通过揉捻形成其紧结弯曲的外形，并对内质改善也有所影响。主要使用中、小型揉捻机，也有用手揉的。

干燥

蒸发水分，并整理外形，充分发挥茶香。茶叶干燥方法，有烘干、炒干、蒸干和晒干三种形式。

使用以上的多行文字，结合图片、文字灵活的排列方式设计多种布局方式。

【任务实现】

创建演示文稿"任务 10-4.pptx"。

（1）新建第 1 张幻灯片。在第 1 张幻灯片中插入 1 张背景图片"11.jpg"，在左侧插入多个文本框，文本框呈上下排列，在文本框中输入标题和正文文字，且设置好文字字体、大小和对齐方式，在右侧插入 1 张删除了背景的图片，形成左右结构的布局形式。第 1 张幻灯片的布局形式与外观效果如图 10-24 所示。

图 10-24　演示文稿"任务 10-4.pptx"第 1 张幻灯片的布局形式

（2）新建第 2 张幻灯片。在第 2 张幻灯片中下方插入 1 张图片，图片上层插入渐变填充的蒙版。在页面上方中部插入两个上下排列的文本框，在上边文本框中输入文字"绿茶的制作工序"，在下边文本框中输入文字"茶饮是生活中不可或缺的一个品饮。那么，你知道自己经常喝的绿茶是怎么制作的吗？"。在上边标题文本框左右两边分别插入树叶图片"22.jpg""23.jpg"。在页面中部插入 8 个文本框，分为 4 组，每 2 个文本框为 1 组，4 组文本框横向等距分布。在上边的文本框中输入小标题，在下边的文本框中输入正文内容。第 2 张幻灯片的布局形式与外观效果如图 10-25 所示。

（3）新建第 3 张幻灯片。在第 3 张幻灯片中插入 1 张背景图片"11.jpg"，在页面左上角插入两个上下排列的文本框，在文本框中输入文字。在页面下方插入 4 组 8 个文本框，其布局形式同第 2 张幻灯片类似。在中部插入 4 组图片（"31.jpg""32.jpg""33.jpg""34.jpg"）与弧形的组合体。第 3 张幻灯片的布局形式与外观效果如图 10-26 所示。

图 10-25   演示文稿"任务 10-4.pptx"第 2 张幻灯片的布局形式

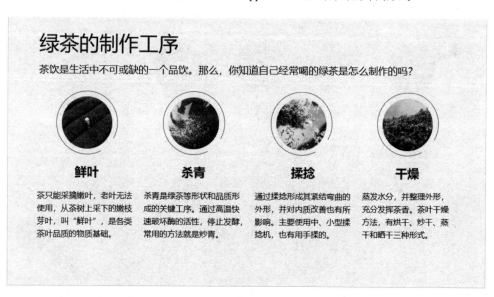

图 10-26   演示文稿"任务 10-4.pptx"第 3 张幻灯片的布局形式

（4）新建第 4 张幻灯片。在第 4 张幻灯片中插入 1 张背景图片"11.jpg"，在上方插入 1 张按指定形状剪辑的图片，在图片上层插入矩形与弦形的组合形状，设置组合形状为纯色填充，颜色为 RGB(58,79,41)。沿弧线插入图片与弧形的组合体，然后在页面上方中部插入两个上下排列的文本框，在下方插入 4 组 8 个文本框，第 1、4 组文本呈对称排列，第 2、3 组文本框呈对称排列，在文本框中输入文字。第 4 张幻灯片的布局形式与外观效果如图 10-27 所示。

（5）新建第 5 张幻灯片。在第 5 张幻灯片中插入 1 张背景图片"11.jpg"，插入 5 条 0.5 磅的直线，设置直线颜色为 RGB(58,79,41)，将幻灯片划分为 6 个区域，左起第 1 个区域不插入文本框，在其他各个区域插入竖排文本框，在文本框中输入文字。在第 2、3、4、5 个区域上方分别插入图片与弧形的组合体，在第 6 个区域的右下角插入图片"51.jpg"。第 5 张幻灯片的布局形式与外观效果如图 10-28 所示。

图 10-27　演示文稿"任务 10-4.pptx"第 4 张幻灯片的布局形式

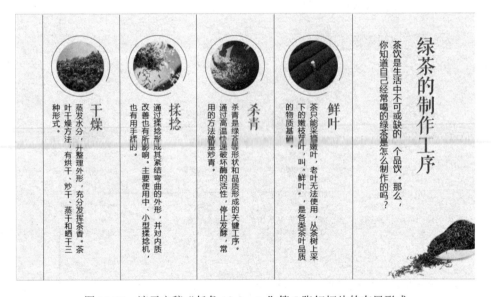

图 10-28　演示文稿"任务 10-4.pptx"第 5 张幻灯片的布局形式

【任务10-5】 设计数字结合图片的多种布局方式

【任务描述】

有关国庆档电影票房数据如下。

总票房 39.6 亿元，观影人次 9942 万人次，影院 10765 家，总场次 310 万次。

试运用以上的数据，结合图标、图片、数字的灵活排列方式设计多种布局方式。

【任务实现】

创建演示文稿"任务 10-5.pptx"。

（1）新建第 1 张幻灯片。在第 1 张幻灯片中插入背景图片"11.jpg"，在顶部插入具有光照效果的图片"12.jpg"。在页面上方插入 1 个标题文本框，在中部展示 4 组数据，每组数据包括数字、计量单位、名称文字和小图标，4 组数据分 4 列排列，使用文本框输入数字和文字。第 1 张幻灯片的布局形式与外观效果如图 10-29 所示。

图 10-29　演示文稿"任务 10-5.pptx"第 1 张幻灯片的布局形式

（2）新建第 2 张幻灯片。在第 2 张幻灯片中插入背景图片"21.jpg"，在背景图片上层插入矩形蒙版，设置蒙版填充为渐变填充，渐变颜色为 RGB(34,9,93)，透明度为 10%。在页面上方中部插入标题文本框，在标题左侧插入图片"22.jpg"。在中部展示 4 组数据，每组数据包括数字、计量单位、圆、名称文字、渐变填充的圆、小图标和带圆点的 0.5 磅渐变直线，4 组数据分 4 列错位排列，第 1 组与第 4 组对齐，第 2 组与第 3 组对齐，使用文本框输入数字和文字。第 2 张幻灯片的布局形式与外观效果如图 10-30 所示。

图 10-30　演示文稿"任务 10-5.pptx"第 2 张幻灯片的布局形式

（3）新建第 3 张幻灯片。在第 3 张幻灯片中插入背景图片"31.jpg"，在背景图片上层插入多个渐变圆和渐变三角形进行点缀，调整这些圆和三角形至合适位置。在右侧插入图片"32.jpg"。在幻灯片上方插入标题文本框，在左侧位置插入 4 组数据，这些数据由多种形状、图片和图标的组合体、数字、计量单位和名称组成，4 组数据分两行两列排列。第 3 张幻灯片的布局形式与外观效果如图 10-31 所示。

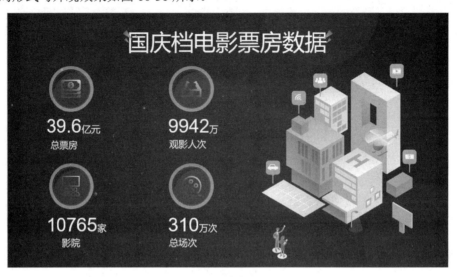

图 10-31　演示文稿"任务 10-5.pptx"第 3 张幻灯片的布局形式

【引导训练】

【任务10-6】 灵活运用多种布局方式展示杭州旅游胜地

【任务描述】

灵活运用多种形状、图片、剪辑图片设计多种布局方式展示与推介杭州旅游胜地。

【任务实现】

创建演示文稿"任务 10-4.pptx"。

（1）新建第 1 张幻灯片。第 1 张幻灯片通过多张图片重叠实现，在第 1 张幻灯片中插入背景图片"11.jpg"，然后在背景图片上层中部位置插入山峰剪辑图片"12.jpg"，在下部位置插入森林剪辑图片"13.jpg"，形成层峦叠嶂、连绵起伏的效果。在图片"12.jpg"上层插入另一张图片"14.jpg"，形成旅程启航点睛的效果。接着在中部偏上的位置插入 3 个文本框，分别输入文字"20××""您的旅程　由此启航""Journey Happens Here"。第 1 张幻灯片的布局形式与外观效果如图 10-32 所示。

（2）新建第 2 张幻灯片。第 2 张幻灯片通过多张图片横向排列+矩形蒙版实现，设置第 2 张幻灯片的填充为纯色填充，颜色为黑色。为了方便设置动画效果，这里将一张完整图片分割为 6 张条状小图片（21.jpg、22.jpg、23.jpg、24.jpg、25.jpg、26.jpg），在幻灯片中从左至右分别插入这 6 张条状图片，并且这 6 张图片对齐相邻排列。在图片上层插入矩形，设置矩形的填充为渐变填充，渐变颜色为黑色，透明度为 18%。

图 10-32　演示文稿"任务 10-6.pptx"第 1 张幻灯片的布局形式

在页面中部插入两个文本框，分别输入文字"杭"和"州"，设置这两个字的字体为"演示镇魂行楷"，大小为 165。在页面下方插入两个文本框，分别输入中文副标题"国庆出游不容错过的十大城市之一"和英文副标题"One of the top ten cities not to be missed when traveling on National Day"。第 2 张幻灯片的布局形式与外观效果如图 10-33 所示。

图 10-33　演示文稿"任务 10-6.pptx"第 2 张幻灯片的布局形式

（3）新建第 3 张幻灯片。在第 3 张幻灯片左侧列出杭州的标志性地点，并且在右侧图片上标识这些地点。

在幻灯片左侧位置插入 1 个矩形，设置高度为 19.05 厘米，宽度为 9.12 厘米，填充为渐变填充，渐变颜色为浅蓝。在矩形上层插入多个文本框，在文本框中输入文字"初识杭州"和 7 个标志性地名，在"初识杭州"文本框左侧插入两个矩形进行修饰，设置矩形的高度为 01.49 厘米，宽度分别设置为 0.79 厘米和 0.18 厘米，在地名下边插入渐变线分隔 7 个地名。

在幻灯片右侧插入 1 张图片"38.png"，然后在该图片上层杭州的标志性地点的对应位置插入 7 个泪滴形，泪滴形的箭头形状指向对应地点，在泪滴形圆形位置的上层插入对应的 7 张图片（31.jpg、32.jpg、33.jpg、34.jpg、35.jpg、36.jpg、37.jpg），在泪滴形箭头形状位置分别插入文本框，在文本框中输入序号 1、2、3、4、5、6、7。在图片 38.png 的上方插入 1 个文本框，在该文本框中输入文字"四季气候分明，景色宜人，物产丰厚。"。第 3 张幻灯片的布局形式与外观效果如图 10-34 所示。

图 10-34　演示文稿"任务 10-6.pptx"第 3 张幻灯片的布局形式

（4）新建第 4 张幻灯片。第 4 张幻灯片主要使用六边形展示杭州的旅游胜地。

在第 4 张幻灯片中插入背景图片"47.jpg"，在该背景图片上层插入 1 个矩形，设置该矩形的填充为纯色填充，颜色为白色，透明度为 40%。然后在矩形上层插入 7 个六边形，上排 4 个六边形，下排 3 个六边形，等距排列。在左上角的六边形位置插入 2 个文本框和 1 条 0.95 厘米长度的 2 磅实线，在上面文本框中输入"6"，在下面文本框中输入"杭州旅游胜地"。在其他 6 个六边形上层分别插入小图标（41.jpg、42.jpg、43.jpg、44.jpg、45.jpg、46.jpg）、景点名称文本框、1.41 厘米长度的 0.75 磅实线、景点介绍文本框，设置好各个文本框中的文字或数字的字体和大小。

第 4 张幻灯片的布局形式与外观效果如图 10-35 所示。

（4）新建第 5 张幻灯片。第 5 张幻灯片使用左右两列式布局展示杭州的景点，左侧主要使用形状与文本框，右侧主要使用图片。

在幻灯片右侧插入 1 个矩形，设置该矩形的填充为纯色填充，填充颜色为 RGB(225,231,243)，高度为 19.05 厘米，宽度为 16.93 厘米。在该矩形左边线位置插入 1 个填充颜色为橙色的条状矩形，设置条状矩形的高度为 19.05 厘米、宽度 0.31 厘米。

在幻灯片左上角插入 2 个文本框，分别输入文字"杭"和"州"，这 2 个文本框呈对角线排列，设置这两个文字字体为"演示镇魂行楷"，大小为 66。在幻灯片左侧插入 3 个梯形，设置梯形的填充为渐变填充，渐变颜色为橙色，调整梯形至合适位置。在各个梯形位置各插入 1 个文本框，在对应文本框中输入标题文字；在各个梯形下方分别插入 1 个文本框，在对应文本框中输入介绍文字。在 3 个梯形左边插入 1 条 13.28 厘米长度的橙色直线，在直线上对齐梯形的位置各插入 1 个高度和宽度为 0.14 厘米的小圆形。

图 10-35　演示文稿"任务 10-6.pptx"第 4 张幻灯片的布局形式

在幻灯片右侧矩形上层分别插入 5 个圆角矩形，设置填充为纯色填充，填充颜色为橙色，调整好各个圆角矩形的位置，然后在各个圆角矩形上层分别插入图片 51.jpg、52.jpg、53.jpg、54.jpg、55.jpg，调整各张图片的高度、宽度和位置，在图片上、右两边显示橙色圆角矩形，实现图片框效果。

第 5 张幻灯片的布局形式与外观效果如图 10-36 所示。

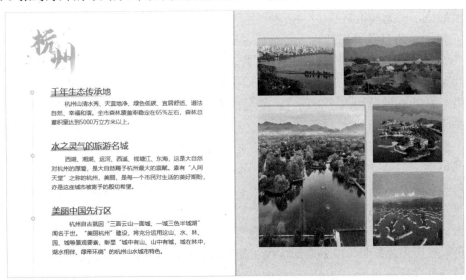

图 10-36　演示文稿"任务 10-6.pptx"第 5 张幻灯片的布局形式

【任务10-7】 灵活运用表格实现各种布局形式

【任务描述】

创建演示文稿"任务 10-7.pptx"，展示华为系列产品，具体要求如下。

（1）在该演示文稿中添加多张幻灯片，并在各张幻灯片中利用表格展示华为系列产品，输入文字和插入图片。

（2）利用表格实现各种布局排版功能。

电子活页 10-4

【任务实现】

请扫描二维码，浏览【电子活页 10-4】中【任务 10-7】的任务实现过程。

 【创意训练】

 【任务10-8】 灵活运用多种布局形式创建"福建概况"演示文稿"任务 10-8.pptx"

【任务描述】

创建"福建概况"演示文稿"任务 10-8.pptx"，该演示文稿主要包括封面页、目录页、行政区划页、地理环境页、风景名胜页，具体要求如下。

（1）制作 2 张封面页幻灯片，封面页的主标题为"福建概况"，英文副标题为"Fujian Province"。在封面页插入背景图片，标题文字居中，在标题文字区域添加开放性线框，也可以不使用线框，改为使用直线。

（2）制作 3 张目录页幻灯片，目录页主要列出"01 行政区划""02 地理环境""03 风景名胜" 3 个标题，在目录页插入背景图片，可以采用左右布局和上下布局两种形式，3 个标题可以纵向等距排列，也可以横向等距排列。可以设置图片背景，或者在幻灯片底部插入图片，或者在四角插入修饰图片，还可以设置渐变蒙版效果，使图片和背景的过渡更自然一些。

（3）制作 2 张行政区域幻灯片，行政区划的文字内容如下。

福建省辖 1 个副省级市，8 个地级市，有 11 个县级市、42 个县、31 个市辖区。其中厦门市为副省级城市，福州市、泉州市、漳州市、南平市、三明市、龙岩市、莆田市、宁德市为地级市。

行政区划页可以设置为左右布局，左侧为行政区划的文字描述，右侧为行政区划分布示意图。可以设置图片背景，或者在幻灯片底部插入图片，或者在局部位置插入修饰图片，还可以设置渐变蒙版效果。

（4）制作 5 张地理环境幻灯片，地理环境的文字内容包括以下 4 个段落。

福建地处中国东南部、东海之滨，是中国大陆重要的出海口，也是中国与世界交往的重要窗口和基地。

福建境内峰岭耸峙，丘陵连绵，河谷、盆地穿插其间，素有"八山一水一分田"之称。

福建水系密布，河流众多，闽江为全省最大河流，全长 577 千米。

福建受季风环流和地形的影响，形成温暖湿润亚热带海洋性季风气候，热量丰富雨量充沛，光照充足。

分别提炼出每一段的核心词：位置、地貌、水系、气候；也可以提炼：重要出海口、八山一水一分田、水系密布河流众多、亚热带海洋性季风气候。地理环境主体文字内容为 4 个部分；地理环境幻灯片的主体布局可以设置为 4 个区块，4 个区块内容可以设置为普通上下排列，也可以设置左右并行排列，还可以设置 2 行 2 列排列。可以设置图片背景，或者在幻灯片左侧或者底部或者中部插入图片，或者在每个区块内部插入图片，还可以设置渐变蒙版效果。

（5）制作 1 张风景名胜幻灯片，主要展示福建的武夷山、福建土楼、湄洲岛 3 个著名景点，采用图片形式的 3 列并排布局。

电子活页 10-5

【操作提示】

请扫描二维码，浏览【电子活页 10-5】中【任务 10-8】的操作提示内容。

【任务10-9】　灵活运用多种布局形式创建"华为无线头戴耳机"演示文稿"任务10-9.pptx"

【任务描述】

创建"华为无线头戴耳机"演示文稿"任务 10-9.pptx"，该演示文稿灵活运用文字排列、图片、形状设计多种布局形式。有关"华为 HUAWEI FreeBuds Studio 无线头戴耳机"的介绍文字如下。

（1）宽频高解析音质，Hi-Fi 带来的，不止细腻与鲜活

Hi-Fi 级音频编解码芯片，配合 4 层高分子复合振膜，带来高达 4Hz～48kHz 宽频率响应范围，精准呈现高解析音乐的丰富细节，让声音鲜活沉浸。

（2）快速充电，持久续航

60 分钟即可快速充满。关闭降噪，单次充满电续航长达 24 小时，轻松陪你一次长途出行，或娱乐至尽兴。刷剧时起身小憩的间隙，快充 10 分钟，即可再用 8 小时，好声音源源不断。

（3）智慧动态降噪，不同场景，都有适合它的安静

耳机内置环境传感器与麦克风系统，形成一套多场景感知系统，每秒约 100 次的感知活动状态和环境，协同自适应降噪控制技术，调节不同降噪模式匹配不同场景，让降噪"与时俱进"。有 3 种降噪模式动态适配，降噪尝试最大可达 40dB。

（4）L2HC 高品质传输，你要的高清音质，包送至耳朵

采用华为自研 L2HC 无线音频编解码，实现高达 960kbps 音频传输速率，减少传输过程中音质损伤，更真实还原高品质音乐饱满细腻的出众本色，随心享用。

要求介绍文字提炼核心内容，耳机图片去除背景。

电子活页 10-6

【操作提示】

请扫描二维码，浏览【电子活页 10-6】中【任务 10-9】的操作提示内容。

【任务10-10】 灵活运用多种布局形式创建"优质平台数据支撑营销行为"演示文稿"任务10-10.pptx"

【任务描述】

创建"优质平台数据支撑营销行为"演示文稿"任务 10-10.pptx"，该演示文稿灵活设计多种数字布局形式。优质平台数据支撑营销行为的主要数据如下。

（1）2 亿人日均活跃用户。

（2）80 亿条原创短视频库存。

（3）每日产出 1500 万条 UGC（User Generated Content，用户原创内容）内容。

（4）全年实用总时长为 500 万年。

（5）日均播放视频次数为 200 亿次。

（6）每日点赞数为 3.5 亿次。

电子活页 10-7

【操作提示】

请扫描二维码，浏览【电子活页 10-7】中【任务 10-10】的操作提示内容。

【任务10-11】 灵活运用多种布局形式创建展示九寨沟美景的演示文稿"任务10-11.pptx"

请扫描二维码，浏览【电子活页 10-8】中【任务 10-11】的任务描述和操作提示内容。

电子活页 10-8

【任务10-12】 创建演示文稿"任务10-12.pptx"，熟悉表格在PPT中的应用

请扫描二维码，浏览【电子活页 10-9】中【任务 10-12】的任务描述和操作提示内容。

电子活页 10-9

模块11 PPT动画设置与播放

利用PowerPoint提供的幻灯片设计功能，既可以设计出把主题表达得淋漓尽致、声情并茂的幻灯片，也可以为幻灯片的对象设置动画效果，让对象在放映时具有动态效果，还可以创建交互式演示文稿，实现放映时的快捷切换。

【课程思政】

本模块为了实现"知识传授、技能训练、能力培养与价值塑造有机结合"的教学目标，从教学目标、教学过程、教学策略、教学组织、教学活动、考核评价等方面有意、有机、有效地融入严谨细致、精益求精、求真务实、用户意识、规范意识、效率意识、创新意识、竞争意识、审美意识、普遍联系 10 项思政元素，实现了课程教学全过程让学生思想上有正向震撼，行为上有良好改变，真正实现育人"真、善、美"的统一、"传道、授业、解惑"的统一。

【在线学习】

11.1 设置幻灯片对象的动画

通过在线学习熟悉 PowerPoint 中有关动画设置的操作方法与相关知识。

（1）如何为幻灯片对象设置单个动画？

（2）如何为幻灯片对象设置多个动画？

电子活页 11-1

11.2 设置幻灯片动画的效果选项与计时

通过在线学习熟悉 PowerPoint 中有关动画效果选项与计时设置的操作方法与相关知识。

（1）如何为幻灯片中对象的动画设置效果选项？

电子活页 11-2

（2）如何为幻灯片中对象的动画设置持续时间和延迟时间？

【方法指导】

11.3 设计幻灯片动画的基本原则

幻灯片的动画并不能盲目随意地设置，需要遵循一定的原则才能制作出吸引观众的幻灯片动画。设计动画要遵循如下原则。

（1）顺序原则。是指文字、图形元素和出现的方式，为使幻灯片内容有条理地展现给观众，一般需要幻灯片对象逐个显示。

（2）强调原则。当幻灯片中有需要重点强调的内容时，动画就可以发挥很大的作用。使用动画可以吸引观众的注意力，达到强调的效果。

（3）简化原则。有时页面元素太多，幻灯片会显得复杂拥挤，使用动画可以清晰、有条理地展示出幻灯片的内容，化整为零，让观众跟随着动画的节奏，一步一步看完全部内容。

（4）展现原则。文字无法准确描述展现的内容，可以通过动画将对象的逻辑关系清晰、生动地展现在观众面前。

11.4 设置幻灯片动画计时的"重复"特性

在【动画窗格】中，选择设置好的动画，例如空心圆10的第2项动画（"放大/缩小"强调动画），单击其右侧下拉箭头 ▼，在弹出的下拉菜单中选择【效果选项】命令，如图11-1所示。

在打开的【放大/缩小】对话框中，切换到【计时】选项卡，在"重复"下拉列表框中选择"直到幻灯片末尾"选项，如图11-2所示，单击【确定】按钮即可。

图11-1　在右侧下拉菜单中　　　　图11-2　在【计时】选项卡"重复"下拉列表框

选择【效果选项】命令　　　　　　　中选择"直到幻灯片末尾"选项

11.5　设置幻灯片动画通过单击触发

在【动画窗格】中，选择设置好的动画，例如图片 6 的第 1 项动画（进入），单击其右侧下拉箭头 ，在弹出的下拉菜单中选择【效果选项】命令，如图 11-3 所示。

在打开的【飞入】对话框中，切换到【计时】选项卡，在"触发器"区域选择"单击下列对象时启动动画效果"单选按钮，然后单选右侧的下拉列表框，在弹出的下拉菜单中选择"弹性效果：弹性效果"选项，如图 11-4 所示，单击【确定】按钮即可。

图 11-3　在右侧下拉菜单中
选择【效果选项】命令

图 11-4　选择"单击下列对象时启动动画效果"
单选按钮及"弹性效果：弹性效果"选项

设置"通过单击触发对象的动画效果"更快捷的方法如下：首先在【动画窗格】中，选择设置好的动画，例如图 11-3 中图片 7 的第 1 项动画（进入），然后在【动画】选项卡的"高级动画"区域，单击【触发】按钮，在弹出的下拉菜单中选择【通过单击】→【跟跄效果】选项即可，如图 11-5 所示。

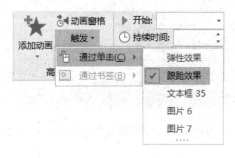

图 11-5　选择【通过单击】→【跟跄效果】选项

11.6 关于SmartArt图形的动画

为了额外强调或在播放阶段中显示信息，可以将动画添加到 SmartArt 图形或 SmartArt 图形的单个形状里。例如，可以让形状从屏幕的一端快速地飞入或缓慢地淡入。

在 SmartArt 图形中可用的动画取决于为 SmartArt 图形选择的布局，既可以同时将全部形状制成动画，也可以一次一个形状地制作动画。

 【分步训练】

 【任务11-1】 设置演示文稿中封面与目录页动画

【任务描述】

为演示文稿"封面与目录页动画设置.pptx"各张幻灯片中的对象设计与设置合适的动画效果。

【任务实现】

打开演示文稿"封面与目录页动画设置.pptx"，为各张幻灯片中的对象设计与设置合适的动画效果。

（1）设置第 1 张幻灯片对象的动画效果。第 1 张幻灯片的外观效果如图 11-6 所示。第 1 张幻灯片对象的动画设置要求如表 11-1 所示。

图 11-6 演示文稿"封面与目录页动画设置.pptx"中第 1 张幻灯片的外观效果

表 11-1　演示文稿"封面与目录页动画设置.pptx"第 1 张幻灯片中对象的动画设置要求

动画排序	对象名称	动画名称	效果选项	开始	持续时间	延迟
1	文本框"城市物流发展评价体系研究"	形状	默认	上一动画之后	02.00	00.00
2	文本框"MODERN LOGISTICS"	飞入	自底部	上一动画之后	00.50	00.00
3	图片 3（高铁图片）	轮子	默认	上一动画之后	02.00	00.00

（2）设置第 2 张幻灯片对象的动画效果。第 2 张幻灯片的外观效果如图 11-7 所示。第 2 张幻灯片对象的动画设置要求如表 11-2 所示。

图 11-7　演示文稿"封面与目录页动画设置.pptx"中第 2 张幻灯片的外观效果

表 11-2　演示文稿"封面与目录页动画设置.pptx"第 2 张幻灯片中对象的动画设置要求

排序	对象名称	动画名称	效果选项	持续时间	排序	对象名称	动画名称	效果选项	持续时间
1	文本框"CONTENT"	飞入	自顶部	00.50	10	组合"城市物流环境"	淡入	（无）	00.50
2	文本框"目录"	飞入	自顶部	00.50	11	带圆点的直线	擦除	自底部	00.50
3	直接连接符	擦除	自左侧	00.50	12	组合"城市物流模式"	淡入	（无）	00.50
4	图片（飞机）	飞入	自右侧	00.50	13	带圆点的直线	擦除	自底部	00.50
5	图片（高铁）	飞入	自左侧	00.50	14	组合"评价体系构建"	淡入	（无）	00.50
6	组合形状	擦除	自左侧	01.00	15	带圆点的直线	擦除	自底部	00.50
7	带圆点的直线	擦除	自底部	00.50	16	组合"城市物流评价"	淡入	（无）	00.50
8	组合"城市物流现状"	淡入	（无）	00.50	17	带圆点的直线	擦除	自底部	00.50
9	带圆点的直线	擦除	自底部	00.50	18	组合"城市物流展望"	淡入	（无）	00.50

表 11-2 中设置的各个动画"开始"都设置为"上一动画之后"，"延迟"都设置为"00.00"。保存演示文稿"封面与目录页动画设置.pptx"后，放映各张幻灯片，观察动画设置的效果。

【任务11-2】 设计幻灯片中多个对象的动画组合

【任务描述】

为演示文稿"多个对象的动画组合设计.pptx"各张幻灯片中的对象设计与设置合适的动画效果。

【任务实现】

电子活页 11-3

请扫描二维码，阅读【电子活页 11-3】中【任务 11-2】的实现过程。

【任务11-3】 设计幻灯片中多个对象的退出动画

【任务描述】

为演示文稿"多个对象退出动画设计.pptx"各张幻灯片中的对象设计与设置合适的退出动画效果。

【任务实现】

打开演示文稿"多个对象退出动画设计.pptx"，为各张幻灯片中的对象设计与设置合适的退出动画效果。

第 1 张幻灯片的外观效果如图 11-8 所示。第 1 张幻灯片对象的退出动画设置要求如表 11-3 所示。

图 11-8　演示文稿"多个对象退出动画设计.pptx"中第 1 张幻灯片的外观效果

表 11-3　演示文稿 "多个对象退出动画设计.pptx" 第 1 张幻灯片中对象的退出动画设置要求

动画排序	对象名称	动画名称	效果选项	开始	持续时间	延迟
1	图片 11	缩放	对象中心	单击时	00.50	00.00
2	图片 11	基本旋转	水平	与上一动画同时	00.50	00.15
3	图片 11	中心旋转	（无）	与上一动画同时	00.50	00.15
4	图片 10	缩放	对象中心	单击时	00.50	00.00
5	图片 10	基本旋转	水平	与上一动画同时	00.50	00.00
6	图片 10	中心旋转	（无）	与上一动画同时	00.50	00.00
7	图片 9	缩放	对象中心	单击时	00.50	00.00
8	图片 9	基本旋转	水平	与上一动画同时	00.50	00.00
9	图片 9	中心旋转	（无）	与上一动画同时	00.50	00.00
10	矩形 1：武夷山	下沉	作为一个对象	单击时	01.00	00.00
11	矩形 12：福建土楼	下沉	作为一个对象	上一动画之后	01.00	00.00
12	矩形 13：湄洲湾	下沉	作为一个对象	上一动画之后	01.00	00.00
13	直接连接符 7	下沉	（无）	上一动画之后	01.00	00.00
14	直接连接符 8	下沉	（无）	上一动画之后	01.00	00.00

保存演示文稿 "多个对象退出动画设计.pptx" 后，放映幻灯片，观察动画设置的效果。

【任务11-4】　设计幻灯片中多个对象的动作路径动画

【任务描述】

为演示文稿 "多个对象动作路径动画设计.pptx" 各张幻灯片中的对象设计与设置合适的动作路径动画效果。

【任务实现】

打开演示文稿 "多个对象动作路径动画设计.pptx"，为各张幻灯片中的对象设计与设置合适的动作路径动画效果。

（1）设置第 1 张幻灯片对象的动画效果。第 1 张幻灯片的外观效果如图 11-9 所示。第 1 张幻灯片对象的动画设置要求如表 11-4 所示。

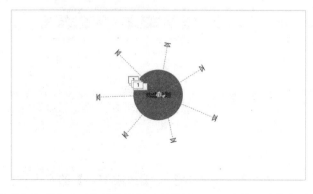

图 11-9　演示文稿 "多个对象动作路径动画设计.pptx" 中第 1 张幻灯片的外观效果

表 11-4　演示文稿"多个对象动作路径动画设计.pptx"第 1 张幻灯片中对象的动画设置要求

动画排序	对象名称	动画名称	效果选项	开始	持续时间	延迟
1	组合 1	直线	下	单击时	02.00	00.00
2	组合 4、16、10、7、13、19	直线	下	与上一动画同时	02.00	00.00

（2）设置第 2 张幻灯片对象的动画效果。第 2 张幻灯片的外观效果如图 11-10 所示。第 2 张幻灯片对象的动画设置要求如表 11-5 所示。

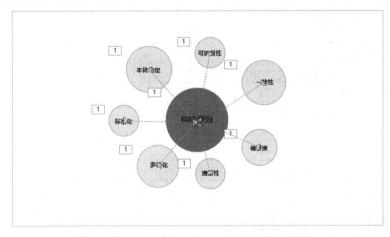

图 11-10　演示文稿"多个对象动作路径动画设计.pptx"中第 2 张幻灯片的外观效果

表 11-5　演示文稿"多个对象动作路径动画设计.pptx"第 2 张幻灯片中对象的动画设置要求

动画排序	对象名称	动画名称	效果选项	开始	持续时间	延迟
1	组合 1	直线	下	单击时	02.00	00.00
2	组合 4、16、10、7、13、19	直线	下	与上一动画同时	02.00	00.00
3	组合 22	淡入	（无）	与上一动画同时	00.80	01.20

保存演示文稿"多个对象动作路径动画设计.pptx"后，放映各张幻灯片，观察动画设置的效果。

 【任务11-5】 设计幻灯片中图表的多种动画效果

【任务描述】

为演示文稿"图表动画设计.pptx"各张幻灯片中的对象设计与设置合适的动画效果。

电子活页 11-4

【任务实现】

请扫描二维码，阅读【电子活页 11-4】中【任务 11-5】的实现过程。

【任务11-6】　设置幻灯片中对象的动画通过单击触发

【任务描述】

为演示义稿"动画效果的触发器设置.pptx"幻灯片中的对象设计与设置合适的动画效果，并且设置单击幻灯片中的按钮时才会启动动画效果。

电子活页 11-5

【任务实现】

请扫描二维码，阅读【电子活页 11-5】中【任务 11-6】的实现过程。

【引导训练】

【任务11-7】　综合设计幻灯片中多种类型的动画效果

【任务描述】

为演示文稿"PPT 动画设计教程.pptx"各张幻灯片中的各个对象设计与设置合适的动画效果。

【任务实现】

打开演示文稿"PPT 动画设计教程.pptx"，为各张幻灯片中的各个对象设计与设置合适的动画效果。

1. 封面与目录页的动画设计

（1）设置第 1 张幻灯片（封面）对象的动画效果。第 1 张幻灯片（封面）的外观效果如图 11-11 所示。第 1 张幻灯片对象的动画设置要求如表 11-6 所示。

图 11-11　演示文稿"PPT 动画设计教程.pptx"中第 1 张幻灯片的外观效果

表 11-6　演示文稿"PPT 动画设计教程.pptx"第 1 张幻灯片中对象的动画设置要求

动画排序	对象名称	动画名称	效果选项	开始	持续时间	延迟
1	文本框 2 "PPT 动画设计教程"	基本缩放	从屏幕底部缩小	上一动画之后	00.50	00.00
2	图片 3	淡入	（无）	上一动画之后	00.50	00.00
3	图片 4	基本缩放	缩小	上一动画之后	00.50	00.00
4	图片 14（强调）	陀螺旋	顺时针 完全旋转	与上一动画同时	10.00	00.01
5	图片 14（进入）	基本旋转	水平	与上一动画同时	10.00	00.01
6	图片 14（动作路径）	自定义路径	解除锁定	与上一动画同时	10.00	00.00

将图片 14 的重复属性设置为"直到幻灯片末尾"，其他各个叶片图片的强调、进入、动作路径的动画效果与图片 14 类似。

（2）设置第 2 张幻灯片（目录页）对象的动画效果。第 2 张幻灯片（目录页）的外观效果如图 11-12 所示。第 2 张幻灯片对象的动画设置要求如表 11-7 所示。

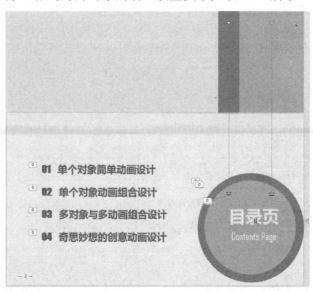

图 11-12　演示文稿"PPT 动画设计教程.pptx"中第 2 张幻灯片的外观效果

表 11-7　演示文稿"PPT 动画设计教程.pptx"第 2 张幻灯片中对象的动画设置要求

动画排序	对象名称	动画名称	效果选项	开始	持续时间	延迟
1	文本框 5 "目录页"	消失（退出）	作为一个对象	与上一动画同时	00.50	00.00
2	矩形 17	自定义路径	解除锁定	与上一动画同时	00.50	00.00
3	矩形 16	自定义 路径	解除锁定	与上一动画同时	00.50	00.00
4	椭圆 20	形状	方向：缩小 形状：圆	上一动画之后	01.10	00.01

续表

动画排序	对象名称	动画名称	效果选项	开始	持续时间	延迟
5	椭圆 18	形状	方向：缩小 形状：圆	与上一动画同时	10.00	00.01
6	椭圆 21	出现	（无）	与上一动画同时	自动	00.60
7	文本框 5 "目录页"	自定义路径	作为一个对象	与上一动画同时	01.00	01.20
8	文本框 5 "目录页"	缩放（进入）	对象中心 作为一个对象	与上一动画同时	01.00	01.20
9	椭圆 19	出现	（无）	与上一动画同时	自动	03.50
10	文本框 1	切入	自顶部	与上一动画同时	00.50	02.00
11	文本框 2	切入	自左侧	与上一动画同时	00.50	02.30
12	文本框 3	切入	自右侧	与上一动画同时	00.50	02.60
13	文本框 4	切入	自底部	与上一动画同时	00.50	02.90

保存演示文稿"PPT 动画设计教程.pptx"中幻灯片的动画设置，放映已设置好动画的幻灯片，观察动画设置的效果。

2．单个对象简单动画设计

（1）设置第 3 张幻灯片对象的动画效果。第 3 张幻灯片的外观效果如图 11-13 所示。第 3 张幻灯片对象的动画设置要求如表 11-8 所示。

图 11-13　演示文稿"PPT 动画设计教程.pptx"中第 3 张幻灯片的外观效果

表 11-8　演示文稿"PPT 动画设计教程.pptx"第 3 张幻灯片中对象的动画设置要求

动画排序	对象名称	动画名称	效果选项	开始	持续时间	延迟
1	文本框 1	切入	自顶部	与上一动画同时	00.50	02.00
2	文本框 2	切入	自左侧	与上一动画同时	00.50	02.30
3	文本框 3	切入	自右侧	与上一动画同时	00.50	02.60
4	文本框 4	切入	自底部	与上一动画同时	00.50	02.90
5	对角圆角矩形	擦除	自左侧	上一动画之后	00.50	00.00

（2）设置第 4 张幻灯片对象的动画效果。第 4 张幻灯片的外观效果如图 11-14 所示。第 4 张幻灯片对象的动画设置要求如表 11-9 所示。

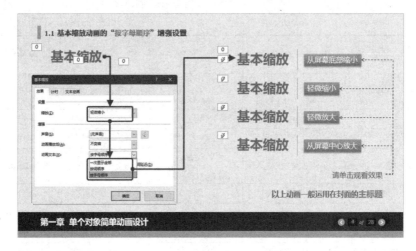

图 11-14　演示文稿"PPT 动画设计教程.pptx"中第 4 张幻灯片的外观效果

表 11-9　演示文稿"PPT 动画设计教程.pptx"第 4 张幻灯片中对象的动画设置要求

动画排序	对象名称	动画名称	效果选项	开始	持续时间	延迟
1	文本框 1	基本缩放	从屏幕底部缩小	上一动画之后	00.50	00.00
2	图片 3	淡入	（无）	上一动画之后	00.50	00.00
3	组合 18	擦除	自顶部	上一动画之后	00.50	00.00
4	肘形连接符 14	擦除	自左侧	上一动画之后	00.50	00.00
5	文本框 36	基本缩放	从屏幕底部缩小	上一动画之后	00.50	00.00
6	文本框 38	基本缩放	轻微缩小	单击时	00.50	00.00
7	文本框 40	基本缩放	轻微放大	单击时	00.50	00.00
8	文本框 42	基本缩放	从屏幕中心放大	单击时	00.50	00.00
9	文本框 36	基本缩放	从屏幕底部缩小	单击时	00.50	00.00

说明：表 11-9 中第 6、7、8、9 项动画均是通过单击触发的。

（3）设置第 5 张幻灯片对象的动画效果。第 5 张幻灯片的外观效果如图 11-15 所示。第 5 张幻灯片对象的动画设置要求如表 11-10 所示。

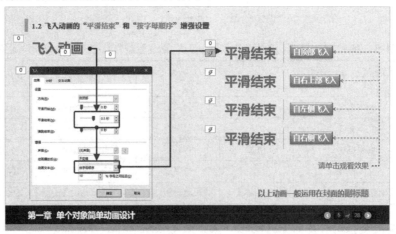

图 11-15　演示文稿"PPT 动画设计教程.pptx"中第 5 张幻灯片的外观效果

表 11-10　演示文稿"PPT 动画设计教程.pptx"第 5 张幻灯片中对象的动画设置要求

动画排序	对象名称	动画名称	效果选项	开始	持续时间	延迟
1	文本框 38	飞入	自顶部	上一动画之后	00.50	00.00
2	图片 1	淡入	（无）	上一动画之后	00.30	00.00
3	组合 36	擦除	自顶部	上一动画之后	00.30	00.00
4	肘形连接符 14	擦除	自左侧	上一动画之后	00.30	00.00
5	文本框 40	飞入	自顶部	上一动画之后	00.50	00.00
6	文本框 40	飞入	自顶部	单击时	00.50	00.00
7	文本框 42	飞入	自右上部飞入	单击时	00.50	00.00
8	文本框 45	飞入	自左侧飞入	单击时	00.50	00.00
9	文本框 44	飞入	自右侧飞入	单击时	00.50	00.00

说明：表 11-10 中第 6、7、8、9 项动画均是通过单击触发的，第 5、6、7、8、9 项动画"平滑结束"时间都设置为"0.5 秒"。

（4）设置第 6 张幻灯片对象的动画效果。第 6 张幻灯片的外观效果如图 11-16 所示。

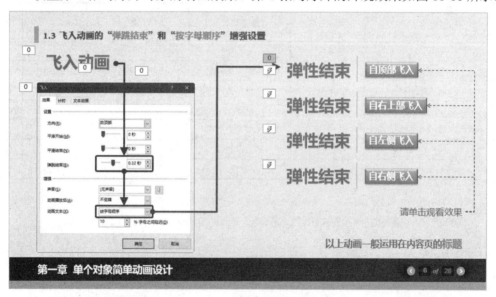

图 11-16　演示文稿"PPT 动画设计教程.pptx"中第 6 张幻灯片的外观效果

第 6 张幻灯片对象的动画设置要求如表 11-10 所示，即与第 5 张幻灯片的动画设置类似，不同的是第 5、6、7、8、9 项动画"平滑结束"时间设置为"0 秒"，"弹跳结束"时间设置为"0.32 秒"。

（5）设置第 7 张幻灯片对象的动画效果。第 7 张幻灯片的外观效果如图 11-17 所示。第 7 张幻灯片对象的动画设置要求如表 11-11 所示。

表 11-11 中第 7 项动画的"重复"设置为"直到幻灯片末尾"。

（6）设置第 8 张幻灯片对象的动画效果。第 8 张幻灯片的外观效果如图 11-18 所示。第 8 张幻灯片对象的动画设置要求如表 11-12 所示。

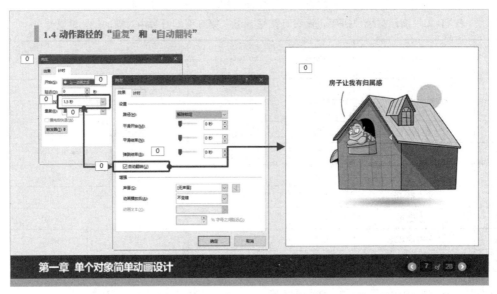

图 11-17　演示文稿"PPT 动画设计教程.pptx"中第 7 张幻灯片的外观效果

表 11-11　演示文稿"PPT 动画设计教程.pptx"第 7 张幻灯片中对象的动画设置要求

动画排序	对象名称	动画名称	效果选项	开始	持续时间	延迟
1	图片 2	淡入	（无）	上一动画之后	00.30	00.00
2	圆角矩形 47	劈裂	左右向中央收缩	上一动画之后	00.50	00.00
3	肘形连接符 5	擦除	自左侧	上一动画之后	00.50	00.00
4	图片 7	淡入	（无）	上一动画之后	00.30	00.01
5	圆角矩形 48	擦除	自左侧	上一动画之后	00.50	00.01
6	肘形连接符 8	擦除	自左侧	上一动画之后	00.30	00.00
7	组合 40	直线	靠左	上一动画之后	01.50	00.00

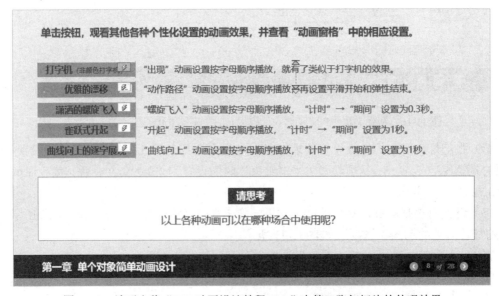

图 11-18　演示文稿"PPT 动画设计教程.pptx"中第 8 张幻灯片的外观效果

表 11-12　演示文稿"PPT 动画设计教程.pptx"第 8 张幻灯片中对象的动画设置要求

动画排序	对象名称	动画名称	效果选项	开始	持续时间	延迟
1	矩形 45	出现	声音：type.wav；设置文本动画：按字母顺序；字母之间延迟秒数：0.1	单击时	00.50	00.00
2	矩形 7	缩放	文本动画：按字母顺序	单击时	00.50	00.00
3	矩形 7	直线	方向：上	上一动画之后	00.50	00.00
4	矩形 7	直线	方向：下	上一动画之后	00.50	00.00
5	矩形 15	螺旋飞入	设置文本动画：按字母顺序；字母之间延迟%：10	单击时	00.30	00.00
6	矩形 20	升起	设置文本动画：按字母顺序；字母之间延迟%：10	单击时	01.00	00.00
7	矩形 24	曲线向上	设置文本动画：按字母顺序；字母之间延迟%：10	单击时	01.00	00.00

　　保存演示文稿"PPT 动画设计教程.pptx"中幻灯片的动画设置，放映已设置好动画的幻灯片，观察动画设置的效果。

3．单个对象组合动画设计

　　（1）设置第 9 张幻灯片对象的动画效果。第 9 张幻灯片的外观效果如图 11-19 所示。第 9 张幻灯片对象的动画设置要求与第 3 张幻灯片类似。

　　（2）设置第 10 张幻灯片对象的动画效果。第 10 张幻灯片的外观效果如图 11-20 所示。第 10 张幻灯片对象的动画设置要求如表 11-13 所示。

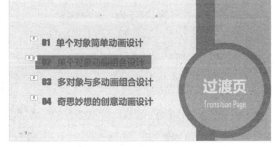

图 11-19　演示文稿"PPT 动画设计教程.pptx"中第 9 张幻灯片的外观效果

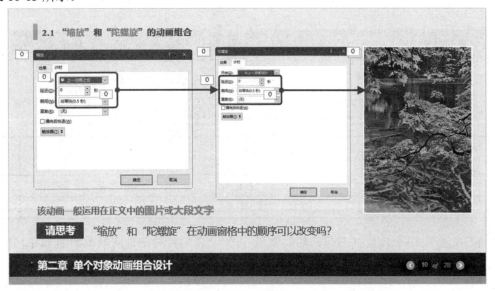

图 11-20　演示文稿"PPT 动画设计教程.pptx"中第 10 张幻灯片的外观效果

表 11-13　演示文稿"PPT 动画设计教程.pptx"第 10 张幻灯片中对象的动画设置要求

动画排序	对象名称	动画名称	效果选项	开始	持续时间	延迟
1	图片 1	淡入	（无）	上一动画之后	00.30	00.00
2	圆角矩形 46	劈裂	中央向左右展开	上一动画之后	00.50	00.00
3	直接箭头连接符 44	擦除	自左侧	上一动画之后	00.50	00.00
4	图片 4	淡入	（无）	上一动画之后	00.30	00.00
5	圆角矩形 47	擦除	自左侧	上一动画之后	00.50	00.00
6	直接箭头连接符 48	擦除	自左侧	上一动画之后	00.50	00.00
7	图片 2	缩放	对象中心	上一动画之后	00.50	00.00
8	图片 2	陀螺旋	顺时针，旋转两周	上一动画之后	00.50	00.00

　　（3）设置第 11 张幻灯片对象的动画效果。第 11 张幻灯片的外观效果如图 11-21 所示。第 11 张幻灯片对象的动画设置要求如表 11-14 所示。

图 11-21　演示文稿"PPT 动画设计教程.pptx"中第 11 张幻灯片的外观效果

表 11-14　演示文稿"PPT 动画设计教程.pptx"第 11 张幻灯片中对象的动画设置要求

动画排序	对象名称	动画名称	效果选项	开始	持续时间	延迟
1	图片 6	缩放	消失点："对象中心"	上一动画之后	00.50	00.00
2	图片 6	放大/缩小	重复："直到幻灯片末尾"	上一动画之后	01.10	00.00

　　（4）设置第 12 张幻灯片对象的动画效果。第 12 张幻灯片的外观效果如图 11-22 所示。第 12 张幻灯片椭圆 1 的动画设置要求如表 11-15 所示。

图 11-22　演示文稿"PPT 动画设计教程.pptx"中第 12 张幻灯片的外观效果

表 11-15　演示文稿"PPT 动画设计教程.pptx"第 12 张幻灯片中椭圆 1 的动画设置要求

动画排序	对象名称	动画名称	效果选项	开始	持续时间	延迟
1	椭圆 1	旋转	（无）	上一动画之后	02.00	00.00
2	椭圆 1	放大/缩小	两者	上一动画之后	00.10	00.00
3	椭圆 1	放大/缩小	两者	上一动画之后	00.20	00.00
4	椭圆 1	放大/缩小	两者	上一动画之后	00.10	00.00
5	椭圆 1	放大/缩小	两者	上一动画之后	00.20	00.00

第 12 张幻灯片中椭圆 9、椭圆 13 的动画设置要求与椭圆 1 类似。

（5）设置第 13 张幻灯片对象的动画效果。第 13 张幻灯片的外观效果如图 11-23 所示。第 13 张幻灯片图片 6 的动画设置要求如表 11-16 所示。

图 11-23　演示文稿"PPT 动画设计教程.pptx"中第 13 张幻灯片的外观效果

表 11-16　演示文稿"PPT 动画设计教程.pptx"第 13 张幻灯片中图片 6 的动画设置要求

动画排序	对象名称	动画名称	效果选项	开始	持续时间	延迟
1	图片 6	淡入	（无）	与上一动画同时	01.25	00.30
2	图片 6	飞入	自左上部	与上一动画同时	01.00	00.30
3	图片 6	陀螺旋	顺时针，完全旋转	与上一动画同时	01.00	00.30

第 13 张幻灯片中其他各张图片的动画设置要求图片 6 类似。

（6）设置第 14 张幻灯片对象的动画效果。第 14 张幻灯片的外观效果如图 11-24 所示。第 14 张幻灯片中的对象没有设置动画效果。

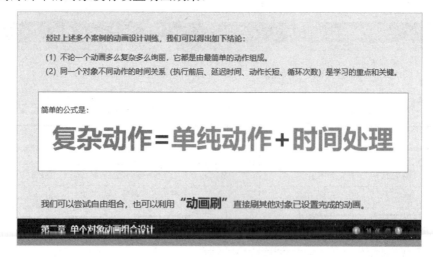

图 11-24　演示文稿"PPT 动画设计教程.pptx"中第 14 张幻灯片的外观效果

保存演示文稿"PPT 动画设计教程.pptx"中幻灯片的动画设置，放映已设置好动画的幻灯片，观察动画设置的效果。

4．多对象与多动画组合设计

（1）设置第 15 张幻灯片对象的动画效果。第 15 张幻灯片的外观效果如图 11-25 所示。第 15 张幻灯片对象的动画设置要求与第 3 张幻灯片类似。

图 11-25　演示文稿"PPT 动画设计教程.pptx"中第 15 张幻灯片的外观效果

（2）设置第 16 张幻灯片对象的动画效果。第 16 张幻灯片的外观效果如图 11-26 所示。第 16 张幻灯片对象的动画设置要求如表 11-17 所示。

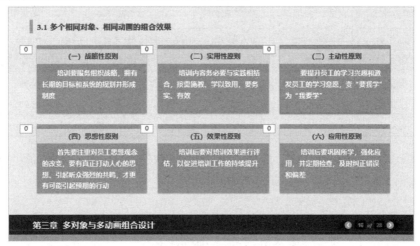

图 11-26 演示文稿"PPT 动画设计教程.pptx"中第 16 张幻灯片的外观效果

表 11-17 演示文稿"PPT 动画设计教程.pptx"第 16 张幻灯片中对象的动画设置要求

动画排序	对象名称	动画名称	效果选项	开始	持续时间	延迟
1	组合 39	飞入	自左侧	与上一动画同时	00.50	00.00
2	组合 50	飞入	自左侧	与上一动画同时	00.50	00.20
3	组合 59	飞入	自左侧	与上一动画同时	00.50	00.40
4	组合 65	飞入	自右侧	与上一动画同时	00.50	00.60
5	组合 71	飞入	自右侧	与上一动画同时	00.50	00.80
6	组合 77	飞入	自右侧	与上一动画同时	00.50	01.00

（3）设置第 17 张幻灯片对象的动画效果。第 17 张幻灯片的外观效果如图 11-27 所示。第 17 张幻灯片对象的动画设置要求如表 11-18 所示。

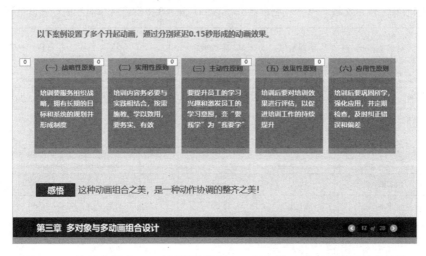

图 11-27 演示文稿"PPT 动画设计教程.pptx"中第 17 张幻灯片的外观效果

表 11-18 演示文稿"PPT 动画设计教程.pptx"第 17 张幻灯片中对象的动画设置要求

动画排序	对象名称	动画名称	效果选项	开始	持续时间	延迟
1	组合 44	升起	（无）	上一动画之后	01.00	00.00
2	组合 55	升起	（无）	与上一动画同时	01.00	00.15
3	组合 85	升起	（无）	与上一动画同时	01.00	00.30
4	组合 90	升起	（无）	与上一动画同时	01.00	00.45
5	组合 95	升起	（无）	与上一动画同时	01.00	00.60

（4）设置第 18 张幻灯片对象的动画效果。第 18 张幻灯片的外观效果如图 11-28 所示。第 18 张幻灯片对象的动画设置要求如表 11-19 所示。

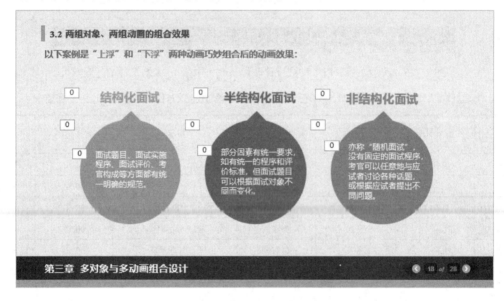

图 11-28 演示文稿"PPT 动画设计教程.pptx"中第 18 张幻灯片的外观效果

表 11-19 演示文稿"PPT 动画设计教程.pptx"第 18 张幻灯片中对象的动画设置要求

动画排序	对象名称	动画名称	效果选项	开始	持续时间	延迟
1	椭圆形标注 29	轮子	1 轮辐图案	上一动画之后	02.00	00.00
2	椭圆形标注 31	轮子	1 轮辐图案	上一动画之后	02.00	00.00
3	椭圆形标注 33	轮子	1 轮辐图案	上一动画之后	02.00	00.00
4	文本框 1	浮入	上浮	上一动画之后	00.50	00.00
5	文本框 14	浮入	上浮	与上一动画同时	00.50	00.10
6	文本框 15	浮入	上浮	与上一动画同时	00.50	00.20
7	文本框 2	浮入	下浮	与上一动画同时	00.75	00.20
8	文本框 17	浮入	下浮	与上一动画同时	00.75	00.30
9	文本框 18	浮入	下浮	与上一动画同时	00.75	00.40

（5）设置第 19 张幻灯片对象的动画效果。第 19 张幻灯片的外观效果如图 11-29 所示。第 19 张幻灯片对象的动画设置要求如表 11-20 所示。

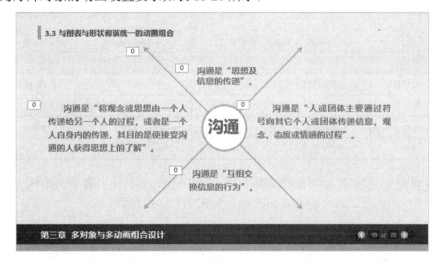

图 11-29 演示文稿"PPT 动画设计教程.pptx"中第 19 张幻灯片的外观效果

表 11-20 演示文稿"PPT 动画设计教程.pptx"第 19 张幻灯片中对象的动画设置要求

动画排序	对象名称	动画名称	效果选项	开始	持续时间	延迟
1	组合 3	缩放	对象中心	上一动画之后	00.50	00.00
2	文本框 1	曲线向上	作为一个对象	上一动画之后	01.00	00.00
3	文本框 2	曲线向上	作为一个对象	上一动画之后	01.00	00.00
4	文本框 9	曲线向上	作为一个对象	上一动画之后	01.00	00.01
5	文本框 11	曲线向上	作为一个对象	上一动画之后	01.00	00.01

（6）设置第 20 张幻灯片对象的动画效果。第 20 张幻灯片的外观效果如图 11-30 所示。第 20 张幻灯片对象的动画设置要求如表 11-21 所示。

图 11-30 演示文稿"PPT 动画设计教程.pptx"中第 20 张幻灯片的外观效果

表 11-21 演示文稿"PPT 动画设计教程.pptx"第 20 张幻灯片中对象的动画设置要求

动画排序	对象名称	动画名称	效果选项	开始	持续时间	延迟
1	图片 2	缩放	对象中心	与上一动画同时	00.20	00.00
2	图片 2	放大/缩小	两者	与上一动画同时	00.20	00.10
3	图片 2	放大/缩小	两者	与上一动画同时	01.30	00.20
4	图片 2	直线	靠左	上一动画之后	00.50	00.00
5	图片 2	缩放（退出）	对象中心	与上一动画同时	00.50	00.00
6	图片 4	缩放（进入）	对象中心	与上一动画同时	00.50	00.20

（7）设置第 21 张幻灯片对象的动画效果。第 21 张幻灯片的外观效果如图 11-31 所示。第 21 张幻灯片对象的动画设置要求如表 11-22 所示。

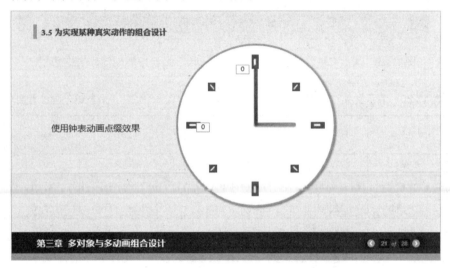

图 11-31 演示文稿"PPT 动画设计教程.pptx"中第 21 张幻灯片的外观效果

表 11-22 演示文稿"PPT 动画设计教程.pptx"第 21 张幻灯片中对象的动画设置要求

动画排序	对象名称	动画名称	效果选项	开始	持续时间	延迟
1	组合 22	陀螺旋	顺时针	上一动画之后	00.50	00.00
2	组合 23	陀螺旋	顺时针，完全旋转	与上一动画同时	00.50	00.00

（8）设置第 22 张幻灯片对象的动画效果。第 22 张幻灯片的外观效果如图 11-32 所示。第 22 张幻灯片对象的动画设置要求如表 11-23 所示。

保存演示文稿"PPT 动画设计教程.pptx"中幻灯片的动画设置，放映已设置好动画的幻灯片，观察动画设置的效果。

5．奇思妙想的创意动画设计

（1）设置第 23 张幻灯片对象的动画效果。第 23 张幻灯片的外观效果如图 11-33 所示。第 23 张幻灯片对象的动画设置要求与第 3 张幻灯片类似。

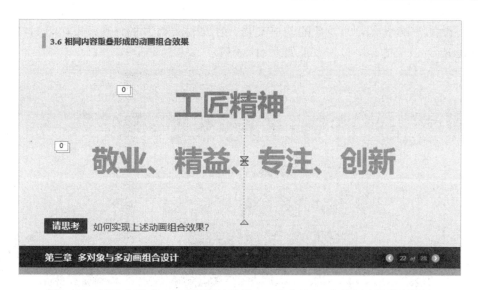

图 11-32　演示文稿"PPT 动画设计教程.pptx"中第 22 张幻灯片的外观效果

表 11-23　演示文稿"PPT 动画设计教程.pptx"第 22 张幻灯片中对象的动画设置要求

动画排序	对象名称	动画名称	效果选项	开始	持续时间	延迟
1	矩形 57	线形	作为一个对象	上一动画之后	00.30	00.00
2	矩形 57	伸缩	作为一个对象	上一动画之后	00.50	00.00
3	矩形 58	淡入（进入）	作为一个对象	与上一动画同时	01.00	00.00
4	矩形 58	脉冲	作为一个对象	与上一动画同时	01.00	00.00
5	文本框 18	淡入（进入）	作为一个对象	与上一动画同时	00.25	00.00
6	文本框 18	直线	上	与上一动画同时	00.25	00.00
7	文本框 1	出现	作为一个对象	与上一动画同时	自动	00.30
8	文本框 1	淡入（退出）	作为一个对象	与上一动画同时	00.75	00.30
9	文本框 1	放大/缩小	两者	与上一动画同时	00.50	00.30
10	文本框 17	淡入（进入）	作为一个对象	与上一动画同时	00.50	00.00
11	文本框 17	直线	下	与上一动画同时	00.50	00.00

图 11-33　演示文稿"PPT 动画设计教程.pptx"中第 23 张幻灯片的外观效果

（2）设置第 24 张幻灯片对象的动画效果。第 24 张幻灯片的外观效果如图 11-34 所示。第 24 张幻灯片对象的动画设置要求如表 11-24 所示。

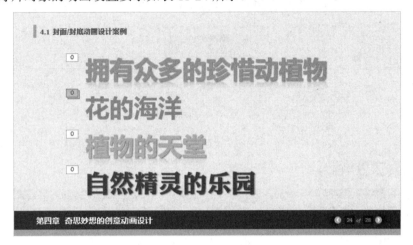

图 11-34　演示文稿"PPT 动画设计教程.pptx"中第 24 张幻灯片的外观效果

表 11-24　演示文稿"PPT 动画设计教程.pptx"第 24 张幻灯片中对象的动画设置要求

动画排序	对象名称	动画名称	效果选项	开始	持续时间	延迟
1	文本框 1	线形	作为一个对象	上一动画之后	00.50	00.00
2	矩形 49	出现	作为一个对象	上一动画之后	自动	00.00
3	矩形 49	脉冲	作为一个对象	上一动画之后	00.50	00.00
4	文本框 3	基本缩放	轻微缩小	上一动画之后	00.50	00.00
5	文本框 2	空翻	作为一个对象	上一动画之后	01.00	00.00

（3）设置第 25 张幻灯片对象的动画效果。第 25 张幻灯片的外观效果如图 11-35 所示。第 25 张幻灯片对象的动画设置要求如表 11-25 所示。

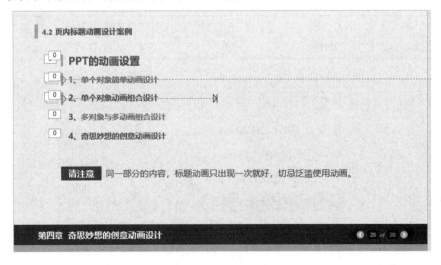

图 11-35　演示文稿"PPT 动画设计教程.pptx"中第 25 张幻灯片的外观效果

表 11-25　演示文稿"PPT 动画设计教程.pptx"第 25 张幻灯片中对象的动画设置要求

动画排序	对象名称	动画名称	效果选项	开始	持续时间	延迟
1	矩形 6	飞入	自右侧	上一动画之后	00.50	00.00
2	文本框 13	飞入	自右侧	与上一动画同时	00.50	00.20
3	矩形 7	淡入（进入）	（无）	上一动画之后	00.50	00.00
4	矩形 7	直线	右	上一动画之后	00.50	00.00
5	矩形 7	陀螺旋	顺时针，完全旋转	与上一动画同时	00.50	00.00
6	文本框 8	飞入	自右侧	与上一动画同时	00.50	00.65
7	矩形 4	淡入（进入）	（无）	上一动画之后	00.10	00.00
8	矩形 4	直线	右	与上一动画同时	00.50	01.20
9	矩形 3	擦除	自左侧	与上一动画同时	00.60	01.20
10	矩形 4	消失（退出）	（无）	与上一动画同时	自动	03.00
11	矩形 9	飞入	自顶部	上一动画之后	00.45	00.00
12	矩形 10	擦除	自左侧	上一动画之后	00.50	00.00

（4）设置第 26 张幻灯片对象的动画效果。第 26 张幻灯片的外观效果如图 11-36 所示。第 26 张幻灯片对象的动画设置要求如表 11-26 所示。

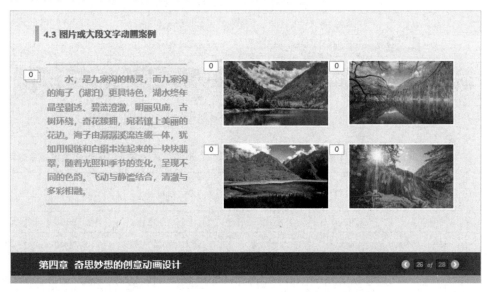

图 11-36　演示文稿"PPT 动画设计教程.pptx"中第 26 张幻灯片的外观效果

表 11-26　演示文稿"PPT 动画设计教程.pptx"第 26 张幻灯片中对象的动画设置要求

动画排序	对象名称	动画名称	效果选项	开始	持续时间	延迟
1	矩形 3	缩放	幻灯片中心	上一动画之后	00.50	00.00
2	矩形 3	陀螺旋	顺时针，旋转两周	与上一动画同时	00.50	00.00

续表

动画排序	对象名称	动画名称	效果选项	开始	持续时间	延迟
3	图片 16	飞入	自顶部	上一动画之后	00.50	00.00
4	图片 18	螺旋飞入	（无）	上一动画之后	01.00	00.00
5	图片 19	曲线向上	（无）	上一动画之后	01.00	00.00
6	图片 17	浮入	上浮	上一动画之后	00.50	00.00

（5）设置第 27 张幻灯片对象的动画效果。第 27 张幻灯片的外观效果如图 11-37 所示。第 27 张幻灯片矩形 16 的动画设置要求如表 11-27 所示。

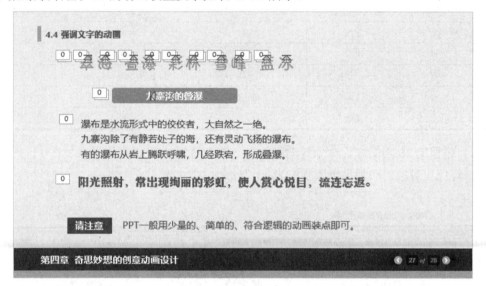

图 11-37　演示文稿"PPT 动画设计教程.pptx"中第 27 张幻灯片的外观效果

表 11-27　演示文稿"PPT 动画设计教程.pptx"第 27 张幻灯片中矩形 16 的动画设置要求

动画排序	对象名称	动画名称	效果选项	开始	持续时间	延迟
1	矩形 16	浮入	上浮	上一动画之后	00.10	00.00
2	矩形 16	直线	上	与上一动画同时	00.10	00.10

其他的矩形（分别插入了文字"海""叠""瀑""彩""林""蓝""冰"）的动画设置要求与矩形 16 类似。

第 27 张幻灯片中其他对象的动画设置要求如表 11-28 所示。

表 11-28　演示文稿"PPT 动画设计教程.pptx"第 27 张幻灯片中其他对象的动画设置要求

动画排序	对象名称	动画名称	效果选项	开始	持续时间	延迟
1	圆角矩形 28	淡入（进入）	作为一个对象	上一动画之后	00.50	00.00
2	圆角矩形 28	直线	靠左	与上一动画同时	01.50	00.00

续表

动画排序	对象名称	动画名称	效果选项	开始	持续时间	延迟
3	文本框 3	颜色打字机	作为一个对象	上一动画之后	00.17	00.00
4	文本框 4	基本缩放	从屏幕底部缩小	上一动画之后	00.50	00.00

保存演示文稿"PPT 动画设计教程.pptx"中幻灯片的动画设置，放映已设置好动画的幻灯片，观察动画设置的效果。

6. 封底页的动画设计

第 28 张幻灯片的外观效果如图 11-38 所示。第 28 张幻灯片对象的动画设置要求如表 11-29 所示。

图 11-38　演示文稿"PPT 动画设计教程.pptx"中第 28 张幻灯片的外观效果

表 11-29　演示文稿"PPT 动画设计教程.pptx"第 28 张幻灯片中对象的动画设置要求

动画排序	对象名称	动画名称	效果选项	开始	持续时间	延迟
1	文本框 2	基本缩放	从屏幕底部缩小	上一动画之后	00.50	00.00

保存演示文稿"PPT 动画设计教程.pptx"后，放映各张幻灯片，观察动画设置的效果。

7. 幻灯片的切换设计

演示文稿"PPT 动画设计教程.pptx"各张幻灯片的切换要求如表 11-30 所示。

表 11-30　演示文稿"PPT 动画设计教程.pptx"各张幻灯片的切换要求

幻灯片序号	切换效果	效果选项	持续时间	幻灯片序号	切换效果	效果选项	持续时间
1、28	覆盖	自右侧	01.00	6、8、14、17	淡入/淡出	平滑	00.70
2	风	向右	02.00	5、7、11、12、13、18、19、20、21、22、25、26、27	传送带	自右侧	01.60
3、9、15、23	立方体	自右侧	01.20				
4、10、16、24	缩放	放大	00.90				

保存演示文稿"PPT 动画设计教程.pptx"后，放映各张幻灯片，观察幻灯片的切换效果。

 【创意训练】

【任务11-8】 对演示文稿"展开画卷.pptx"的幻灯片中对象设置动画效果

【任务描述】

打开演示文稿"展开画卷.pptx"，对该演示文稿的幻灯片中的画卷、文本框、矩形、直接连接符等对象设置动画效果。

【操作提示】

将幻灯片中的画卷图片设置为伸展动画，将其他文本框、矩形、直接连接符等对象设置为淡入动画。

【任务11-9】 对演示文稿"展示进度.pptx"的幻灯片中对象设置动画效果

【任务描述】

打开演示文稿"展示进度.pptx"，对该演示文稿各张幻灯片中的图片、矩形、右箭头等对象设置动画效果。

【操作提示】

（1）将第 1 张幻灯片中的矩形 5 设置为伸展动画，该动画的持续时间设置为 02.00，效果选项设置为自左侧。

（2）将第 2 张幻灯片中的图片 4 设置为形状动画，将矩形 6 和右箭头设置为擦除动画，将图片 7 设置为轮子动画，将矩形 10 设置为旋转动画。

（3）将第 3 张幻灯片中的图片 1 设置为形状动画，将图片 7 设置为缩放动画。

【任务11-10】 对演示文稿"安全生产十大定律.pptx"的幻灯片中对象设置动画效果

【任务描述】

打开演示文稿"安全生产十大定律.pptx"，对该演示文稿各张幻灯片中的图片、矩形、文本框、任意多边形、椭圆等对象设置动画效果，并设置各张幻灯片的放映效果。

【操作提示】

（1）将第 1 张幻灯片中的文字"安全生产十大定律"对应的 8 个矩形的进入动画设置为飞入，该动画的持续时间设置为 00.50 秒，延迟为 00.70 秒，效果选项设置为自顶部。

将第 1 张幻灯片中的圆角矩形、文本框"SLIDE TO UNLOCK"的进入动画设置为淡入，将椭圆 2 的进入动画设置为淡入，将图片 18 的进入动画设置为飞入，将椭圆 2 的动作路径设置为直线，其效果选项设置为靠右。将文本框"SLIDE TO UNLOCK"的退出动画设置为淡入，将文本框"WELCOME"的进入动画设置为淡入，将图片 18 的动作路径设置为直线，其效果选项设置为"右"。

（2）将第 2 张幻灯片中的矩形强调动画设置为脉冲，将图片 3 的动作路径设置为自定义路径。

（3）将第 3 张幻灯片中 5 个矩形的进入动画都设置为旋转。

（4）将第 1 张幻灯片的切换效果设置为飞过，第 2 张幻灯片的切换效果设置为缩放，第 3 张幻灯片的切换效果设置为涡流。

【任务11-11】 对演示文稿"新一代信息技术.pptx"的幻灯片中对象设置动画效果

【任务描述】

打开演示文稿"新一代信息技术.pptx"，对该演示文稿各张幻灯片中的图片、矩形、文本框、组合等对象设置动画效果。

【操作提示】

（1）将第 1 张幻灯片中的图片 8 的进入动画设置为淡入，该动画的持续时间设置为 00.40 秒，将图片 8 的动作路径设置为直线，其效果选项设置为靠右，将图片 8 的退出动画设置为淡入；将图片 10 的进入动画设置为淡入，该动画的持续时间设置为 00.40 秒，将图片 8 的动作路径设置为直线，其效果选项设置为靠左，将图片 8 的退出动画设置为淡入；将图片 11 的进入动画设置为淡入。

（2）将第 2 张幻灯片中的矩形 4、矩形 75、矩形 72、矩形 76 的进入动画都设置为擦除，将 3 个组合的进入动画设置为轮子，将 3 个文本框的进入动画设置为形状。

【任务11-12】 对演示文稿"倒计时.pptx"的幻灯片中对象设置动画效果

【任务描述】

打开演示文稿"倒计时.pptx"，对该演示文稿各张幻灯片中的图片、矩形、文本框、椭圆、右箭头等对象设置动画效果，并设置换片方式。

【操作提示】

（1）将第 1 张幻灯片的矩形 5 的进入动画设置为缩放，图片 6 的进入动画设置为轮子。

（2）将第 2 张至第 11 张幻灯片的椭圆的进入动画设置为轮子，文本框的进入动画设置为缩放，持续时间都设置为 00.01。

（3）其他各张幻灯片中对象的动画自行设置。

（4）将第 1 张至第 11 张幻灯片的切换效果设置为"无"，换片方式选择"设置自动换片时间"，时间设置为 0:00.00。

模块12 PPT风格设计与统一

　　PPT是一种辅助表达的工具，其目的是让PPT的受众能够快速地抓住表达的要点和重点。因此，好的PPT一定要思路清晰、逻辑明确、重点突出、观点鲜明，这是最基本的要求。

　　制作演示文稿时经常会套用相关主题或模板，使用幻灯片母版的主要优点是可以对演示文稿中的幻灯片（包括以后添加到演示文稿中的幻灯片）进行统一的样式设置。创建演示文稿时，幻灯片风格由主题确定，新增一张幻灯片，可以使用当前默认主题，也可以改为其他主题，每种主题都规定了相应的颜色、字体、效果和背景样式。

【课程思政】

　　本模块为了实现"知识传授、技能训练、能力培养与价值塑造有机结合"的教学目标，从教学目标、教学过程、教学策略、教学组织、教学活动、考核评价等方面有意、有机、有效地融入严谨细致、精益求精、求真务实、用户意识、规范意识、效率意识、创新意识、全局意识、审美意识、协同思维10项思政元素，实现了课程教学全过程让学生思想上有正向震撼，行为上有良好改变，真正实现育人"真、善、美"的统一、"传道、授业、解惑"的统一。

【在线学习】

12.1 幻灯片设计的基本原则

通过在线学习熟悉 PowerPoint 以下相关知识。

（1）幻灯片设计有哪些基本要求？

（2）幻灯片设计有哪些基本原则？

电子活页 12-1

12.2 幻灯片母版与版式

通过在线学习熟悉 PowerPoint 以下操作方法与相关知识。

（1）如何进入或退出母版的编辑模式？

（2）何谓幻灯片版式？如何选用幻灯片版式？

（3）幻灯片占位符有什么作用？如何使用占位符？

（4）如何快速设置版式字体？

（5）如何统一设置页脚信息？

电子活页 12-2

12.3　使用主题统一幻灯片风格

通过在线学习熟悉 PowerPoint 以下操作方法与相关知识。

（1）PPT 的主题由哪些要素组成？如何设置 PPT 的主题？

（2）如何快速更换 PPT 的主题？

（3）如何新建自定义 PPT 的主题？

（4）如何设置 PPT 的背景样式？

电子活页 12-3

12.4　快速调整PPT字体

通过在线学习熟悉 PowerPoint 以下操作方法与相关知识。

（1）如何使用主题字体快速统一全局字体？

（2）如何通过大纲视图更改字体？

（3）如何通过母版版式更换字体？

（4）PPT 如何直接替换字体？

电子活页 12-4

 【方法指导】

12.5　设计与制作PPT的基本步骤

1．深思熟虑

（1）明确目的。明确制作 PPT 的真正目的，为什么要做这个 PPT？

（2）分析受众。受众是谁？受众想要听什么？受众怎样才能更多、更好地记住这个展示？

（3）确定形式及内容。根据前面的问题确定展示的内容、形式、风格等。

2．构思设计

一般在纸上完成以下各步后再开始动手做 PPT。

（1）解读内容。对拟展示的内容进行分析、解读，明确主题和关键要点。

（2）收集材料。"巧妇难为无米之炊"，是否拥有一个"好又多"的素材库是决定能否快速制作一个赏心悦目的PPT的关键。这些素材来自于哪里呢？浩瀚的互联网提供了巨大的素材仓库。如锐普PPT论坛、站长网PPT资源、站长网高清图片、淘图网、我喜欢网，另外还有百度与谷歌图片搜索、百度文库等文档分享平台下载等。

（3）组织思路。构思PPT的主线和思路，从受众的角度思考设计PPT，受众最大程度决定PPT的主题、内容和风格。

（4）拟好大纲。梳理清PPT的逻辑主线。

（5）分配内容。按重要和复杂程度分配内容页面。

（6）提炼文案。文案内容要一语中的，简洁有趣。

3．视觉呈现

视觉呈现就是把枯燥的文字变成精美的PPT，PPT的基本结构由封面页、目录页、过渡页、内容页、封底页组成。开始做PPT时，不要着急做每一页的内容，要先设计好PPT的几个关键页面。

（1）美化排版。对字体、字号、颜色进行优化，通过对齐、对比、聚拢、统一等方法进行美化排版，达到让受众看起来条理清晰的目的。

如图12-1所示左侧的内容看起来就比较零乱无序，关键词不突出。调整为右侧的排版效果，令人看起来简洁、明了、有序。

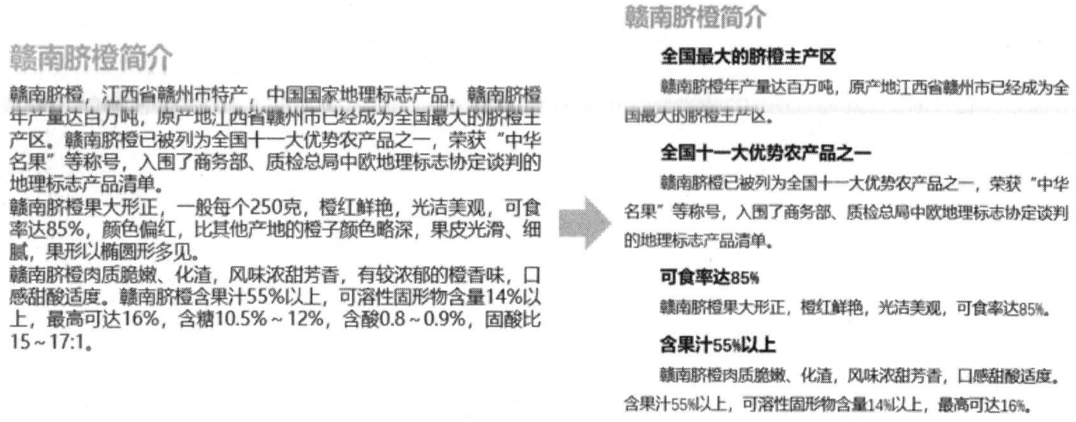

图12-1　幻灯片内容的聚拢与对比

如果文字太多、文字少又没有图片资源，或者需要进行"留白"艺术处理的时候，就需要用纯文字排版，纯文字排版比图文排版更难一些。

为了更好地辅助表达，在PPT设计中常采用大量图片、图表来增加信息量，使信息更为直观。可通过千图网、昵图网、素材中国、懒人图库、素材天下等图片专用网站搜索获得或购买所需的图片，还可以使用美图秀秀、光影魔术手、Photoshop等工具对图片进行美化加工。

正文内容常见的排列方式有对齐、居中、平均分布，如图12-2所示。

（2）检查修改。从头到尾播放一次，看有无错别字、版面错误；调整排版、配色、配图等，使风格保持一致；试着对PPT进行演讲，纠正逻辑不顺的地方；根据演讲需要添加动画、嵌入或保存字体。

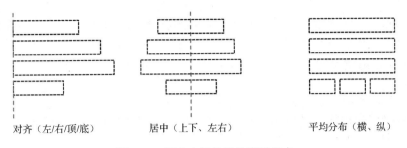

对齐（左/右/顶/底）　　　　居中（上下、左右）　　　　平均分布（横、纵）

图 12-2　正文内容常见的排列方式

12.6　设置主题效果和样式

1．设置主题效果

幻灯片中所使用到的图片、表格、图表、SmartArt 图形和形状等对象都可以通过"快速样式库"快速设定成不同的样式，形状快速样式库如【电子活页 12-5】中图 W12-1 所示。这些"样式"主要为应用在幻灯片对象上的线条、填充、阴影效果、映像效果等实现不同的外观。

电子活页 12-5

2．主题效果和样式库的关系

通过更换不同的主题效果，可以变换样式库中的不同样式效果。每个主题效果都分别对应了一组不同的样式效果，并且在形状、图表、SmartArt 等不同对象的样式库中具备一致的效果风格。

3．应用主题效果

选用同一个主题效果，可以在形状、图表、SmartArt、图片等不同对象上生成风格一致的样式效果。如果选择的主题效果发生改变，上述图形对象的外观样式也会随之发生相应的变化，但依旧可以保持风格一致。

12.7　设计幻灯片模板

一套幻灯片模板通常包括以下基本组成要素：主题色、主题字体、封面版式、封底版式、目录版式、正文版式。还可以有选择地设置主题效果、背景色或背景图案，以及其他装饰元素。

对于企业的幻灯片模板，其主题色还需要考虑与企业的整体视觉形象方案相匹配，装饰元素可以考虑加入企业 Logo 或其他与企业文化相关的素材。

1．选择配色

选择背景颜色和文字颜色，可以使用取色工具来获取所需颜色。

设置好主题颜色后，可以自定义一套新的主题色，将所选颜色添加到主题色系中，方便使用。

主题色所设置的颜色可以显示在 PowerPoint 的色板中，因此可以将经常需要用到的颜色添加到自定义的主题色方案中。前 4 种颜色通常用于页面背景，可以深浅色搭配使用；后面 6 种颜色通常用于形状和文字对象。

2. 选择字体

可以考虑比较流行的非衬线体的微软雅黑字体作为主要字体。可以在主题中新建主题字体，设置标题和正文的字体方案。

3. 设计封面页版式

封面页设计主要考虑封面标题的位置和样式，可以使用形状或图片加以修饰，但要注意不要喧宾夺主，适当的留白有时候能显得更加大气。

在幻灯片母版视图中可以选中"标题幻灯片"的版式，进行封面版式设计。

4. 设计目录页版式

目录页主要用于放置幻灯片文档的标题。在 PPT 每部分的前后承接位置，一般情况下都需要重复出现目录页以便于提示当前即将进入的逻辑单元，因此目录页也称转场页，用于不同逻辑段落之间的衔接和过渡。

可以在幻灯片母版视图中新建一个版式，重命名为"目录页"，然后进行目录页版式设计。

5. 设计正文页版式

设计正文页版式主要关注文字段落样式和排版，在页面布局上要多考虑留白，有时还要考虑幻灯片页码、页脚的设置。

在幻灯片母版视图中可以选中"标题和内容"版式，进行正文页版式设计。

6. 设计封底页版式

可以对封面页进行一些变换后得到与之相呼应的封底页。可以在幻灯片母版视图中新建一个版式，重命名为"封底页"，然后进行封底页版式设计。

除了上述几项基本要素以外，还可以增加表格类、图表类的版式设计，在模板中预先统一形状样式等。

7. 模板保存

模板设置完成后，可以选择【文件】中的【另存为】命令，将模板保存为 PowerPoint 模板文件，以便于分享和应用。

12.8　更换配色方案

1. 主题配色和配色方案

优秀的配色方案不仅能带来愉悦的视觉感受，还能起到调节页面视觉平衡、突出重点内容等作用。PowerPoint 预置了数十种配色方案，以"主题颜色"的方式提供。

在【设计】选项卡中单击【变体】下拉按钮，可以在【颜色】列表中选择不同的内置配色方案，但内置的配色方案不能进行自定义的更改。

每个主题颜色由包含 12 种颜色的一组颜色组成，这 12 种颜色所构成的配色方案决定了幻灯片的文字、背景、形状、图形和超链接等对象的默认颜色。通过【新建主题颜色】对话框可以自定义这些颜色的构成，如图 12-3 所示。

主题配色方案的选取决定了调色板的 10 种主题颜色及不同深浅的衍生颜色的构成，如图 12-4 所示。

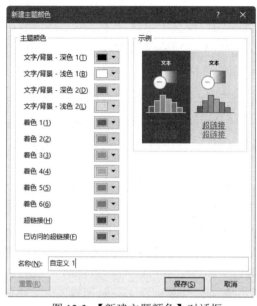

图 12-3　【新建主题颜色】对话框

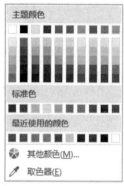

图 12-4　调色板

只要在演示文档中使用了调色板中的主题颜色进行设置的文字、线条、形状、图表、SmartArt 等对象，都会因为主题颜色的更换而随之改变颜色显示。

如果在幻灯片中使用主题颜色进行配色，那么当这个幻灯片被复制到其他 PPT 中时，就会自动被新 PPT 的主题颜色所替代。如果希望保留原来的颜色显示，可在粘贴时使用【选择性粘贴】的【保留源格式】功能。如果幻灯片所使用的是手工配置的自定义颜色，那么复制到别处以后仍能保留原来的色彩显示。

2. 屏幕取色

PowerPoint 提供了【取色器】功能，可以在整个屏幕中（鼠标能够到达的位置上）提取颜色，并直接填充到希望设置的形状、边框、底色等一切需要调整颜色的地方。

（1）在幻灯片中先插入待取色的图像或待设置颜色的形状。

（2）选中需要调整颜色的形状，右击，在弹出的快捷菜单中选择【设置形状格式】命令，打开【设置形状格式】窗格。

（3）在【设置形状格式】窗格单击【填充颜色】按钮，打开【主题颜色】下拉列表框，在该下拉列表框中单击【取色器】按钮。

（4）将【吸管工具】移至幻灯片中待取色的图片区域单击，所选形状即设置为所取颜色。

12.9 复制与重用幻灯片

要在当前演示文稿中导入其他演示文稿的幻灯片，通常可以直接采用复制+粘贴的方式实现。

1．在同一个演示文稿中复制幻灯片

在幻灯片左侧的缩略图上右击，并在弹出的快捷菜单中选择【复制幻灯片】命令，如图 12-5 所示，即可完成幻灯片的复制操作，相当于复制+粘贴的方式。

2．复制幻灯片

在需要复制的幻灯片左侧的缩略图上单击，在【开始】选项卡的【剪贴板】组中选择【复制】命令。然后切换到当前演示文档中，在左侧的 2 张幻灯片缩略图之间右击，在弹出的快捷菜单中有 3 个粘贴选项，分别是"使用目标主题""保留源格式""图片"，如图 12-6 所示，根据需要选择一个粘贴选项即可。

（1）"使用目标主题"：将当前幻灯片中所使用的主题和版式应用到导入的幻灯片中。如果导入的幻灯片所使用的颜色和字体来源于原主题字体，则会用当前主题中的相应设置进行替换，采用的版式中如果包含背景，也会被替换。

（2）"保留源格式"：会将原幻灯片中所使用的幻灯片母版和整套版式一同导入当前的演示文档中。粘贴后的幻灯片保留原有的背景、字体、颜色和其他外观样式。

（3）"图片"：在当前幻灯片上粘贴一张与源幻灯片外观完全一致图片，但无法更改和编辑内容。

3．复制幻灯片页面元素

如果需要从其他幻灯片中复制页面元素，则在原幻灯片中直接选中页面元素进行复制即可。然后切换到当前编辑的幻灯片页面右击，在"粘贴选项"中包含了 3 种粘贴方式："使用目标主题""保留源格式""图片"，如图 12-7 所示。根据需要选择一个粘贴选项即可。

4．重用幻灯片

"重用幻灯片"是指在不打开原演示文稿的情况下，直接从其中导入所需的幻灯片。

在 PowerPoint【开始】选项卡的【幻灯片】组中单击【新建幻灯片】按钮，在展开的下拉菜单底部选择【重用幻灯片】命令，如图 12-8 所示。在窗口右侧会出现【重用幻灯片】对话框，单击【浏览】按钮，在弹出的下拉菜单中选择【浏览文件】命令，然后在弹出的【浏览】对话框中选择需要导入的演示文档文件，单击【打开】按钮，所选定的演示文稿中所有幻灯片会在【重用幻灯片】对话框中显示，如图 12-9 所示。

在【重用幻灯片】对话框中单击其中一张幻灯片缩略图，即可将该页幻灯片插入当前正在编辑的演示文档中。如果需要保留原有的样式，可以选中下方的【保留源格式】复选框。

图 12-6　粘贴幻灯片时的 3 个粘贴选项

图 12-5　在幻灯片缩略图的快捷菜单中选择
【复制幻灯片】命令

图 12-7　粘贴幻灯片页面元素时的 3 个粘贴选项

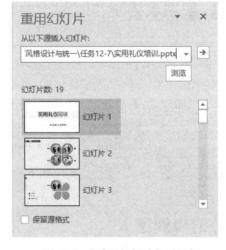

图 12-8　在【新建幻灯片】下拉菜单中
选择【重用幻灯片】命令

图 12-9　【重用幻灯片】对话框

在【重用幻灯片】对话框中的幻灯片缩略图上右击，在弹出的快捷菜单中有多个选项供选择，如图 12-10 所示，其中"插入所有幻灯片"是指一次性将原演示文档中所有幻灯片插入当前演示文档中；"将主题应用于选定的幻灯片"是指将原文档中的主题应用到当前正处于选中状态的幻灯片上。

5．合并演示文档

如果需要将另一个演示文档的所有幻灯片全部添加到当前文档中，除了前面介绍的【重用幻灯片】的方法，还可以用更快捷的合并功能来实现。

在【审阅】选项卡的【比较】组中选择【比较】命令，在打开的【选择要与当前演示文档合并的文件】对话框中选定需要导入的源文档，例如"PPT 动画设计教程"，如图 12-11 所示，然后单击下方的【合并】按钮。接下来在【审阅】选项卡的【比较】组中单击【授受】

按钮就可以显示导入当前文档中的所有幻灯片，导入的幻灯片会保留原有的样式。最后单击【结束审阅】按钮，确定修改并退出审阅模式。

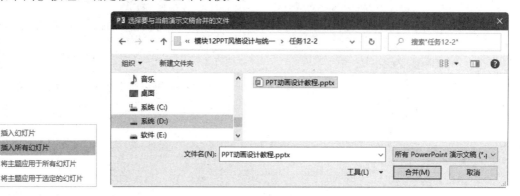

图 12-10 【重用幻灯片】   图 12-11 【选择要与当前演示文稿合并的文件】对话框
对话框的快捷菜单

12.10 使用表格制作时间轴目录

在 PPT 中常见如图 12-12 所示的时间轴目录，通常用来表示演示文稿的目录标题，可以使用表格制作，其中不同颜色或外观效果的色块单元表示当前展示幻灯片的标题。在图 12-12中第 1 个单元格表示当前展示幻灯片的标题"项目背景"，应用了凹凸效果。

图 12-12 时间轴目录

 【分步训练】

【任务12-1】 创建"农业生态"主题的演示文稿

【任务描述】

创建演示文稿"农业生态.pptx"，具体要求如下。

（1）在该演示文稿中添加 4 张幻灯片，标题分别设置为"因地制宜生态农业""农业的范围""影响农业的区位因素""以秦岭淮河为界的南方和北方差异"。

（2）选择背景颜色、文字颜色、形状填充颜色，确定主题颜色。

（3）选用与设置字体，设置合适的字体大小。

（4）分别应用图片、形状、表格设计页面布局，应用文本框输入文字内容。

【任务实现】

创建并打开演示文稿"农业生态.pptx"。

（1）"农业生态"主题的演示文稿主体颜色设置为丰收稻谷和麦粒的颜色，即金黄色（RGB(242,163,66)），背景颜色设置为 RGB(244,235,224)。文字颜色以黑色、白色、灰色为主，字体主要选择了鸿雷板书简体、思源宋体、思源黑体、微软雅黑。

（2）新建第 1 张幻灯片，该幻灯片使用两张图片做背景，上方为蓝天白云图片，下方为收割小麦的图片。在幻灯片上方插入 8 个文本框，分别输入文字"因地制宜 生态农业"，字体设置为鸿雷板书简体，"因"和"业"两个汉字的大小设置为 166，其他 6 个汉字的大小设置为 120。在"因"字下方插入 1 个文本框，然后输入英文"Ecological agriculture according to local conditions"。第 1 张幻灯片的布局结构如图 12-13 所示。

图 12-13　演示文稿"农业生态.pptx"第 1 张幻灯片的布局结构

（3）新建第 2 张幻灯片，该幻灯片主要通过图片、文本框展示"农业的范围"。幻灯片中部左侧 2 张图片与右侧 2 张图片在 X 轴方向都旋转了一定的角度，形成屏风效果，中、英文标题位于幻灯片上侧中部。在"农业的范围"文本框左、右两侧插入麦穗图片。第 2 张幻灯片的布局结构如图 12-14 所示。

图 12-14　演示文稿"农业生态.pptx"第 2 张幻灯片的布局结构

（4）新建第 3 张幻灯片，该幻灯片主体为弧形布局，中部插入高度和宽度为 8.27 厘米渐变填充的圆形，在正中圆形的左、右两侧分别插入高度和宽度为 5.2 厘米渐变填充的圆形，在这三个圆形内部插入文本框和输入文字，左侧的"气候""土壤""地形""水源"文本框和图标，右侧的"市场""生产技术""交通""政策""劳动力"文本框和图标都呈弧形排列。中、英文副标题位于幻灯片上侧中部，在英文副标题文本框左、右两侧插入麦穗图片。第 3 张幻灯片的布局结构如图 12-15 所示。

图 12-15　演示文稿"农业生态.pptx"第 3 张幻灯片的布局结构

（5）新建第 4 张幻灯片，该幻灯片的上方为中、英文标题，在标题文本框框左、右两侧插入麦穗图片，在幻灯片中部插入一张 3 行 4 列的表格（表格中输入地区、耕地类型、熟制、主要农作物等内容），下方插入一张图片。第 4 张幻灯片的布局结构如图 12-16 所示。

图 12-16　演示文稿"农业生态.pptx"第 4 张幻灯片的布局结构

保存演示文稿"农业生态.pptx"，然后放映各张幻灯片，观看各张幻灯的布局效果。

【任务12-2】创建"PPT动画设计"主题的演示文稿

【任务描述】

创建演示文稿"PPT 动画设计教程.pptx",具体要求如下。

(1)选择形状填充颜色、背景颜色、文字颜色,确定主题颜色。

(2)选用与设置字体,设置合适的字体大小。

(3)设置风格统一、主题鲜明的幻灯片母版,在母版中添加封面、目录页、过渡页、第一章、第二章、第三章、第四章、封底版式。分别应用多种形状、背景图片设置版式的布局结构,应用文本框输入文字内容。

【任务实现】

创建并打开演示文稿"PPT 动画设计教程.pptx"。

(1)幻灯片中形状的主色为绿色,其 RGB 值分别为 RGB(90,208,10)、RGB(136,231,15)和 RGB(156,235,55),少量使用深绿色(RGB(139,171,0))、酸橙色(其 RGB 值分别为RGB(161,201,33)和 RGB(166,208,100))、深灰色(RGB(57,55,58));封面与封底页背景图片使用了褐色(RGB(87,49,9))、酸橙色(其 RGB 值分别为 RGB(143,197,75)和 RGB(179,218,115));文字颜色主要使用灰色,少量使用茶色(RGB(242,242,230))、红色和 RGB(255,147,0)。

(2)封面文字采用"华康俪金黑 W8"字体,其他各页主要使用"微软雅黑"字体。

(3)打开【幻灯片母版】选项卡,在其中单击【母版版式】按钮,打开【母版版式】对话框,取消所有占位符复选框的选中状态,如图 12-17 所示,然后单击【确定】按钮关闭该对话框。

对于演示文稿中包括多个相似布局结构的页面,可以通过创建幻灯片母版提高幻灯片制作效率,设置如图 12-18 所示的母版。设置母版的背景颜色为茶色(RGB(242,242,230));在下边插入两个长条状的矩形,分别设置填充颜色为深灰色和绿色;在右下角插入 2 个圆角矩形、2 个圆形和 1 个文本框,分别设置其填充颜色,调整大小,输入文本"<""<#>""of""11"">"。将母版命名为"PPT 动画设计"。

图 12-17　【母版版式】对话框

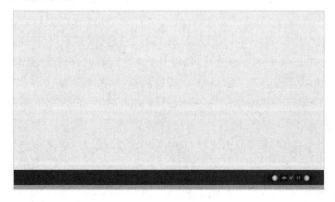
图 12-18　演示文稿"PPT 动画设计教程.pptx"母版结构

在"幻灯片母版"中插入封面版式，在封面版式中插入图片，遮住幻灯片母版中原有背景图片，封面版式如图 12-19 所示，对应版式命名为"封面"。

图 12-19　演示文稿"PPT 动画设计教程.pptx"封面版式

在"幻灯片母版"中插入封底版式，在封面版式中插入背景图片，遮住幻灯片母版中原有背景图片，封面版式如图 12-20 所示，对应版式命名为"封底"。

图 12-20　演示文稿"PPT 动画设计教程.pptx"封底版式

在"幻灯片母版"中插入目录页版式，在目录页版式中插入与幻灯片大小相同的矩形，遮住幻灯片母版中原有背景图片，即目录页版式为空白页，对应版式命名为"目录页"。

在"幻灯片母版"中插入过渡页版式，在过渡页版式中先插入与幻灯片大小相同的矩形，遮住幻灯片母版中原有背景图片。然后在幻灯片右侧插入矩形、圆形与文本框，调整这些对象的位置，设置其背景颜色，在文本框中输入中、英文。过渡页版式如图 12-21 所示，对应版式命名为"过渡页"。

在"幻灯片母版"中插入 4 个正文页版式，在正文页版式左下方插入文本框，在文本框分别输入文字"第一章　单个对象简单动画设计""第二章　单个对象动画组合设计""第三章　多对象与多动画组合设计""第四章　奇思妙想的创意动画设计"，对应的版式命名为"第一章""第二章""第三章""第四章"，其中"第一章　单个对象简单动画设计"的正文页版式如图 12-22 所示。

在【幻灯片母版】选项卡中单击【关闭母版视图】按钮，关闭母版视图，返回幻灯片编辑状态。

在【开始】选项卡的【幻灯片】组中单击【版式】按钮，可以看到"PPT 动画设计"母版的 8 种幻灯片版式，如图 12-23 所示。

图 12-21　演示文稿"PPT 动画设计教程.pptx"过渡页版式

图 12-22　演示文稿"PPT 动画设计教程.pptx"正文页版式

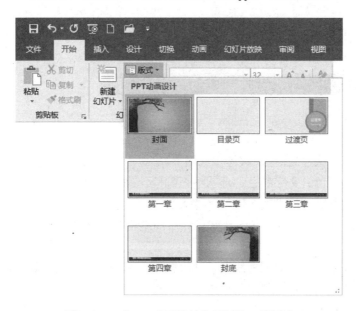

图 12-23　"PPT 动画设计"母版的 8 种版式

在【开始】选项卡的【幻灯片】组中单击【新建幻灯片】按钮，弹出已创建的"版式"

列表，如图 12-24 所示。在弹出的版式列表选择一种版式，然后单击即可创建新的幻灯片。

图 12-24　新建幻灯片时选择已创建的版式

"PPT 动画设计"主题的封面页、目录页、过渡页、正文页、封底页幻灯片的布局结构、动画设计与切换效果详见【任务 11-7】，本任务不赘述。

保存演示文稿"PPT 动画设计.pptx"，然后放映各张幻灯片，观看各张幻灯的布局结构、动画效果和切换效果。

【引导训练】

【任务12-3】 创建"旅程"主题演示文稿

【任务描述】

创建演示文稿"旅程.pptx"，具体要求如下。

（1）选择背景颜色、文字颜色、形状填充颜色，确定主题颜色。

（2）选用与设置字体，设置合适的字体大小。

（3）在各张幻灯片中插入图片、形状设计布局结构，并在文本框中输入文字内容，设置文字的格式。

（4）在幻灯片中根据需要插入线条，并设置线条的类型、宽度和颜色。

（5）根据需要对幻灯片中的对象设置动画效果。

（6）设置幻灯片的切换效果。

【任务实现】

创建演示文稿"旅程.pptx"。

"旅程"主题演示文稿的背景颜色为茶色（RGB(238,236,225)），对应主题选择与背景颜色设置都在【幻灯片母版】视图中进行设置。直线填充颜色有两种：黑色（文字 1，淡色 50%）和白色（背景 1，深色 15%）。文字颜色以黑色为主，字体主要选择了方正硬笔楷书简体、方正粗黑宋简体、黑体、微软雅黑。

1．设计幻灯片

（1）设计第 1 张幻灯片。在演示文稿"旅程.pptx"中新建第 1 张幻灯片，并在该幻灯片的上方插入一张图片，调整图片的尺寸大小。然后在下方分别插入一个竖排文本框和一个横排文本框，并在文本框中输入文字内容，设置其格式。

第 1 张幻灯片的外观效果如图 12-25 所示。

图 12-25　演示文稿"旅程.pptx"第 1 张幻灯片的外观效果

（2）设计第 2 张幻灯片。在演示文稿"旅程.pptx"中新建第 2 张幻灯片，并在该幻灯片中部插入 5 根线条，第 5 根线条带有箭头，将这 5 根线条首尾相连后进行组合。

在该幻灯片中分别插入多个竖排文本框和多个横排文本框，并在文本框中输入文字内容，设置其格式。

第 2 张幻灯片的外观效果如图 12-26 所示。

（3）设计第 3 张幻灯片。在演示文稿"旅程.pptx"中新建第 3 张幻灯片，并在该幻灯片中部插入一张图片，调整图片的尺寸大小。在图片的上方和下方分别插入多个文本框，在文本框中输入文字内容，并设置其格式。在"绍兴""绍兴三乌"之间插入一根宽度为 2.25 磅，高度为 2.36 厘米的实线条。在幻灯片下方分别插入一根横向排列的 4.5 磅渐变线和一根竖向排列的 4.5 磅实线，其格式设置如图 12-27 和 12-28 所示。

第 3 张幻灯片的外观效果如图 12-29 所示。

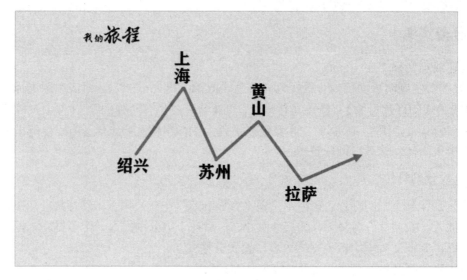

图 12-26　演示文稿"旅程.pptx"第 2 张幻灯片的外观效果

图 12-27　横向排列渐变线的格式设置　　　　　图 12-28　竖向排列实线的格式设置

（4）设计第 4 张幻灯片。在演示文稿"旅程.pptx"中新建第 4 张幻灯片，并在该幻灯片中部插入一张图片，调整图片的尺寸大小。在图片的上方分别插入多个文本框，并在文本框中输入文字内容，设置其格式。在"上海""外滩夜色"之间插入一根宽度为 2.25 磅，高度为 2.36 厘米的实线条。在幻灯片右侧插入一根竖向排列的 4.5 磅渐变线，其格式设置如图 12-30 所示。

第 4 张幻灯片的外观效果如图 12-31 所示。

图 12-29　演示文稿"旅程.pptx"第 3 张幻灯片的外观效果

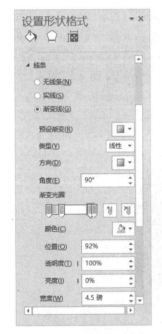

图 12-30　竖向排列渐
　　变线的格式设置

图 12-31　演示文稿"旅程.pptx"第 4 张幻灯片的外观效果

（5）设计第 5 张幻灯片。在演示文稿"旅程.pptx"中新建第 6 张幻灯片，并在该幻灯片左侧插入一张尺寸较大的图片，调整图片的尺寸大小。在该图片的右侧分别插入多个文本框，并在文本框中输入文字内容，设置其格式。在"苏州""七里山塘"之间插入一根宽度为 2.25 磅，高度为 2.36 厘米的实线条。在大尺寸图片的右下角叠放 4 张小图片，用于设置动画效果。在幻灯片右侧插入一根竖向排列的 4.5 磅渐变线。

第 5 张幻灯片的外观效果如图 12-32 所示。

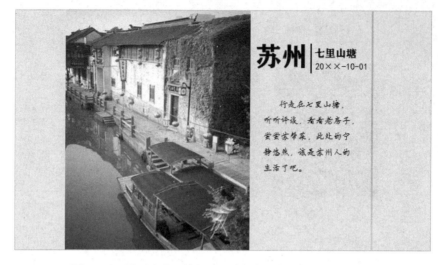

图 12-32　演示文稿"旅程.pptx"第 5 张幻灯片的外观效果

（6）设计第 6 张幻灯片。在演示文稿"旅程.pptx"中新建第 6 张幻灯片，并在该幻灯片中部插入一张图片，调整图片的尺寸大小。在图片的上方和下方分别插入多个文本框，并在文本框中输入文字内容，设置其格式。在"苏州""苏州园林"之间插入一根宽度为 2.25 磅，高度为 2.36 厘米的实线条。在幻灯片下方和右侧各插入一根竖向排列的 4.5 磅渐变线。

第 6 张幻灯片的外观效果如图 12-33 所示。

图 12-33　演示文稿"旅程.pptx"第 6 张幻灯片的外观效果

（7）设计第 7 张幻灯片。在演示文稿"旅程.pptx"中新建第 7 张幻灯片，并在该幻灯片中部插入一张尺寸较大的图片，调整图片的尺寸大小。在该图片的上方插入多个文本框，并在文本框中输入文字内容，设置其格式。在"黄山""一场邂逅"之间插入一根宽度为 2.25 磅，高度为 2.36 厘米的实线条。在图片上层多处位置叠放 5 张云朵图片，用于设置动画效果。在幻灯片下方插入一根 4.5 磅横向渐变直线。

第 7 张幻灯片的外观效果如图 12-34 所示。

图 12-34　演示文稿"旅程.pptx"第 7 张幻灯片的外观效果

（8）设计第 8 张幻灯片。在演示文稿"旅程.pptx"中新建第 8 张幻灯片，并在该幻灯片中部插入一张图片，调整图片的尺寸大小。在图片的上方插入多个文本框，并在文本框中输入文字内容，设置其格式。在"黄山""光明顶上"之间插入一根宽度为 2.25 磅，高度为 2.36 厘米的实线条。在幻灯片左侧插入一根 4.5 磅竖向渐变线。在图片下方插入一根 4.5 磅横向渐变直线和 1 个横向文本框，在该文本框中输入文字"【黄山】云海为虚，峰石为实，虚实相生，一片烟水迷离之景，是诗情，更是画意。"。

第 8 张幻灯片的外观效果如图 12-35 所示。

图 12-35　演示文稿"旅程.pptx"第 8 张幻灯片的外观效果

（9）设计第 9 张幻灯片。在演示文稿"旅程.pptx"中新建第 9 张幻灯片，并在该幻灯片中部插入一张图片，调整图片的尺寸大小。在图片的上方和下方各插入多个文本框，并在文本框中输入文字内容，设置其格式。在"拉萨""布达拉宫"之间插入一根宽度为 2.25 磅，高度为 2.36 厘米的实线条。在幻灯片左下角插入一根横向排列和一根竖向排列的 4.5 磅渐变线。

第 9 张幻灯片的外观效果如图 12-36 所示。

图 12-36　演示文稿"旅程.pptx"第 9 张幻灯片的外观效果

（10）设计第 10 张幻灯片。在演示文稿"旅程.pptx"中新建第 10 张幻灯片，并在该幻灯片中部插入一张图片，调整图片的尺寸大小。在图片的上方和下方各插入多个文本框，并在文本框中输入文字内容，设置其格式。在"后记""前方的路"之间插入一根宽度为 2.25 磅，高度为 2.36 厘米的实线条，在幻灯片下边插入一根宽度为 4.5 磅，长度为 25.4 厘米的实线条。

第 10 张幻灯片的外观效果如图 12-37 所示。

图 12-37　演示文稿"旅程.pptx"第 10 张幻灯片的外观效果

（11）设计第 11 张幻灯片。在演示文稿"旅程.pptx"中新建第 11 张幻灯片，并在该幻灯片中插入文本框，在该文本框输入文字，设置其格式，如图 12-38 所示。

2. 设置幻灯片对象的动画效果

（1）设置第 2 张幻灯片对象的动画效果。第 2 张幻灯片对象的动画设置要求如表 11-1 所示。

图 12-38　演示文稿"旅程.pptx"第 11 张幻灯片的文字内容

表 11-1　第 2 张幻灯片中对象的动画设置要求

对象名称	动画名称	开始	持续时间	延迟
线条组合对象	擦除	单击时	06.00	00.00
"绍兴"文本框	淡入	与上一动画同时	00.50	00.00
"上海"文本框	出现	与上一动画同时	自动	00.70
"苏州"文本框	出现	与上一动画同时	自动	02.00
"黄山"文本框	出现	与上一动画同时	自动	03.10
"拉萨"文本框	出现	与上一动画同时	自动	04.40

（2）设置第 5 张幻灯片对象的动画效果。第 5 张幻灯片小图的动画效果包括进入、动作路径和强调。4 张小图片的进入动画均为"出现"，开始均为"与上一动画同时"，持续时间均为"自动"，延迟分别为"00.00""00.10""00.20""00.30"。4 张小图片的动作路径自行绘制，持续时间分别为"02.75""03.00""02.25""00.30"，延迟分别为"00.00""00.10""00.20""03.50"；强调动画均为"陀螺旋"，持续时间均为"01.00"，延迟分别为"00.50""00.10""00.20""00.30"。

（3）设置第 7 张幻灯片对象的动画效果。第 7 张幻灯片小图的动画效果包括退出和动作路径。5 张小图片的退出动画均为"淡现"，开始均为"与上一动画同时"，持续时间均为"01.25"，延迟均为"00.00"。5 张小图片的动作路径均为"直线"，持续时间均为"02.00"，延迟均为"00.00"。

3. 设置幻灯片的切换效果

演示文稿"旅程.pptx"中各张幻灯片的切换效果设置如表 11-2 所示。

表 11-2　演示文稿"旅程.pptx"中各张幻灯片的切换效果设置

幻灯片序号	切换方式	效果选项	幻灯片序号	切换方式	效果选项
2	揭开	自底部	7、8、10	推进	自左侧
3	推进	自右侧	9	推进	自顶部
4、5、6	推进	自底部	11	淡入	平滑

保存演示文稿"旅程.pptx"，然后放映各张幻灯片，观看各张幻灯的布局结构、动画效果和切换效果。

【任务12-4】 创建"企业形象礼仪"培训主题的演示文稿

【任务描述】

创建演示文稿"企业形象礼仪培训.pptx"，其具体要求如下。

（1）选择背景颜色、文字颜色、形状填充颜色，确定主题颜色。

（2）选用与设置字体，设置合适的字体大小。

（3）分别应用图片、形状设计页面布局，应用文本框输入文字内容。

（4）在该演示文稿中添加多张幻灯片，包括封面页、目录页、内容页和封底页，在各个页面中根据需要输入文本内容、插入图片或形状等元素。

（5）合理设置幻灯片对象的动画效果。

（6）合理设置幻灯片的切换效果。

【任务实现】

创建演示文稿"企业形象礼仪培训.pptx"。

"企业形象礼仪"主题演示文稿的页面背景颜色为白色，部分形状填充颜色为深紫色（RGB(56,41,96)）、粉红色（RGB(239,183,218)），部分形状填充颜色为绿色（RGB(90,208,10)），直线填充颜色有深紫色（RGB(56,41,96)）、蓝色（个性色 5，RGB(91,155,213)）、蓝色（个性色 1，RGB(68,114,196)）。幻灯片封面的文字颜色有深紫色、金色、白色，目录页的文字颜色有白色、黑色，正文页的文字颜色以黑色、白色为主，部分幻灯片标题文字的颜色为浅蓝色、橙色。字体主要选择了华文中宋、华文细黑、微软雅黑、华康俪金黑 W8。

1．设计封面页幻灯片

新建第 1 张幻灯片，即封面页。封面页包括多个文本框、形状和多张图片，其外观效果如图 12-39 所示。

图 12-39　演示文稿"企业形象礼仪培训.pptx"封面页的外观效果

设置"企业形象"文字缩放动画的过程如下。

（1）选中"企业形象"文本框，在【动画】选项卡【动画】组的进入动画列表中选择"缩放"动画选项，如图 12-40 所示。

图 12-40　在【动画】选项卡【动画】组的进入动画列表中选择"缩放"动画

（2）在【动画】选项卡的【高级动画】组中单击【动画窗格】按钮，打开【动画窗格】对话框，在【动画窗格】对话框中选中刚才添加的"缩放"动画，右击，在弹出的快捷菜单中选择【效果选项】命令，如图 12-41 所示。在打开的【缩放】对话框【效果】选项卡中将"动画文本"设置为"按字母顺序"，然后在选项卡下方设置"字母之间延迟"为"5"%，如图 12-42 所示。

图 12-41 在快捷菜单中
选择【效果选项】命令

图 12-42 在【缩放】对话框【效果】选项卡中
设置"动画文本""字母之间延迟"

在【动画窗格】中单击【播放自】按钮预览文本框的动画效果。

根据表 12-1 所示的要求为演示文稿"企业形象礼仪培训.pptx"第 1 张幻灯片中各个对象设置合适的动画效果。

表 12-1 演示文稿"企业形象礼仪培训.pptx"第 1 张幻灯片中各个对象的动画设置要求

序号	对象名称或文本内容	动画名称	动画类型	效果选项	开始方式	持续时间
1	"企业形象"文本框	缩放	进入	对象中心	上一动画之后	00.50
2	"礼仪培训"文本框与泪滴形组合	轮子	进入	4 轮辐图案	上一动画之后	02.00
3	"企业形象意味着企业效益"文本框	缩放	进入	按段落	上一动画之后	00.50
4	多个矩形	缩放	进入	对象中心	上一动画之后	00.50
5	"企业形象意味着企业效益"文本框	脉冲	强调	按段落	上一动画之后	00.50
6	多个矩形	脉冲	强调	（无）	与上一动画同时	00.50
7	"Enterprise image means enterprise benefit"文本框	飞入	进入	自顶部、按字母顺序	上一动画之后	00.50
8	"Enterprise image means enterprise benefit"文本框	脉冲	强调	按字母顺序	上一动画之后	00.50
9	"企业形象就是展示企业的最好名片"文本框	出现	进入	作为一个对象	上一动画之后	自动
10	多个圆形的组合	进入	弹跳	（无）	上一动画之后	02.00
11	图片	进入	淡入	（无）	上一动画之后	01.25
12	图片	进入	飞入	（自选）	与上一动画同时	01.00
13	图片	强调	陀螺旋	顺时针，完全旋转	与上一动画同时	01.00

其中文本框"Enterprise image means enterprise benefit"的动画设置过程如下。

① 选中文字所在的文本框，在【动画】选项卡的【动画】组中选择【飞入】动画。

② 在【动画】选项卡的【高级动画】组中单击【添加动画】按钮，在下拉列表中选择【强调】组中的【脉冲】动画。

③ 在【动画窗格】对话框中同时选中之前添加的两个动画，右击，在弹出的快捷菜单

中选择【效果选项】命令，在打开的【飞入】对话框中将【效果】选项卡中"动画文本"设置为"按字母顺序"，然后在下方设置延迟百分比为"1"%，如图 12-43 所示。

④ 单独选中"飞入"进入动画，右击，在弹出的快捷菜单中选择【效果选项】命令，在【飞入】对话框的【效果】选项卡中设置"方向"为"自顶部"，"弹跳结束"时间为"0.3秒"，如图 12-43 所示。单独选中"脉冲"强调动画，右击，在弹出的快捷菜单，选择开始方式为"从上一项之后开始"。至此动画设置完成。

封面页下方的 4 张图片都设置了淡入进入动画、飞入进入动画和陀螺旋强调动画，3 种动画的持续时间相同，延迟按 0.1 秒依次递减进行设置。

2. 设计目录页幻灯片

目录页包括多个文本框、形状和多张图片，其外观效果如图 12-44 所示。

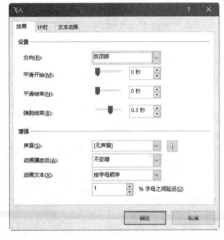

图 12-43　在【飞入】对话框中设置飞入效果　　图 12-44　演示文稿"企业形象礼仪培训.pptx"目录页的外观效果

首先选择 4 张图片与弧形组合，在【动画】选项卡的【高级动画】组中单击【添加动画】按钮，选择进入动画为"淡入"。

然后选择 4 个数字文本框和 4 个文本框，选择进入动画为"擦除"，设置"效果选项"为"自左侧"。在【动画窗格】对话框中选中所有 8 个动画，将"开始"方式设置为"上一动画之后"，"持续时间"设置为"0.5"。同时还要调整 12 个动画的顺序，形成从上往下的显示顺序，在每一行中则自左向右显示。

接下来，同时选中第 2、3、4 行的组合框、数字文本框、文本框，选择强调动画为"变淡"，再选中第 1 行的数字文本框和文本框，选择强调动画为"字体颜色"，并在"效果选项"列表中将文字颜色设置为"深红"。

在【动画窗格】对话框中选中最后 8 个动画，设置"开始"方式为"与上一动画同时"，"持续时间"为"0.5"，"延迟"为"0.5"。

3. 设计第 3 张幻灯片

演示文稿"企业形象礼仪培训.pptx"第 3 张幻灯片包括多个文本框、形状，其外观效果如图 12-45 所示。

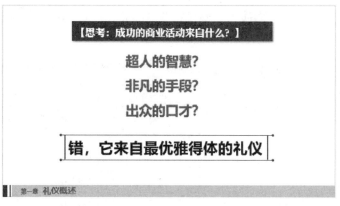

图 12-45　演示文稿"企业形象礼仪培训.pptx"第 3 张幻灯片的外观效果

根据表 12-2 所示的要求为演示文稿"企业形象礼仪培训.pptx"第 3 张幻灯片中各个对象设置合适的动画效果。

表 12-2　演示文稿"企业形象礼仪培训.pptx"第 3 张幻灯片中各个对象的动画设置要求

序号	对象名称或文本内容	动画名称	动画类型	效果选项	开始方式	持续时间
1	上方的矩形	劈裂	进入	左右向中央收缩	上一动画之后	00.50
2	文本内容"思考：成功的商业活动来自什么？"	字体颜色	强调	橙色	上一动画之后	02.00
3	中部的文本框	缩放	进入	按字母顺序	单击时	00.50
4	2 根横线与 2 根竖线的组合	擦除	进入	自左侧	单击时	00.50
5	"错，它来自高妙的礼仪"文本框	形状	进入	方向：放大 形状：圆	上一动画之后	02.00
6	"错，它来自高妙的礼仪"文本框	加粗闪烁	强调	（无）	上一动画之后	02.00

4. 设计第 4 张幻灯片

演示文稿"企业形象礼仪培训.pptx"第 4 张幻灯片包括多个文本框、形状和图片，其外观效果如图 12-46 所示。

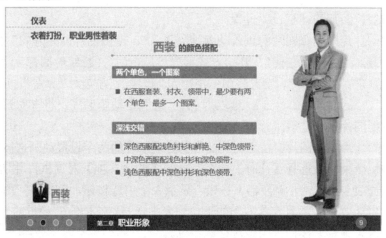

图 12-46　演示文稿"企业形象礼仪培训.pptx"第 4 张幻灯片的外观效果

根据表 12-3 所示的要求为演示文稿"企业形象礼仪培训.pptx"第 4 张幻灯片中各个对象设置合适的动画效果，这里主要演示图片的缩放效果。

表 12-3　演示文稿"企业形象礼仪培训.pptx"第 4 张幻灯片中各个对象的动画设置要求

序号	对象名称	动画名称	动画类型	开始方式	效果选项	持续时间	延迟
1	小图片	浮入	进入	上一动画之后	上浮	01.00	00.00
2	小图片	基本缩放	退出	单击时	缩小	00.50	00.00
3	大图片	基本缩放	进入	与上一动画同时	放大	00.50	00.00
4	大图片	缩放	退出	单击时	对象中心	00.50	00.00
5	小图片	缩放	进入	与上一动画同时	对象中心	00.50	00.00
6	大图片	基本缩放	进入	上一动画之后	放大	00.50	00.00

5．设计第 5 张幻灯片

演示文稿"企业形象礼仪培训.pptx"第 5 张幻灯片包括多个文本框、形状和两张图片，其外观效果如图 12-47 所示。

图 12-47　演示文稿"企业形象礼仪培训.pptx"第 5 张幻灯片的外观效果

第 5 张幻灯片图片的动画设置过程如下。

（1）设置幻灯片中两张图片的进入动画为"飞入"，左侧图片的"方向"为"自右侧"，右侧图片的"方向"为"自左侧"，开始方式都为"单击时"，持续时间都为"0.3"。

（2）选中幻灯片左侧图片，设置其动作路径为"直线"，方向为"靠左"，开始方式为"与上一动画同时"，持续时间为"0.5"，延迟为"0.3"。调整动画顺序，将该动画上移至第 2 的位置，即在左侧图片飞入之后进行直线移动。

（3）选中幻灯片左侧图片，在【动画窗格】对话框中的两个设置动画也被自动选中，右击，在弹出的快捷菜单中选择【计时】命令，打开【效果选项】对话框，并切换到【计时】选项卡，在该选项卡中单击【触发器】按钮，显示 3 个单选按钮，单击中间的单选按钮"单击下列对象时启动效果"，并且在其右侧的下拉列表中选择"文本框 6：稳重的坐"，如图 12-48 所示。然后单击【确定】按钮关闭该对话框即可。

（4）选中幻灯片右侧图片，设置与左侧图片同样的"直线"动作路径，方向为"右"，其他的参数设置与左侧图片相同。

（5）为幻灯片右侧图片设置"陀螺旋"的强调动画，设置开始方式为"上一动画之后"，持续时间为"0.5"。

（6）按住【Ctrl】键，在【动画窗格】对话框中依次选中幻灯片右侧图片的 3 个动画，然后在【动画】选项卡的【高级动画】组中单击【触发】按钮，并在弹出的下拉菜单中选择【通过单击】命令，然后在【通过单击】的子菜单中选择【文本框 8】选项，即幻灯片文字"优雅的走"对应的文本框，如图 12-49 所示。

图 12-48　在【效果选项】对话框的【计时】
　　　　选项卡中设置触发启动效果

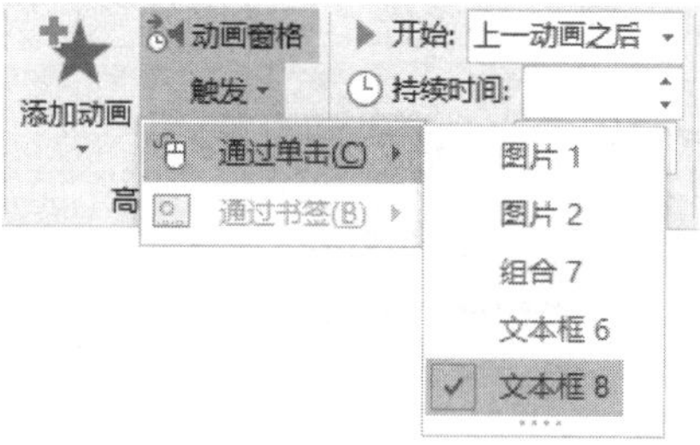

图 12-49　在【单击】子菜单中选择"文本框 8"

至此第 5 张幻灯片中图片对象的动画设置完成，这里应用了单击触发设置，播放幻灯片时，当单击【稳重的坐】对应的文本框时显示左侧图片的 2 个动画效果；当单击【优雅的走】对应的文本框时显示右侧图片的 3 个动画效果，并反复单击可以不断重复显示动画效果。

6. 设计第 6 张幻灯片

演示文稿"企业形象礼仪培训.pptx"第 6 张幻灯片主要包括 4 张图片，其外观效果如图 12-50 所示。

图 12-50　演示文稿"企业形象礼仪培训.pptx"第 6 张幻灯片的外观效果

根据表 12-4 所示的要求为演示文稿"企业形象礼仪培训.pptx"第 6 张幻灯片中各个对象设置合适的动画效果，这里主要演示图片的进入、强调和退出动画效果。

表 12-4　演示文稿"企业形象礼仪培训.pptx"第 6 张幻灯片中左侧图片的动画设置要求

序号	对象名称	动画名称	动画类型	开始方式	效果选项	持续时间
1	左上角图片	轮子	进入	上一动画之后	1 轮辐图案	02.00
2		放大/缩小	强调	上一动画之后	两者，较大	02.00
3		形状	退出	上一动画之后	缩小，圆	02.00

在幻灯片中左上角图片的 3 个动画设置完成后，选中该图片，双击【动画】选项卡的【高级动画】组中的【动画刷】按钮，然后依次单击"中部靠上边图片""中部靠下边图片""右侧图片"，使得其他 3 张图片的动画设置与左上角图片完全相同。

再一次选中幻灯片中的 4 张图片，设置进入动画为"出现"。

当幻灯片播放时，每张图片会依次显示进入、强调、退出的动画效果，最后出现 4 张图片。

7．设计第 7 张幻灯片

演示文稿"企业形象礼仪培训.pptx"第 7 张幻灯片主要包括图表，其外观效果如图 12-51 所示。插入图表的过程如下。

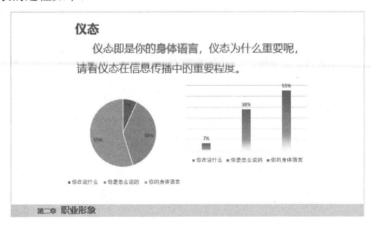

图 12-51　演示文稿"企业形象礼仪培训.pptx"第 7 张幻灯片的外观效果

（1）在【插入】选项卡的【插图】组中单击【图表】按钮，打开【插入图表】对话框，在该对话框中选择【饼图】选项，选择默认的饼图类型，如图 12-52 所示，然后单击【确定】按钮关闭对话框。

（2）在幻灯片中插入饼图图表，并且打开图表的 Excel 数据源，在 Excel 工作表中第 1 行第 2 单元格图表标题位置输入"比例"，在第 2 行分别输入"你在说什么""7%"；在第 3 行分别输入"你是怎么说的""38%"；在第 4 行分别输入"你的身体语言""55%"。在幻灯片中显示的饼图图表与 Excel 工作表中输入的文字和数据如图 12-53 所示。

（3）选中幻灯片中插入的图表，单击图表右上角的【图表元素】按钮（图标），在显示的图表元素列表中先取消勾选"图表标题"复选框，即幻灯片不显示图表标题，然后指向选中的

"数据标签"复选框，并且单击子菜单列表【展开】按钮▸，在子菜单中选择【最佳位置】
命令，如图 12-54 所示。

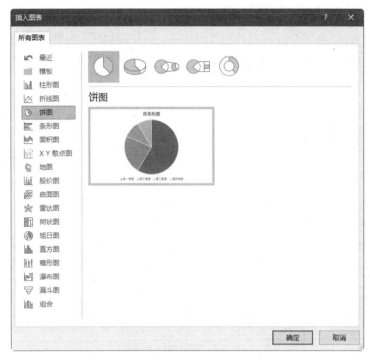

图 12-52　在【更改图表类型】对话框中选择【饼图】

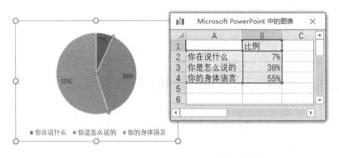

图 12-53　在幻灯片中插入图表与打开图表数据源

图表仍处于选中状态，在"图表元素"列表中指向选中的"图例"复选框，并且单击子
菜单列表【展开】按钮▸，在弹出的子菜单中选择【右】命令，如图 12-55 所示。

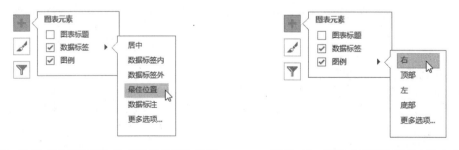

图 12-54　选择"数据标签"的【最佳位置】选项　　　图 12-55　选择"图例"的【右】命令

（4）关闭 Excel 数据源，完成图表的插入。给饼图设置动画的过程如下。

① 选中幻灯片中的饼图图表，在【动画】选项卡的【动画】组中选择进入动画为"轮子"，为图表设置轮子进入动画。

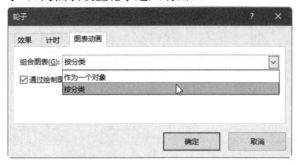

② 打开【动画窗格】对话框，并在该对话框中选中刚才添加的动画，右击，在弹出的菜单中选择【效果选项】命令，在出现的【轮子】对话框中有一个名为【图表动画】的图表对象特有的选项卡，切换到【图表动画】选项卡，在【组合图表】下拉列表框中选择"按分类"选项，如图 12-56 所示。如此设置以后，在饼图中

图 12-56 在【组合图表】下拉框中选择"按分类"选项

的每个分类扇区就可以依次显示轮子的动画效果了。然后单击【确定】按钮关闭【轮子】对话框。

③ 在【图表动画】选项卡中选择"按分类"方式以后，在【动画窗格】对话框中就会出现一组动画序列，单击箭头可以展开显示这组动画序列，这就是饼图各个扇区的动画效果序列，可以为每个扇区指定不同的动画开始方式、持续时间、延迟时间等，也可以单独删除其中的一个或多个扇区的动画效果。

经过上述设置后，在幻灯片播放过程中，饼图的每个扇区会依照设定的启动方式和持续时间依次以轮辐方式动态展开各个扇区形状。

先复制刚才插入的饼图图表，然后更改复制得到的饼图的图表类型。更改幻灯片中图表类型的过程如下。

① 选中幻灯片中的饼图图表，在【插入】选项卡的【插图】组中单击【图表】按钮，打开【更改图表类型】对话框，在该对话框中选择"柱形图"中的"簇状柱形图"选项，如图 12-57 所示，单击【确定】按钮关闭该对话框。这样幻灯片中的复制得到的饼图就更改为柱形图。

图 12-57 在【更改图表类型】对话框中选择"柱形图"的"簇状柱形图"

②　选中幻灯片的柱形图，单击右上角的【图表样式】按钮 ，在显示的样式列表中选择"样式 10"，如图 12-58 所示。

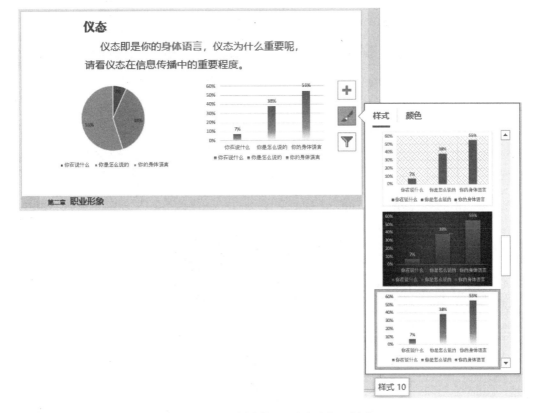

图 12-58　在"图表样式"列表中选择"样式 10"

③　当幻灯片中的柱形图处于选中状态时，单击右上角的【图表元素】按钮，然后单击"坐标轴"右侧的展开按钮 ▶，在显示的"坐标轴"子菜单中可以取消勾选"主要横坐标轴"或"主要纵坐标轴"复选框，也可以两者都取消，如图 12-59 所示。

设置柱形图动画的操作方法与设置饼图动画基本相同，通常会选择向上"擦除"动画。如果想要在柱形图中重点强调某个柱形数据，可以将其他柱形的动画删除，只保留需要强调对象的动画效果。

如果柱形图中包含多个数据序列，在如图 12-60 所示的【擦除】对话框【图表动画】选项卡的"组合图表"下拉列表中包含"作为一个对象""按系列""按分类""按系列中的元素""按分类中的元素"5 种不同的效果选项，其中"按系列中的元素""按分类中的元素"表示可以将各个柱形的动画分别进行。这里选择"按系列中的元素"选项。

除了饼图、柱形图以外，环形图可以参照饼图进行动画设置；折线图和条形图可以参照柱形图进行动画设置；散点图、气泡图可以考虑采用"出现""淡入""缩放"等动画效果。

8. 设计第 8 张幻灯片

演示文稿"企业形象礼仪培训.pptx"第 8 张幻灯片主要包括直接连接符、文本框和图片，其外观效果如图 12-61 所示。

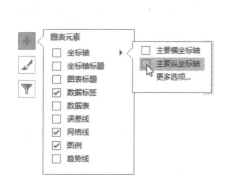

图 12-59　取消勾选"坐标轴"复选框　图 12-60　在"组合图表"下拉列表中选择"按系列中的元素"选项

图 12-61　演示文稿"企业形象礼仪培训.pptx"第 8 张幻灯片的外观效果

幻灯片上方的标题位置包括多根线条，将这些线条的进入动画设置为"擦除"，效果选项从左至右依次设置为"自顶部""自左侧""自底部""自右侧"；将幻灯片右侧线条的进入动画设置为"擦除"，效果选项设置为"自顶部"。

将幻灯片上方文本框的进入动画设置为"淡入"，其他文本框和图片的进入动画设置为"浮入"即可。

9. 设计第 9 张幻灯片

演示文稿"企业形象礼仪培训.pptx"第 9 张幻灯片主要包括直接连接符、文本框和 2 张图片，其外观效果如图 12-62 所示。

选择第 1 张图片，将其进入动画设置为"缩放"，开始方式为"上一动画之后"，持续时间为"0.5"；强调动画设置为"放大/缩小"，开始方式为"与上一动画同时"。

打开【动画窗格】对话框，在该对话框中选择刚设置的强调动画，右击，在弹出的菜单中选择【计时】命令，打开【放大/缩小】对话框，并进入【计时】选项卡，在"重复"下拉列表中选择"直到幻灯片末尾"选项，如图 12-63 所示。单击【确定】按钮完成"计时"设置。

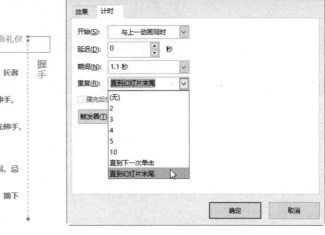

图 12-62 演示文稿"企业形象礼仪培训.pptx"
第 9 张幻灯片的外观效果

图 12-63 在"重复"下拉列表中
选择"直到幻灯片末尾"选项

这样设置完成后，在播放幻灯片时，强调动画会重复播放多次，直到切换幻灯片时才停止播放强调动画。

10．设计第 10 张幻灯片

演示文稿"企业形象礼仪培训.pptx"第 10 张幻灯片主要包括直接连接符、文本框、圆形、燕尾形，其外观效果如图 12-64 所示。

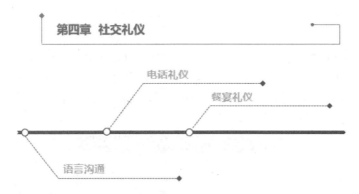

图 12-64 演示文稿"企业形象礼仪培训.pptx"第 10 张幻灯片的外观效果

将第 10 张幻灯片中直接连接符的进入动画都设置为"擦除"，文本框的进入动画都设置为"浮入"，3 个小空心圆形的进入动画设置为"出现"，燕尾形的进入动画设置为"擦除"，开始方式和持续时间根据需要灵活进行设置即可。

11．设计第 11 张幻灯片

演示文稿"企业形象礼仪培训.pptx"第 11 张幻灯片主要包括背景图片、文本框和数张树叶形状的小图片，其外观效果如图 12-65 所示。

在幻灯片中插入多张树叶形状的小图片，并且将这些小图片置于幻灯片左侧边缘外边。将"谢谢"对应的文本框进入动画设置为"弹跳"。

图 12-65　演示文稿"企业形象礼仪培训.pptx"第 11 张幻灯片的外观效果

　　根据表 12-5 所示的要求对演示文稿"企业形象礼仪培训.pptx"第 11 张幻灯片中各张树叶形状的小图片设置动画效果，实现树叶漂浮的动画效果。

表 12-5　演示文稿"企业形象礼仪培训.pptx"第 11 张幻灯片中树叶形状小图片的动画设置要求

序号	对象名称	动画名称	动画类型	开始方式	效果选项	持续时间	延迟时间
1	树叶形状的小图片	基本旋转	进入	与上一动画同时	水平	13.00	00.00
2		陀螺旋	强调	与上一动画同时	顺时针，完全旋转	13.00	05.00
3		自定义路径	动作路径	与上一动画同时	解除锁定	13.00	05.00

　　打开【动画窗格】对话框，在该对话框中选中刚设置的树叶形状小图片 3 种动画效果，右击，在弹出的快捷菜单中选择【计时】命令，打开【基本旋转】对话框，并进入【计时】选项卡，可以发现"期间"已设置为"13 秒"，在"重复"下拉列表中选择"直到幻灯片末尾"选项，如图 12-66 所示，然后单击【确定】按钮即可。这样设置完成后，树叶形状的小图片一直重复显示所设置的动画，直接幻灯片结束播放。

　　其他树叶形状的小图片也设置类似的动画效果，自定义路径通过手动绘制，持续时间和延迟时间根据需要灵活进行设置。

图 12-66　在【基本旋转】对话框【计时】选项卡中选择"直到幻灯片末尾"选项

12．设置幻灯片的切换效果

　　在 PowerPoint 菜单栏中单击【切换】标签，可以切换到【切换】选项卡，该选项卡用于设置幻灯片的"切换"效果，如图 12-67 所示。

图 12-67　PowerPoint 的【切换】选项卡

在【切换】列表框中单击【其他】按钮，可以展开所有的"切换"效果列表，如图 12-68 所示。PowerPoint 的"切换"效果包括"细微型""华丽型""动态内容"3 大类 40 多种切换效果。每种切换效果还可以通过【效果选项】对话框设置更多不同的变化。

图 12-68　"切换"效果列表

选中 1 张或多张幻灯片，然后在"切换"效果列表中选择某种切换效果就可以将幻灯片设置成该效果。通过【切换】选项卡的【计时】组还可以设置声音、持续时间、换片方式等，如图 12-69 所示。单击【应用到全部】可以对所有幻灯片应用同一种切换效果。

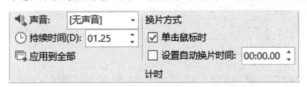

图 12-69　【切换】选项卡【计时】组

根据表 12-6 所示的要求对演示文稿"企业形象礼仪培训.pptx"各张幻灯片设置切换效果。

表 12-6　演示文稿"企业形象礼仪培训.pptx"各张幻灯片的切换效果

幻灯片序号	切换效果	持续时间	幻灯片序号	切换效果	持续时间
1	涡流	04.00	6	框	01.60
2	涟漪	01.40	7	门	01.40
3	蜂巢	04.40	8	旋转	02.00
4	库	01.60	9	窗口	01.50
5	立方体	01.20	10、11	切换	01.25

保存演示文稿"企业形象礼仪培训.pptx"，然后放映各张幻灯片，观看各张幻灯的布局结构、动画效果和切换效果。

 【任务12-5】 创建"产品宣传推广"主题的演示文稿

【任务描述】

创建演示文稿"画频式娱乐社交即时通讯软件系统.pptx"，推广画频式娱乐社交即时通信软件系统，具体要求如下。

（1）选择背景颜色、文字颜色、形状填充颜色，确定主题颜色。

（2）选用与设置字体，设置合适的字体大小。

（3）在各张幻灯片中分别应用图片、形状设计页面布局，应用文本框输入文字内容。

（4）创建幻灯片母版，定义6种不同的版式，利用表格制作时间轴目录。

（5）在该演示文稿中添加多张幻灯片，分别用于阐述项目背景、项目概述、市场竞争分析、创新优势和系统功能。

（6）为幻灯片中的对象添加合适的动画效果。

（7）设置幻灯片的切换效果。

【任务实现】

电子活页 12-6

请扫描二维码，浏览【电子活页 12-6】中【任务 12-5】的任务实现过程。

【创意训练】

电子活页 12-7

【任务12-6】 创建"印象杭州"主题的演示文稿

请扫描二维码，浏览【电子活页12-7】中【任务12-6】的任务描述和操作提示内容。

【任务12-7】创建"实用礼仪"培训主题的演示文稿

【任务描述】

创建演示文稿"实用礼仪培训.pptx"，具体要求如下。

（1）选择背景颜色、文字颜色、形状填充颜色，确定主题颜色。

（2）选用与设置字体，设置合适的字体大小。

（3）在各张幻灯片中分别应用图片、形状设计页面布局，应用文本框输入文字内容。

（4）在该演示文稿中添加多张幻灯片，包括封面页、目录页、过渡页、内容页和封底页，对其母版的版式结构和各个页面进行设计。

（5）在各张幻灯片中，根据需要输入文本内容、插入图片或形状等元素。

【操作提示】

创建演示文稿"实用礼仪培训.pptx"。

"实用礼仪"主题演示文稿的页面背景颜色为茶色（RGB(245,245,234)）和白色，部分形状填充颜色为白色（背景色 1，深色 35%，RGB(166,166,166)），部分形状填充颜色为橙色（RGB(255,102,0)）、深灰色（RGB(50,48,52)）、蓝色（RGB(125,173,255)），直线填充颜色为黑色（淡色 35%，RGB(89,89,89)）、水绿色（RGB(75,172,198)）。幻灯片封面的文字颜色以蓝色为主，部分文字颜色为橙色、黑色（淡色 50%），目录页的文字颜色有白色、黑色（淡色 35%），正文页的文字颜色以黑色（淡色 50%）、白色为主，部分文字的颜色为浅蓝色、橙色、灰色、深灰色。字体主要选择了微软雅黑、华康俪金黑 W8、Broadway。

1. 演示文稿"实用礼仪培训.pptx"幻灯片母版设计

演示文稿"实用礼仪培训.pptx"幻灯片母版各个版式的设计要求如表 W12-1 所示。

表 W12-1　演示文稿"实用礼仪培训.pptx"中幻灯片母版各个版式的设计要求

母版版式序号	版式外观	布局特点	组成元素
1	如图 W12-2 所示	上下排列的文字	文本框，中间的标题设置了"发光"和"阴影"文字效果
2	如图 W12-3 所示	图文型目录，位于偏右侧，且对称排列	泪滴形图形、圆形图片、矩形、文本框
3	如图 W12-4 所示	左侧为节标题，右侧显示当前章标题	泪滴形图形、圆形图片、矩形、文本框、线条
4	如图 W12-5 所示	上方为多条线条构成的形状	线条、文本框
5	如图 W12-6 所示	左侧为节标题，右侧显示当前章标题	泪滴形图形、圆形图片、矩形、文本框、线条
6	如图 W12-7 所示	左上方为虚线条、页面下方为章标题、页码和当前章标识	线条、矩形、圆形、文本框
7	如图 W12-8 所示	左侧为节标题，右侧显示当前章标题	泪滴形图形、圆形图片、矩形、文本框、线条
8	如图 W12-9 所示	左上方为虚线条、页面下方为章标题、页码和当前章标识	线条、矩形、圆形、文本框
9	如图 W12-10 所示	左侧为节标题，右侧显示当前章标题	泪滴形图形、圆形图片、矩形、文本框、线条
10	如图 W12-11 所示	左上方为虚线条、页面下方为章标题、页码和当前章标识	线条、矩形、圆形、文本框
11	如图 W12-12 所示	矩形偏上，文本框偏右，文字设置"映像"文本效果	矩形、文本框

请扫描二维码，浏览【电子活页 12-8】中"演示文稿'实用礼仪培训.pptx'幻灯片母版设计"相关内容。

电子活页 12-8

2. 演示文稿"实用礼仪培训.pptx"各张幻灯片的页面设计

演示文稿"实用礼仪培训.pptx"各张幻灯片页面的设计要求如表 W12-2所示。

表 W12-2　演示文稿"实用礼仪培训.pptx"各张幻灯片页面的设计要求

母版页面序号	页面外观	页面布局特点
4	如图 W12-1 所示	页面整体为左右布局，左侧为图片，右侧为文本内容，上下文本框之间有较大的间隔
5	如图 W12-2 所示	页面整体由一竖线分隔为左右两部分，左侧较宽，右侧较窄。右侧上方为文本框与圆形的组合，下方为竖排文本框。左侧的书形状由矩形和圆角形状构成，并设置了圆角矩形的形状填充和形状效果。竖线由实线条构成，外框由矩形构成，文本内容输入在竖排文本框中。左侧下方为文本框
7	如图 W12-3 所示	页面整体为左右对称布局，上方为人形图片，下方为文本框
8	如图 W12-4 所示	页面内容居中排列；上方为文本内容的标题；左侧为关键词，字号较大、醒目；右侧为关键词解释内容、字号较小
9	如图 W12-5 所示	页面内容居中排列，上方为文本内容的标题，下方为关键词及其说明；左、右两侧对称排列西装图片和穿西装的图片，对应的图片是文字的形象化解释
10	如图 W12-6 所示	页面内容偏右侧排列，上方为文本内容的标题，下方为关键词及其说明；左侧排列两张图片
11	如图 W12-7 所示	页面内容偏左侧排列，上方为文本内容的标题，下方为文本内容；右侧排列 1 张站立图片
13	如图 W12-8 所示	页面中部排列常用礼貌用语，字号较大，非常醒目，其上方和下方排列说明文字
14	如图 W12-9 所示	页面内容偏右排列，右下角并列软垫式言辞、拜托语气
15	如图 W12-10 所示	页面左侧使用图形、图片、文本框组合，排列关键词"时间""空间""时长"，右侧为较详细的说明文字
16	如图 W12-11 所示	页面左侧使用图形、图片、文本框组合显示关键词"内容"，右侧为拨打电话的常用内容，中部使用五边形和燕尾形醒目排列关键词
18	如图 W12-12 所示	左侧为文本标题和文本内容，右侧为介绍示意图片

请扫描二维码，浏览【电子活页 12-9】中"演示文稿'实用礼仪培训.pptx'各张幻灯片的页面设计"相关内容。

电子活页 12-9

【任务12-8】创建"时间管理"培训主题的演示文稿

请扫描二维码，浏览【电子活页 12-10】中【任务 12-8】的任务描述和操作提示内容。

电子活页 12-10

参考文献

[1] 陈承欢，聂立文，杨兆辉. 办公软件高级应用任务驱动式教程（Windows 10+Office 2016）[M]. 北京：电子工业出版社，2018.

[2] 陈遵德. Office 2010 高级应用案例教程[M]. 北京：高等教育出版社，2014.

[3] 德胜书坊. Word·Excel·PPT 现代商务办公从新手到高手[M]. 北京：中国青年出版社，2009.

[4] 眭碧霞. 计算机应用基础任务化教程（Windows 7+Office 2010）[M]. 2 版. 北京：高等教育出版社，2015.

[5] 吴卿. 办公软件高级应用实践教程[M]. 杭州：浙江大学出版社，2010.

[6] 雏志资讯. Excel 办公高手应用技巧[M]. 北京：人民邮电出版社，2010.

[7] 张文霖，刘夏璐，狄松. 谁说菜鸟不会数据分析[M]. 北京：电子工业出版社，2011.

[8] 雏志资讯. 2010PPT 设计技巧精粹[M]. 北京：人民邮电出版社，2016.

[9] 司晓露. 文秘办公自动化[M]. 北京：人民邮电出版社，2013.